男宝宝♂养育同步全书

NANBAOBAO YANGYU TONGBU QUANSHU

张春改 刘大荭/编著

图书在版编目（CIP）数据

男宝宝养育同步全书 / 张春改，刘大莛编著. -- 北京 ：
中国人口出版社，2014.9
ISBN 978-7-5101-2786-1
Ⅰ. ①男… Ⅱ. ①张… ②刘… Ⅲ. ①男性－婴幼儿－哺育 Ⅳ. ①TS976.31
中国版本图书馆CIP数据核字(2014)第196310号

男宝宝养育同步全书

张春改 刘大莛 / 编著

出版发行	中国人口出版社
印　　刷	沈阳美程在线印刷有限公司
开　　本	720毫米×1000毫米 1/16
印　　张	20
字　　数	250千
版　　次	2014年10月第1版
印　　次	2014年10月第1次印刷
书　　号	ISBN 978-7-5101-2786-1
定　　价	32.80元（赠送VCD）

社　　长	陶庆军
网　　址	www.rkcbs.net
电子信箱	rkcbs@126.com
总编室电话	(010) 83519392
发行部电话	(010) 83534662
传　　真	(010) 83515992
地　　址	北京市西城区广安门南街80号中加大厦
邮政编码	100054

PART 1 新生儿期男宝宝养育

Contents

PART 2 第2个月男宝宝养育

PART 3 第3个月男宝宝养育

PART 4 第4个月男宝宝养育

PART 5 第5个月男宝宝养育

Contents

PART 6 第6个月男宝宝养育

PART 7 第7个月男宝宝养育

PART 8 第8个月男宝宝养育

PART 9 第9个月男宝宝养育

Contents

PART 10 第10个月男宝宝养育

PART 11 第11个月男宝宝养育

目录

PART 12 第12个月男宝宝养育

PART 13 第13～14个月男宝宝养育

Contents

PART 14 第15～16个月男宝宝养育

PART 15 第17～18个月男宝宝养育

第19～20个月男宝宝养育

PART 17 第21～22个月男宝宝养育

Contents

PART 18 第23～24个月男宝宝养育

PART 19 第25～27个月男宝宝养育

PART 20 第28～30个月男宝宝养育

PART 21 第31～33个月男宝宝养育

Contents

PART 22 第34～36个月男宝宝养育

PART 1

新生儿期
男宝宝养育

新生男宝宝体格发育指标

项目	年龄组	下限值	上限值
身高	2周	45.2厘米	55.8 厘米
	1月	48.7厘米	61.2 厘米
体重	2周	2.26千克	4.66千克
	1月	3.09千克	6.33千克
头围	1月	约为36.9厘米	
胸围	1月	约为37.6厘米	
囟门	1～3月	1.5～2厘米	

注：“体格发育”中的发育指标，是根据宝宝发育的不同时期有相应的指标呈现，大致包括身长、体重、头围、胸围、牙齿、囟门的发育六部分内容。

新生儿期男宝宝发育

新生儿发育状况

呼吸

新生儿从出生的那一声啼哭开始，即开始建立了自主呼吸，但较浅表且不规则，频率较快，一般40～60次/分，早产儿可达60次/分以上。新生儿以腹式呼吸为主，易出现呼吸节律不齐及深浅交替。观察新生儿的呼吸变化，要在新生儿安静的情况下，观察其胸、腹部起伏情况，每一次起伏即是一次呼吸。注意观察胸廓两侧的呼吸运动是否对称；呼吸是否急促、费力，有无呼吸暂停；口周皮肤的颜色有无青紫。

体重

孩子生长发育，体重是非常重要的指标。对于出生体重的评价一定要结合孩子的孕周，临床上叫作“适于胎龄”，意思就是说孩子出生的体重跟胎龄应该是相吻合的。体重小的孩子确实不容易养，但体重达到或超过4000克以上的称为巨大儿，属于高危新生儿。大部分巨大儿的母亲一般都存在一些病因，比如妊娠糖尿病，母亲糖尿病生出的巨大儿，别看他体重很大，其实发育是不成熟的，他的血糖的代谢会有很大的问题。这样的孩子出生后的24小时内容易出现低血糖，低血糖对新生儿来说是非常严重的问题，如果低血糖不能及时得到处理，持续时间过长将直接影响孩子身体健康。在医院里对巨大儿会监测血糖，检测他的血糖水平，比如出生后半小时提前喂奶、糖水，这样能够避免低血糖。

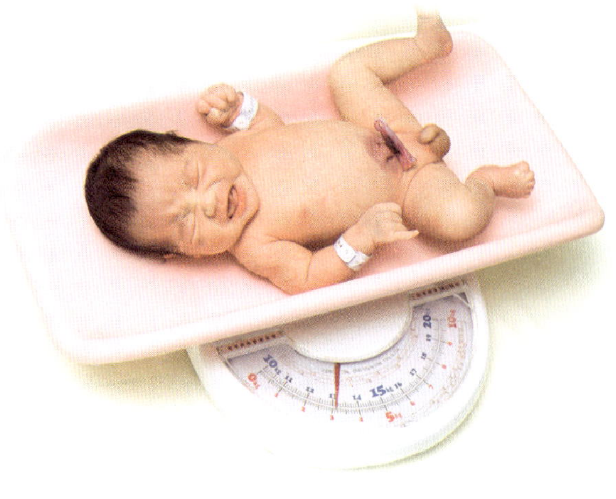

一般来说，糖尿病母亲生出的孩子，孕周发育比正常小两周，比如孩子是40周生的，可能孩子发育的水平就是38周，如果是38周就相当于早产的水平。所以这样的孩子，尽管是足月，也会出现像早产儿一样的问题。当然，巨大儿也有一少部分没有其他的问题。

体重小的原因有两个：一是早产，没到日子，体重也没长到正常值。二是有身体的疾病因素，出生的体重不到2500克，这样的孩子叫“足月小样儿”。总之，孩子的体重不能太大，也不能太小。

宝宝出生体重增减平均值

出生月数	体重增减（平均值）
第1～2周	稍微降低
第3个月	+30克/日
第4～6个月	+20克/日
第7个月～1周岁	+10克/日

脐带

新生儿脐带在离肚脐1～2厘米处被结扎。

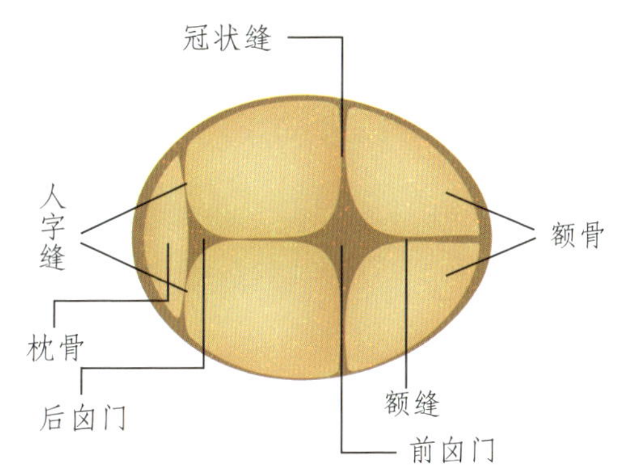

前囟

前囟是新生儿头顶的柔软部位，是头颅骨尚未连接的间隙。前囟要到宝宝2岁前才闭合。宝宝的头皮覆盖着这个间隙，它虽然十分坚韧，但是千万不要让宝宝的前囟受重压。不必对前囟做特别的照顾，但是，如果一旦发现覆盖其上的头皮绷紧或出现隆起（膨胀凸出），或在前囟部位出现不正常的萎陷（异常凹陷）时，就应立刻请医生诊查。

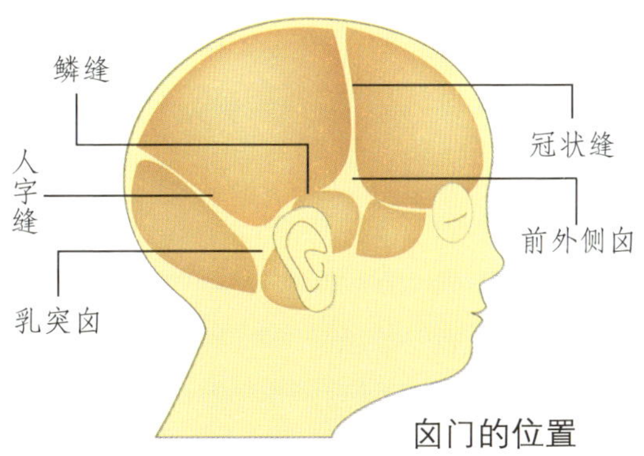

囟门的位置

皮肤

新生儿的皮肤也许会被白色的脂质所覆盖。有些宝宝胎脂遍布他们的面部和身体，而另一些宝宝胎脂只分布于他们的面部和手部。医院对于胎脂的处理方法各不相同。有的医院予以保留，因为胎脂提供了一道抵抗轻度皮肤感染的天然屏障；而另一些医院则在宝宝娩出后就细心地将胎脂清除掉。目前人们普遍认为不必清除胎脂，这不仅因为胎脂具有保护的特性，而且也因为它在2～3天之内就自然地被皮肤所吸收。但是，如果在宝宝皮肤的皱褶内有大量胎脂堆积并可能引起刺激时，就应把它清除干净。

解读男宝宝

当胎儿还在母体中孕育时，男女胎儿在大脑结构上的差别就非常明显了。其中一个差别是，男宝宝大脑的发育速度明显慢于女宝宝大脑的发育速度。另一个差别是，男宝宝大脑的左右半球之间的联系少于女宝宝。

体温

新生儿的正常体温在36℃～37℃之间，但新生儿的体温中枢功能尚不完善，体温不易稳定，受外界温度的影响较大。新生儿的皮下脂肪较薄，体表面积相对较大，容易散热，因此，要注意新生儿的保暖。尤其在冬季，室内温度保持在18℃～22℃为宜，如果室温过低则容易引起硬肿症。

新生儿特殊的生理现象

新生儿不同于一般宝宝，也有着自身不同于一般宝宝的特点，父母最好能将这些生理特征和其他的疾病体征区别开来，以便更好地照料宝宝。

体重减轻

新生儿出生后2～3天，由于皮肤上胎脂的吸收、排尿、体内胎粪的排出及皮肤失水，以及新生儿吸吮能力弱、吃奶少，体重非但不增，反而出现暂时性下降。在出生后3～5天体重下降有时可达出生体重的6%～9%，在出生后7～11天恢复到出生时的体重，这称为生理性体重下降。如果体重下降超过出生时体重的30%以上，或在出生后第13～15天仍未恢复到出生时的体重，这是不正常的现象，说明有某些疾病，如新生儿肺炎、新生儿败血症及腹泻或母乳不足等，应做进一步检查。

黄疸

新生儿出生后的皮肤为粉红色，生后2～3天，细心的父母会发现宝宝的皮肤发黄，有的白眼珠（巩膜）也发黄，3～5天明显，8～12天后自然消退。宝宝除皮肤发黄外，全身情况良好，无病态，医学上叫作生理性黄疸。

生理性黄疸的表现是：宝宝吃奶很好，哭声响亮，不发热，大便呈黄色，3～5天时黄疸明显，在出生后8～12天消退，如果是早产儿可能在出生后第3周消退。

一半的足月儿，还有60%以上的早产儿都经历过黄疸的过程，这是一个很普遍的现象。绝大部分是属于生理性黄疸，其中有一少部分是病理性黄疸。

头颅血肿

新生儿头颅血肿是头经产道娩出时受挤压，位于骨膜下的血管受损伤出血所造成的，多于出生时或出生后数小时出现，数日后更明显。其表现为血肿发生在骨膜下，不超过骨缝，局部肤色正常，有波动感，消退时间至少需2～4周。此症多无明显不良后果，如果头颅血肿过大，可引起新生儿贫血或胆红素血症，即出现黄疸，此时应做相应处理。

乳房肿胀

新生儿出生以后数日内，可见乳房肿大，在3～5天内可挤出水样分泌物，继之为乳汁样，与初乳相似，乳量少至数滴，多可达20毫升。如经过化验，可知在乳汁中含有白细胞和初乳小体，这叫作新生儿泌乳。

这种现象是因为来自脑垂体前叶的催乳激素刺激肿大的乳腺而引起的泌乳，这也是新生儿常见的一种生理状况，这时千万不要挤压乳房，以免引起损伤、感染，引发乳腺炎。

脱皮

出生3～4天的新生儿的全身皮肤开始“落屑”，有时甚至是大块地脱落，这可吓坏了父母们，不知如何是好。其实，这也是一种生理现象。由于胎儿一直生活在羊水里，当接触外界环境后，皮肤就开始干燥，表皮逐渐脱落，1～2周后一般就可自然落净，呈现出粉红色、非常柔软光滑的皮肤。

由于新生儿的皮肤角质层比较薄，皮肤下的毛细血管丰富，脱皮时，父母千万不要硬往下揭，这样会损伤皮肤，引发感染。

尿红

新生儿出生后2～5天，有的父母发现宝宝尿血，很紧张，到处求医问药。其实，宝宝并没有尿血，这是因为宝宝水排出多而摄入少，导致尿量少，尿液浓缩，含有较多的尿酸盐结晶而使尿液呈红色。父母应保证每日给宝宝补充足够的水分，如两次喂奶期间喂些温开水或葡萄糖水，一般持续数天可自行消失。如果出生36小时后无尿，应立即诊治。

解读男宝宝

父亲必须做的事——尽早“触摸”孩子。从孩子出生的那一刻起，父亲应该学着照顾婴儿。这段时间是和孩子建立亲密关系的关键时期。照顾婴儿会使你的生活重心发生变化。不要妄下结论，认为自己做不来，笨手笨脚，只会碍事；相反一定要有信心，坚持下来，接受妻子或其他有经验的朋友的帮助和建议。

专家主张

新生儿的分类

医学上新生儿是指出生时到满28天前这一期间的宝宝。此期间称为新生儿期。

根据其不同的情况新生儿可分为足月儿、早产儿、过期产儿、低出生体重儿、巨大儿和高危新生儿等，父母可据此对自己的宝宝提供不同的护理方法以保证宝宝能健康成长。

足月儿指胎龄≥38周且<42周（266～293天）的新生儿。

早产儿指胎龄≥28周且<38周（196～266天）的新生儿。

过期产儿指胎龄≥42周（294天以上）的新生儿，又称过熟儿。

低出生体重儿指出生时体重<2500克者，<1500克者为极低体重儿。大多为早产儿，亦有小于胎龄儿。

巨大儿指出生时体重≥4000克的新生儿。

高危新生儿指已发生或可能发生危重病情的新生儿。常包括：高危孕妇所分娩的新生儿、有疾病的新生儿。

新生儿期日常保健

新生儿病理性黄疸

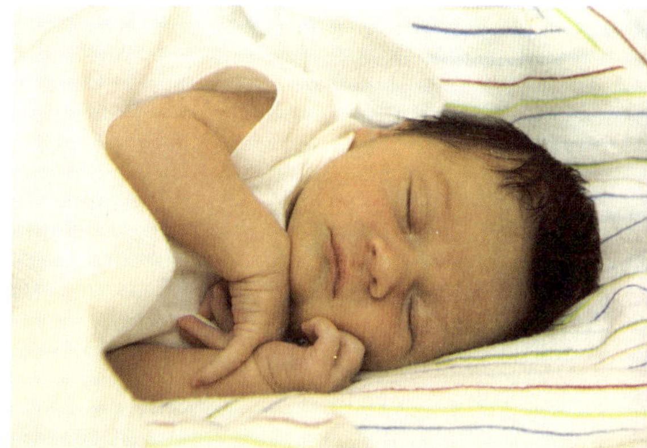

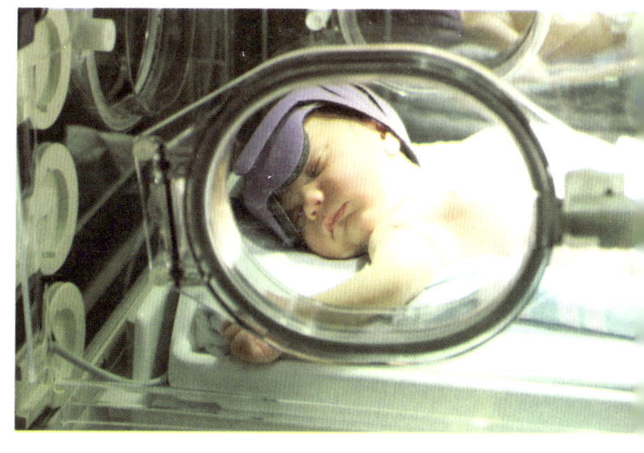

新生儿生理性黄疸出现有一定时间，不能出现得太早，如果生下来24小时以内就出现，说明还有其他的原因。一般生理性黄疸都是出生2～3天才开始出现，在5～7天的时候是最明显的。黄疸指数不超过12毫克，早产儿的范围可更宽一点，早产儿可以到15毫克，1周以后开始逐渐降下来，到2周一般完全退掉。如果不在这样的范围，出现过早或者太高了，或者持久不退，或者退了以后又反复出现，这种就不属于生理性黄疸，需要治疗。

只有极少数的孩子会不在这个范围，出现的原因，比如溶血、有炎症，这时肯定是需要治疗。如果是生理性黄疸，出现得早，水平也不是太高，可以给孩子吃一些中药。如三黄汤、茵栀黄口服液，吃这些药的目的是增加代谢，吃这些药之后症状可能会减轻一些，但孩子会拉稀。还有西药苯巴比妥，这是抗癫痫药，它能够促进肝脏代谢胆红素，短时间内吃一点这样的药可以减轻黄疸。喝糖水行不行？这没有太多的科学依据，没有说葡萄糖增加以后孩子黄疸就会减轻。还有一部分孩子的黄疸与喂养量不足有关系，喂养不足会造成胎便排不出去，或者排出太慢，其实增加喂奶、喂糖水，目的是促进胎便的排出。

黄疸最大的危害就是血液里胆红素会通过血液传输到全身各处，但是最关键的是到脑部。到脑以后，造成“胆红素脑病”。如果黄疸进展非常迅速，如足月的孩子，出生24小时胆红素超过15毫克以上，第2天胆红素就超过20毫克以上，第3天甚至能超过25毫克，越高的胆红素水平越容易到脑部去。胆红素脑病是不可逆的。在短时期内黄疸增高过程当中，如果孩子反应不好，吃奶明显减少，爱睡觉，能睡4～5个小时都不醒，身体软了，一些正常的反射也做不出来，问题就非常严重了。临床常用“蓝光治疗”，通过蓝光照射以后，可以增加肾脏排泄。

宝宝的清洁

需准备的器具

细轴棉花棒，纱布，冷开水或生理盐水，脐带护理包（棉花棒、浓度75%的酒精）。

1 清洁宝宝的眼睛

方向：眼头→眼尾

先清洁宝宝的眼睛，利用纱布蘸水，轻轻地由内（眼头）往外（眼尾）擦拭。切记不可以来回擦拭，一边眼睛使用一支干净的棉花棒或是干净的纱布一角。

2 每晚睡前用纱布清洁口腔

宝宝喝完奶后，让宝宝喝点水来清洁宝宝的口腔。家长最好在每晚睡前都能用纱布帮宝宝清洁一次口腔。将干净纱布套在手指上，将纱布蘸点冷开水，当妈妈把纱布轻轻地放入宝宝的口中时，宝宝会有吸吮的动作，这时候就可以顺势旋转擦拭宝宝舌头上的舌苔。

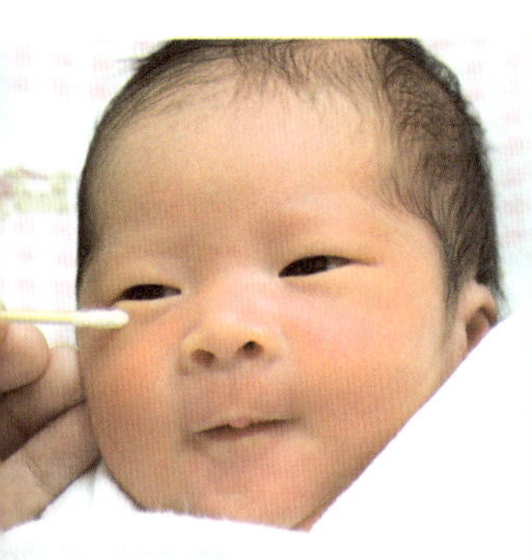
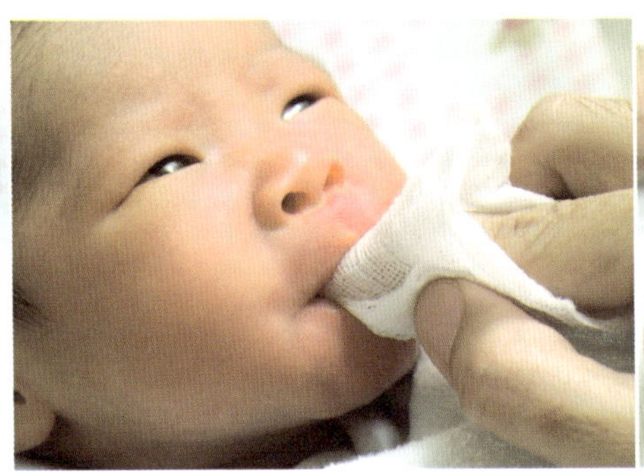
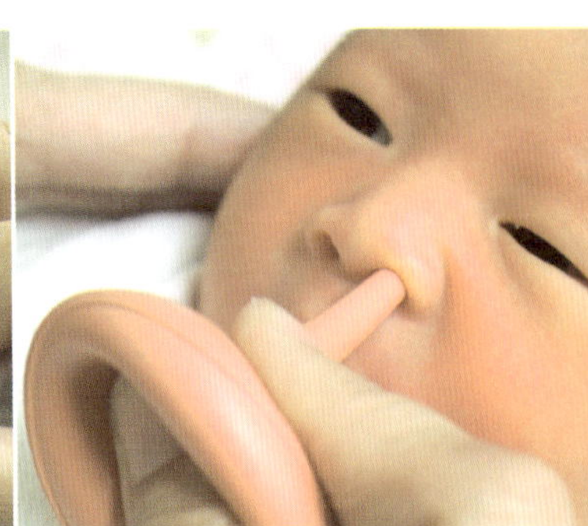

3 清洁宝宝的鼻孔

宝宝洗澡后是清洁鼻孔的最佳时机，用棉花棒蘸冷开水或生理盐水，用旋转的方式，就能把脏东西卷出来。棉花棒伸入鼻孔的深度约1厘米即可，并不是愈深入就能清得愈干净。

4 清洁宝宝的耳朵

给宝宝洗澡时，妈妈可以将纱布蘸湿，轻轻擦拭宝宝的耳壳部分。如果宝宝的耳朵进水了，妈妈可以拿棉花棒在外耳处轻轻旋转，将水慢慢吸干。平时若看到宝宝的外耳有污垢，可用棉花棒蘸冷开水，轻轻旋转将外耳的脏东西卷出即可。家长每隔几日给宝宝清洁一次耳朵即可。

5 清洁宝宝的手指、脚趾

宝宝的手指、脚趾相当脆弱，平常只需用纱布蘸水轻轻擦拭每根手指、脚趾即可。如果手指、脚趾甲太长，可以趁着洗澡后顺便修剪。建议使用婴儿专用指甲剪来修剪宝宝的小指甲。修完指甲后，再用锉刀将锐角磨平，宝宝才不会抓伤自己。

6 帮宝宝进行脐带护理

洗完澡后，将宝宝身体擦干，穿上衣服、尿布，露出脐带的位置，用干净棉花棒蘸取75%的酒精，由内而外，从脐带的根部开始，消毒脐带周围。消毒范围大约是半径1厘米的圆圈大小。

脐带脱落的几天之后，仍要继续给宝宝做脐带护理，直到肚脐处完全干燥为止。

7 清洁宝宝的生殖器

男宝宝的清洁重点

帮宝宝清洁生殖器时，要小心翻开包皮皱褶处，将皮垢清洁干净。睾丸是常令人忽略的清洁部位。同时检查宝宝睾丸的位置是否正常，两边睾丸是否都在阴囊中，观察宝宝是否有隐睾症的情况。

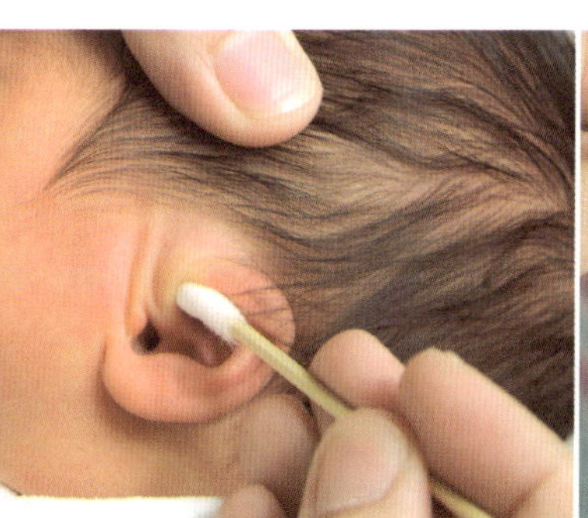
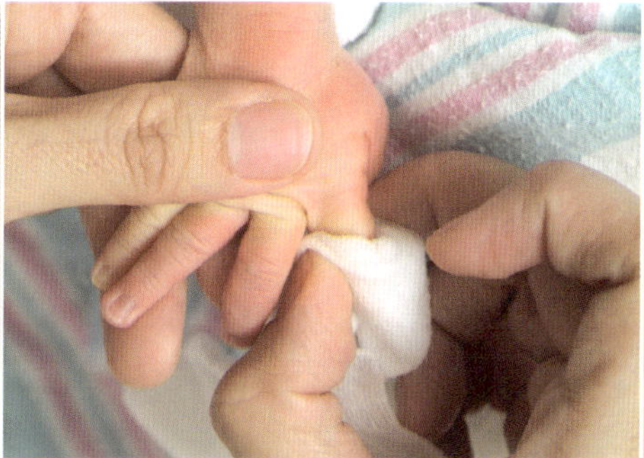
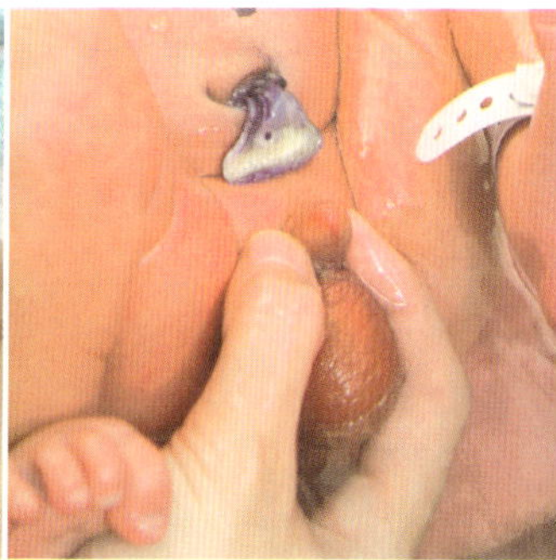

男宝宝穿着照顾原则

男宝宝吃得多，容易有内热，穿着应该比女宝宝少一些。因为男宝宝爱出汗，所以家长更要根据气温及时加减衣服。

- 要特别注意早晚温差较大，新生儿一抱离被窝，必须用包巾包裹上。
- 夏天气温较高，宝宝穿一件薄棉纱衣服即可；冬天可穿3～4件衣服，若有包巾，则不用穿着太多。
- 0～6个月宝宝因为不太动，所以比大人多穿一件即可。
- 穿衣多少，应随室内或室外温度而增减。
- 有冷气的地方最好维持长袖、半长袖或披上薄外套。
- 使用空调时，要将温度调到比成人适温高出2～4℃，冷气口要朝向天花板，不可直接吹到宝宝；使用电扇也要使其旋转，并对着墙壁吹。
- 理想的湿度应控制在60%～65%。梅雨期及夏天湿度比较高，可使用除湿机。
- 流汗后应将身体擦干，换上干爽的衣服。
- 气候不稳定时，要随时摸摸婴儿的颈部、手臂和腿部是否温暖，或观察婴儿脸色及神情加以判断。

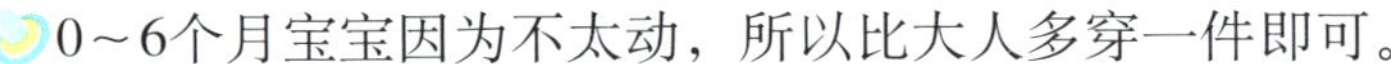

专家主张

宝宝鼻塞怎么办

❶ 如果宝宝鼻子不通气了，可以在孩子的褥子底下垫上1～2条毛巾，头部稍稍抬高能缓解鼻塞。

❷ 帮宝宝吸出鼻涕。在宝宝的鼻孔中抹上一点点凡士林油，往往能减轻鼻子的堵塞；也可将医用棉球捻成小棒状，沾出鼻子里的鼻涕。

❸ 保持空气湿润。房间可以挂两件刚洗过的衣服或是湿毛巾，使用暖气时在上面放个水盆，空气就不会太干燥了。

❹ 为宝宝作个热敷。可以用热毛巾，不要烫，热敷鼻梁和两眼间。

新生儿期男宝宝喂养

1个月宝宝这样吃

新生儿（出生后至满月）的胃，一开始只能容纳30毫升的食物量，之后逐渐加大，所以新生儿需要较多次的喂食。

1个月婴儿的食品添加表

母乳	依宝宝的需求来哺乳，哺喂时间不定，平均2～3小时喂1次
婴儿配方奶	一天喂6～10次，每次60～90毫升
喂食须知	洗澡、外出活动后要补充水分

妈妈奶少要不要补奶粉

有些妈妈生下宝宝后没有马上开奶，或者奶水很少，这个时候如果宝宝饿了该怎么办呢？在很多医院里不允许喂宝宝除母乳外的任何东西，甚至连水也不允许喂，这是为什么呢？会不会饿坏了宝宝？

一般情况下，在宝宝出生后1～2周后妈妈才会真正下奶。但在宝宝出生的第1周必须让他多吸吮、多刺激妈妈的乳房，使之产生泌乳反射，才能使妈妈尽快下奶，直至足够宝宝享用。如果此时用奶瓶喂宝宝吃其他乳类或水，一方面容易使宝宝产生乳头错觉，不愿再

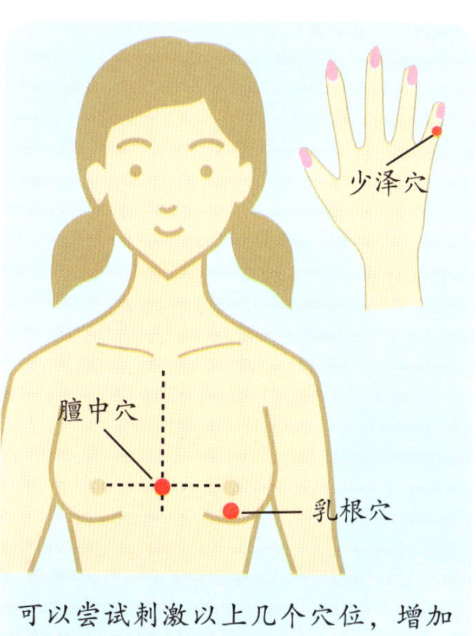

可以尝试刺激以上几个穴位，增加乳汁分泌

费力去吸妈妈的奶；另一方面因为奶粉冲制的奶比妈妈的奶甜，也会使宝宝不再爱吃妈妈的奶。这样本来完全可以母乳喂养的妈妈会因宝宝吸吮不足，而造成奶水分泌不足，甚至停止泌乳。

那么，宝宝一时吃不饱，会不会饿坏呢？不会的。因为宝宝在出生前，体内已贮存了足够的营养和水分，可以维持到妈妈开奶，而且只要尽早给宝宝喂奶并坚持不懈，那么少量的初乳就能满足新生宝宝的需要，千万不能因暂时奶水不多就丧失母乳喂养的信心。

母乳喂养的方法

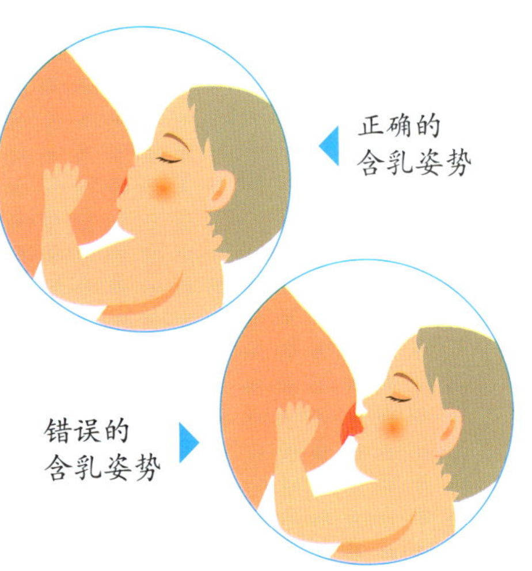

给宝宝喂哺母乳并不是一个简单的过程，母亲要注意掌握一些方法以便更好地喂养宝宝。

1 宝宝出生后1～2小时内，母亲就要做好抱婴准备。

2 掌握正确的哺乳姿势。让宝宝把乳头、乳晕的部分含在口中，宝宝吃奶姿势正确，也可防止出现乳头皲裂。

3 纯母乳喂养的宝宝，除母乳外不添加任何食品，包括不用喂水，宝宝什么时候饿了什么时候吃。纯母乳喂哺最好坚持6个月。

4 宝宝出生后头几个小时和头几天要多吸吮母乳，以达到促进乳汁分泌的目的。宝宝饥饿时或母亲感到乳房充满时，可随时喂哺，哺乳间隔是由宝宝和母亲的感觉决定的，这也叫按需哺乳。宝宝出生后2～7天内，喂奶次数较多，以后通常每日喂8～12次。

正常喂奶时间

一般来说，每次喂奶15～20分钟即可，最多不超过30分钟。母亲将乳头和乳晕全部塞进宝宝嘴里，宝宝的嘴唇、齿龈和舌的吸吮运动能使奶液从乳晕内的乳腺管中流出。一半以上的奶液在开始喂奶的5分钟就吸到了，8～10分钟吸空一侧乳房，再换吸另一侧乳房。每次喂奶时让两个乳房先后交替，可刺激产生更多的奶水。喂哺新生儿，因母亲奶液还少，且母婴均处于学习阶段，喂的次数可多些，时间可以相应缩短一些。

 正常喂奶间隔

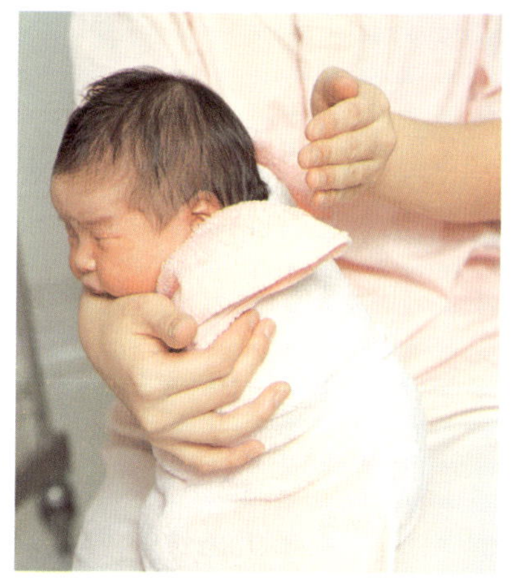

新生宝宝喂奶的时间间隔和次数应根据宝宝的饥饿情况来定，也就是说宝宝饿了就要喂。若不到时间且宝宝还不饿就喂，宝宝消化不了，易造成腹泻；也不能长时间不喂，以免宝宝一次吃得过饱，消化不良。一般白天每3～4小时喂1次。夜间可6～7小时喂1次，若宝宝夜里不醒也可不喂，尽量让宝宝休息。刚出生的宝宝因为胃容量小，所以喂奶的次数多一些。随着年龄增长，喂奶的次数会减少，一般出生后2周左右才能按需要自然形成定时喂养。要注意，不要宝宝一哭就用喂奶来哄宝宝，因为宝宝哭的原因有很多，应查找原因。如果喂奶次数过多或每次喂奶时间过长才能满足宝宝的需要，很可能是奶水分泌不够，应及早咨询医生寻找原因。

在喂奶过程中应注意，要让宝宝安静地吃奶，避免宝宝受惊吓；不要在宝宝吃奶时与之嬉闹，以防呛咳。每次喂完奶后应将宝宝抱直，轻拍宝宝背部使宝宝打出嗝来，以防止溢奶。

专家主张

新生儿需要3～4小时喂食一次，第1天一餐的奶量大约30毫升，第2天则是一餐60毫升左右，但具体状况仍因宝宝不同而有差异，如果宝宝没吃饱，每次可多加一点奶量，但上限是30毫升。而冲调奶粉的开水温度只要温和不烫伤宝宝即可，哺喂时不要超过40℃。

冲奶粉时，先放水后放奶粉比较容易冲开。

怎样判断宝宝是否吃饱

母亲对宝宝是否吃饱了很是关心，但由于我们无法直接问宝宝是否吃饱了，因此可根据下列方法来进行判断：

- 喂奶前乳房丰满，喂奶后乳房较柔软。
- 喂奶时可听见吞咽声（连续几次到十几次）。
- 母亲有下乳的感觉。
- 尿布24小时湿6次及6次以上。
- 宝宝大便软，呈金黄色、糊状，每天2～4次。
- 在两次喂奶之间，宝宝很满足、安静。
- 宝宝体重平均每天增长18～30克或每周增加125～210克。

成功哺喂的关键

给宝宝喂奶的姿势

产后妈妈应当尽早让宝宝吸吮母乳。母乳含有宝宝成长所需的营养，其中抗体可增强宝宝的免疫力，减少宝宝过敏现象。

摇篮式抱法

摇篮式抱法：把手肘当作婴儿的头枕，手前臂支撑婴儿的身体，让婴儿的肚子紧贴着妈妈的胸腹，使婴儿的身体与妈妈的乳房平行。无论在床上或椅子上，都可采用这个姿势，让妈妈随时随地喂奶。如果坐在椅子上，在双脚下放小椅子，可减轻背部压力。

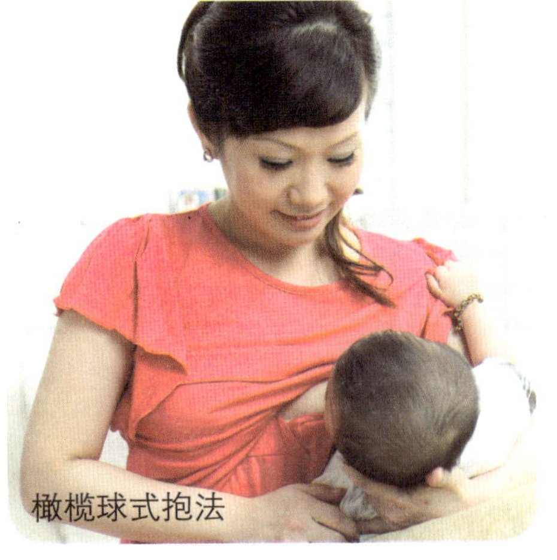
橄榄球式抱法

橄榄球式抱法：妈妈托住婴儿头部，用手臂夹住婴儿的身体，使婴儿呈现头在妈妈胸前、脚在妈妈身侧的姿势。采取这个姿势时，可在宝宝身体下方垫枕头或是靠垫，使婴儿的头部接近乳房，并协助支撑婴儿的身体，让妈妈不必花力气抱起婴儿，减少肩膀酸痛的发生。

卧姿：妈妈侧躺在床上，背部与头部可垫枕头，同一侧的手臂可放在宝宝头下，另一只手抱着婴儿头部及背部，使婴儿贴近乳房。如果要换喂另一侧的乳房，可先调整身体使另一侧乳房靠近婴儿，或与婴儿一同翻身后再喂。妈妈坐月子期间，或是半夜婴儿肚子饿时，最适合采用这个喂姿。

卧姿

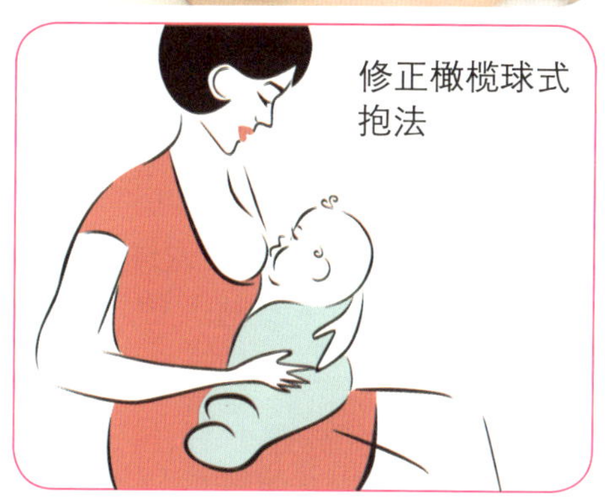
修正橄榄球式抱法

哺喂

在宝宝的脖子里垫一条小方巾，让奶瓶从宝宝嘴巴侧边慢慢滑入嘴里，并确定奶嘴放在舌头的上方，嘴唇含住整个奶嘴，不会内翻到嘴巴里。

排气

通常母乳喂养的宝宝喝完奶后不会有胀气现象，因为较少有空气进入宝宝口中。不过，喂配方奶宝宝或多或少都会吸进一些空气，因此妈妈可要记得在喂完奶后替宝宝排气，否则宝宝容易有腹胀或溢奶的状况。

方法一：让宝宝坐在腿上，并让宝宝的头及胸部靠在手腕上，并以另一只手扶住宝宝的背部。

将手指与手掌弯曲，对着宝宝的背部由下往上拍，帮助他排气。

方法二：抱起宝宝，让宝宝的身体靠在肩膀上。亦可在肩膀上铺毛巾，以毛巾垫在宝宝的嘴巴下方，防止溢奶。

手指与手掌弯曲拱起，由下往上拍打宝宝的背部。

专家主张

当宝宝顺利排气时，父母会听到打嗝的声音。如果拍了10～15分钟都没有听到打嗝的声音，可以停止排气，让宝宝侧睡，减少溢奶的发生。

奶水充足的关键要素

供应充足的奶水给宝宝的关键到底是什么？儿科医生提出四个要点：

1 尽早开始喂奶。妈妈应尽早试着喂奶，让婴儿尽早学习吸吮并熟悉妈妈的乳房，同时也刺激妈妈乳房早点分泌奶水。

2 依照宝宝的需求来喂奶。在宝宝饿时就喂奶，不要限制喝奶的时间与次数。

3 母婴同室。若要依照宝宝的需求喂奶，妈妈最好能在母婴同室的医院生产，这样才方便依照宝宝的需求喂奶。同时，母婴同室能帮助妈妈早一点熟悉宝宝的作息、个性等，这对于顺利喂母乳也是很重要的。

4 有信心。妈妈的情绪与信心会影响到催乳素的分泌。催乳素是一种帮助奶水分泌的激素，它能够帮助婴儿顺利吸吮到母乳。另外，母乳妈妈一定要有充足的睡眠与好的心情，因为疲劳、情绪不佳、压力大等因素，都会减少奶水的分泌量。一些药物和吸烟也会抑制奶水的分泌。

如果能尽量依照宝宝的需求喂奶，不限制喂奶的次数与时间，那么，妈妈的奶水与宝宝的需求量会达到供需平衡，也就是建立奶水平衡，这时候妈妈分泌的奶水量恰好能符合宝宝的需求量，而且，妈妈也会在宝宝肚子饿时胀奶。

阻碍乳汁分泌的元凶

妈妈应避免用奶瓶喂奶，或是让婴儿喝配方奶，以免减少乳汁的分泌。原因如下：

解读男宝宝

在男宝宝从出生到6岁期间，母亲的爱和教育会影响他的一生。所以，男宝宝的妈妈们，请抓住孩子降生后最初几年的美好时光吧，请尽心关爱、教育你的男宝宝，并享受他带给你的快乐吧！

1 吸吮乳房与吸奶嘴的方式不同。宝宝吸吮妈妈的乳房较为费力，但能帮助他的口腔肌肉发育；而吸吮奶嘴通常无须耗费力气就有奶水流到宝宝的口中。一旦在喂母乳早期让宝宝接触到奶嘴，他很可能不再愿意吸吮妈妈的乳房。再者，若婴儿以吸奶嘴的方式吸吮母亲的乳头，也会吸不到奶水，还容易使妈妈的乳房受伤。

2 喂食配方奶会使母乳减少。当婴儿混合喝配方奶时，会减少吸吮母乳的次数，使得乳房受到的刺激减少，进而减少奶水的分泌量。奶水量减少之后，妈妈可能误以为自己的奶水不足，继续喂配方奶，甚至喂更多配方奶给宝宝，就会造成恶性循环，最后导致奶水不足。

乳头较短平怎么办

虽然乳头是奶水的出口，不过妈妈可别以为乳头较短、平或是凹陷，宝宝就喝不到奶了。因为婴儿并不是借由吸乳头喝到奶水，而是吸吮乳晕、乳房，再从乳头得到奶水。不过乳头可以帮助婴儿确定要含住的乳房部位，所以也有其重要性。

一般来说，在婴儿的吸吮之下，短或平的乳头也会被拉长。这是因为乳头有伸展性。如果妈妈的乳头有良好的伸展性，那么即便乳头短、平，在宝宝的吸吮下，也会逐渐伸展并且变长。检查乳头是否有好的伸展性的办法是：轻轻地将乳头拉出来，如果乳头可以被拉出来，那么它的伸展性是好的；如果要拉出乳头的时候，乳头却反而陷进去，那么就代表乳头的伸展性不好，并且是乳头凹陷。

不建议妈妈使用假乳头，一是因为这不是妈妈的乳头，容易使宝宝产生混淆，导致宝宝不肯吸吮妈妈的乳房；二是因为放假乳头在乳房上让宝宝吸吮母乳，宝宝容易吸进空气，而且又有消毒不干净的可能。

乳头过大怎么办

如果妈妈的乳头较大，对宝宝来说，可能无法整个含住妈妈的乳房，所以在喂宝宝的时候，不要强迫宝宝含住整个乳晕，可以采用橄榄球姿势喂宝宝，这样才能看得见宝宝含住乳房的状况，确认宝宝有无吸到奶水。也有一些妈妈采用让宝宝直接趴在身上喝奶的方法。哺乳时可以将乳房压平一点再放入宝宝嘴巴，并且鼓励宝宝张大嘴，如喂奶前你可以张大嘴向宝宝示意，假以时日，宝宝就会模仿你。等到宝宝逐渐习惯后，嘴巴也变大了，就能较容易整个含住妈妈的乳头与乳晕了。

乳头大的妈妈，刚开始哺乳会比较辛苦，但随着宝宝长大，问题会迎刃而解。最好的方式就是及早哺乳，让宝宝在吸第一口母乳时就认识你的乳房。

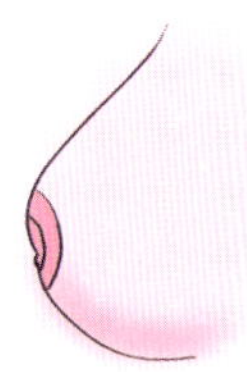

凹陷
乳头陷入乳晕。在怀孕中将乳晕部分的皮肤向上下、左右拉，揪出里面的乳头，做乳管疏通护理，就能让婴儿吸到母乳

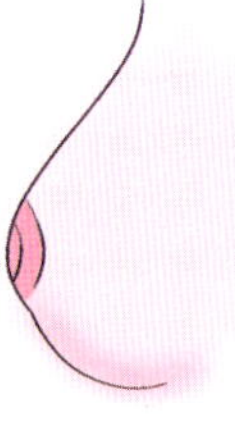

扁平
从乳晕部分到乳头没有长度，呈扁平的状态。在怀孕时要持续地做乳管疏通术，使乳头和乳晕部分变得柔软，就能成功哺乳

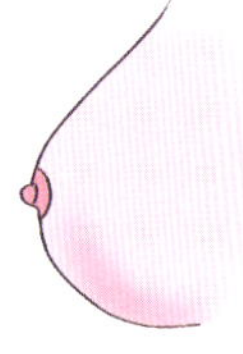

太小
乳头太小，婴儿无法用舌头触到乳头来吸吮。怀孕中以乳管疏通术按摩乳头，使乳头变大。靠着自己的努力和婴儿的熟悉，就能成功哺乳

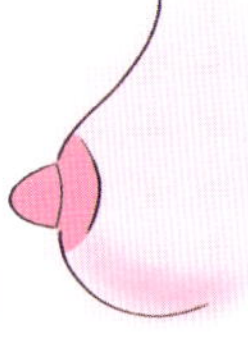

太大
太大的乳头使婴儿的嘴巴含不住，怀孕中应该搓揉使其变软。即使太大的乳头，如果变软也能顺利被吸吮

让宝宝熟悉妈妈的乳房

无论妈妈的乳头属于一般长度，或较短、较长，都能够喂母乳。但切记，一定要产后马上让宝宝吸吮乳房，熟悉你的乳头，尽量不要让宝宝碰到奶瓶奶嘴，免得宝宝不肯吸吮你的乳房。

在哺喂母乳专题文章中，专家们总是一再提醒妈妈们，如果想要喂母乳，一定要谨守几个原则，这几个原则就是：产后尽早喂母乳，只要宝宝饿了就喝母乳，并让宝宝自行决定喝完奶的时间，同时不要限制喂母乳的时间、次数。把握这几个原则，不仅可以成功地喂母乳，妈妈也可以免去不必要的麻烦。

频繁喂奶可避免胀奶之苦

产后妈妈通常会面临胀奶情形，这是因为乳房中充满了奶水。另外，乳房中的结缔组织也会增加血量与水分，使得妈妈胀奶。轻微的胀奶并不会影响妈妈喂母乳，甚至只要妈妈持续地喂奶，胀奶的情形也会改善。在宝宝第1个月时，妈妈一天需喂10～12次母乳，如果妈妈没有将奶水排出乳房，那么乳房有可能变得十分肿胀，且又硬又痛。

改善输乳管阻塞

输乳管阻塞的原因可能是婴儿吸奶的方式不对，或是妈妈乳房某一部位的奶水蓄积，所以妈妈应多以不同的方式喂奶，除了一般常见的摇篮法、躺喂、橄榄球式等喂法，只要任何婴儿可以吸到奶水的姿势都可以，但最重要的是要确定喂奶的姿势正确，这样一来，乳房中每一个部位的奶水都可以被排出。其实，让宝宝的下颌对着妈妈的肿胀处哺乳，也是许多妈妈疏解胀奶的小窍门。

另外，要多以肿胀的那一侧喂母乳。在喂奶之前，可先热敷肿胀的乳房，帮助疏通乳腺，让奶水较容易流出来。如果很痛，喂完奶之后，再以冷敷来镇痛。除此外，也可以多按摩乳房。

治疗乳腺炎

如果有乳腺炎，务必先要将奶水挤出来，否则感染不会好转，而且妈妈的奶水有可能就此停止分泌。感染乳腺炎的乳房仍然可以直接哺喂宝宝，但妈妈若担心发炎状况会影响宝宝，可以先用手或机器将奶水挤出，并且用未感染的那一侧直接喂奶。此外，亦可在喂奶前热敷，并在两次喂奶的间隔时间里冷敷乳房镇痛，或是做按摩。

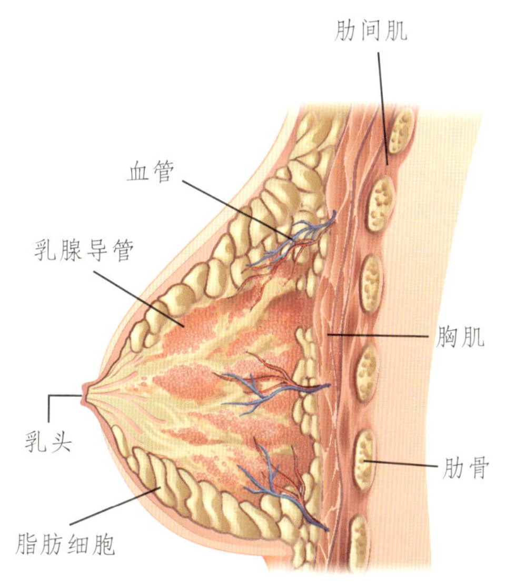

女性乳腺解剖图

得了乳腺炎的妈妈，除了要将奶水挤出来之外，医生也会给予抗生素以及止痛、退烧药加以治疗，而服用这些药物的妈妈不能继续喂奶，因为这些药物会对婴儿产生影响。如果婴儿发生嗜睡、起红疹或不吃奶的现象，就须留意是否是药物造成的影响。

至于脓肿，只有在乳腺炎未加治疗时才会产生，这时候通常须将乳房切开把里面的脓引流出来。不过脓肿极少发生，即便妈妈不处理乳腺炎，乳房一般不会发展成脓肿。

另外提醒妈妈，不要穿着过于紧绷的胸罩，因为钢丝可能会压迫到乳腺，也不利奶水的分泌与排出。

乳头酸痛、破皮怎么办

不少妈妈会有乳头酸痛、破皮的现象。喂母乳是否会疼痛因人而异，因为每个妈妈的忍耐度不同。不过，即便一开始喂奶会有些许疼痛感，只要喂的姿势正确，疼痛感是会消失的。如果疼痛感一直存在，就表示妈妈的喂法或是姿势错误。乳头破皮也是一样，在正确的喂姿之下，妈妈的乳头是不会破的，因为婴儿是同时含住乳头与乳晕吸吮母乳，而不是直接吸吮乳头。假使乳头已破皮，将乳汁涂在伤口处可有助好转。

产后乳汁不足怎么办

产后缺乳是指产妇在产后2～10天内没有乳汁分泌或分泌乳量过少，或者在产褥期、哺乳期内乳汁正行之际，乳汁分泌减少或全无，不够喂哺婴儿的，又称乳汁不行。本病分虚、实两种，虚者因体虚，或产后营养缺乏，气血亏虚，乳汁化生不足而乳少；实者因肝郁气滞，气机不畅，乳络不通，乳汁不行而乳少或无乳。

由于乳汁过少或无乳的最明显表现是新生儿生长停滞及体重减轻，因此，不仅给婴儿的生长、发育造成影响，而且也会给家庭带来各种困难和麻烦，故对产后缺乳要进行积极有效的防治。

气血亏虚的产妇表现为新产之后乳汁甚少或全无，乳汁清稀，乳房柔软无胀感，面色无华，头晕目眩，心悸，神疲食少，舌淡少苔，脉细弱。可食用鲫鱼汤、猪蹄汤等，这些食物有补血生精、生乳通络功能；肝郁气滞的产妇表现为产后乳少而浓稠或乳汁不通，乳房胀满而痛，舌苔薄黄，脉弦细，可伴有微热、胸胁胀痛、胃脘胀闷、食欲缺乏。可食鸡粥、山药羹、红枣糯米粥、芝麻糊等，这些食物有健脾开胃、补血生乳的作用。

什么是发奶食物

民间流传许多发奶食物，妈妈们应该吃吗？这些食物是否真能增加奶水量？

仔细分析民间的发奶食物，几乎都是高蛋白质与富含水分的食物，这些食物的确有助于奶水的分泌，例如，花生炖猪脚汤、青木瓜排骨汤、山药排骨汤、鲜鱼汤、鸡汤、红糖姜汤、黑糖芝麻汤圆、牛奶、酸奶、豆浆、黑麦汁等，其中，较少为人知但也被列入发奶食物的啤酒酵母其实也是高蛋白食物，因为它含有50%的蛋白质。

花生猪蹄汤

将1000克猪蹄除去蹄甲和毛，洗净，与150克花生一起放入炖锅中，加适量水，小火炖熟，加盐、味精调味即可。

民间流传的发奶食物，不仅能促进奶水分泌，也为产后的妈妈补充营养，毕竟生产过程耗费了不少精力。当妈妈吃了这些食物之后，体力好、精神佳，也会增加妈妈喂母乳的意愿。只要在饮食均衡的原则下摄取这些发奶食物，对妈妈们都是有益的。

缺乳的饮食方法

1 生姜500克，猪蹄1000克，甜醋1000毫升。将生姜刮去皮、切块，猪脚切块，两者同醋煮熟。分数日食完，煮好后若放置1~2周再食，则效果更佳。

2 虾米30克，粳米100克。将虾米用温水浸泡半小时，与粳米煮粥，每日早晚温热服食。适用于肾精不足所致的乳汁不通。

3 豆腐200克，丝瓜250克，香菇25克，猪前蹄500克，姜适量。先煮猪前蹄、香菇，加盐、姜调味，待肉熟后，放入丝瓜、豆腐同煮食用。1日内分次吃完。

4 人参、黄芪各30克，当归60克，麦冬15克，木通、桔梗各9克，净猪蹄1000克。同入锅，大火煮沸，转小火煮至蹄烂。1日2次。

5 花生、玉米楂、大米各100克。将玉米楂、花生加水煮至五成熟，加入大米，再加适量水，以小火熬成原粥，随口味加糖服。

6 木瓜500克，生姜30克，米醋500毫升。用瓦煲，分次吃，以利于吸收。

红豆汤

7 红豆50~100克。将红豆洗净，加水700毫升，入锅中，旺火煮至豆熟汤成，去豆饮汤。适用于产后乳房肿胀，乳脉气血壅滞所致的乳汁不行。

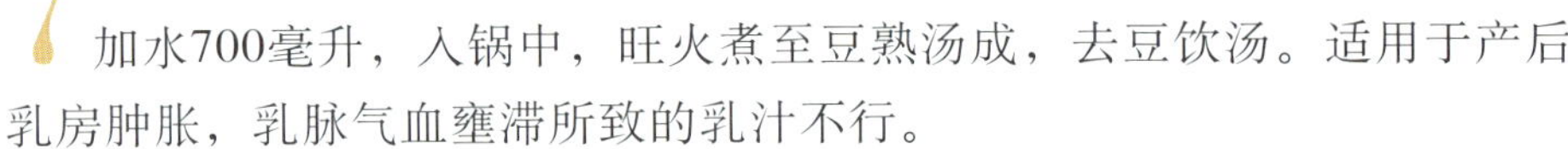

8 赤小豆50克，糯米甜酒酿250毫升，鸡蛋4个（约240克），红糖适量。赤小豆洗净，加水煮烂，加入甜酒酿煮沸，打入鸡蛋，待蛋凝熟透加红糖，吃蛋喝汤。适用于血虚所致的乳汁不下。

9 金针菇30克，猪瘦肉60克，调料少许。将金针菇洗净，猪肉切成片，同放陶瓷锅内，用大火隔水炖熟，加入调料，吃肉、菜，喝汤。

如何挑选奶瓶用奶嘴

对于给宝宝喂配方奶粉的父母来说，挑选奶瓶用奶嘴可以说是一门大学问。

奶瓶用奶嘴依照奶洞的大小，依序分为S、M、L三种：

S号→适合0~3个月内的宝宝；

M号→适合3~6个月内的宝宝；

L号→适合6个月以上的宝宝。

依照奶嘴洞的设计，可分为十字形、圆孔形、Y字形三种：

十字形奶嘴：可以借由宝宝吸吮的力道来控制流奶量的多少。假使宝宝没有做出吸吮的动作，奶水就不会自动流出。

圆孔形奶嘴：即便宝宝只含住奶嘴而没有吸吮，奶嘴还是会慢慢滴出奶水。建议吸吮动作较差的宝宝选择这种奶嘴。

Y字形奶嘴：奶水流出的方式跟十字形很相似，都是必须靠宝宝吸吮才会流出奶水，适合2～3个月以上的宝宝使用。Y字形和十字形的不同在于切口的角度，Y字形的切口角度比十字形大，因此奶水流出量更均匀、稳定，但使用一段时间后，Y字形奶嘴的切口会比较容易变形。

一般来说，奶嘴的外盒包装都有标示“适合月龄”，以方便选购。但是，是否符合宝宝的需求，还是得靠家长耐心观察宝宝喝奶时的习惯。

不管宝宝的月龄多大，家长观察宝宝吸吮奶嘴时，如果吸吮很用力，但是奶瓶中的奶水却下降得很慢，那么就有可能是奶嘴洞太小，建议改用洞大一点的奶嘴。

词汇解读

含有双酚A的塑料婴儿奶瓶

根据国家卫生计生委等6部委的新规，自2011年6月1日起我国禁止将双酚A用于婴幼儿食品容器（如奶瓶）的生产和进口；自2011年9月1日起，禁止销售含双酚A的婴幼儿食品容器。欧盟要求成员国从2011年3月1日起禁止在制造塑料奶瓶过程中使用双酚A；自2011年6月1日起禁止进口和在市场销售含有双酚A的塑料婴儿奶瓶。因为在塑料奶瓶加热时双酚A会析出，进到食物和饮料中，对婴儿发育、免疫力有影响，诱发性早熟，甚至致癌。

塑料奶瓶一般分PC、PP、PES等几类材质，PC奶瓶多含双酚A。国外原装进口奶瓶多以PP材质为主，价位较高。标明“不含双酚A”的奶瓶并不是无色透明的，而是颜色稍暗。

PC奶瓶瓶身较轻，但不容易清洗，在加热或高温消毒过程中会产生有害的化学物质，最好3个月左右更换一次。PES奶瓶耐热性高，不产生双酚A，只是残留的奶垢不容易清洗，使用6～8个月更换一次。玻璃奶瓶使用期限是1年左右。

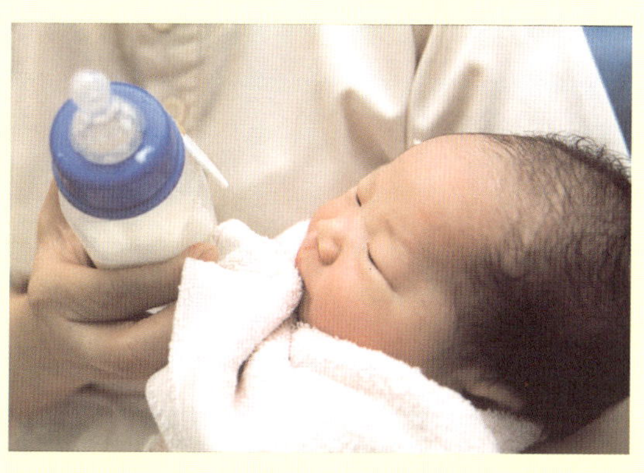

三大类型奶瓶奶嘴比较

类型	○	十	Y
名称	圆孔	十字孔	Y形孔
适用年龄	初生婴儿	较大婴儿	较大婴儿
特性	奶水会自动流出，宝宝吸吮时较不费力	以宝宝的吸吮力来控制奶水流速，添加辅食时适用	奶水的流出量均匀稳定，Y形孔奶嘴的三个切口末端均有特殊的小圆孔设计，可防止被咬断裂
优点	由于初生至2个月大的宝宝有自然反射的吸奶动作，同时无法自己控制奶水的流出量，所以若使用不适当的奶嘴易阻碍上、下腭及肌肉发育，而圆孔口径的奶嘴其流速适当且成滴状，适合初生宝宝	借由宝宝吸吮力之强弱来控制奶水流量，且不容易因漏奶而产生呛奶的情况，奶瓶打翻时，奶水也不易流出	安全性高且奶水流量稳定，即使宝宝用力吸吮，也不会造成吸孔裂大，可配合宝宝添加辅食使用
缺点	因为圆口径，乳汁会自然流出，容易造成宝宝懒得去吸吮。因为孔小，在添加辅食时会形成阻塞	十字孔奶嘴的四个切口无特别设计，容易被宝宝咬断裂。因吸吮角度等因素，流出量较不稳定	新生儿及吸吮能力较差的宝宝不适合使用Y形孔奶嘴
备注	随着宝宝月龄的不同来选择不同大小的口径，通常分为S～L等尺寸。早产儿及患儿因吸吮力较差，因此最好使用圆孔奶嘴	由于较大婴儿可以自己控制奶水流出量，因此建议使用十字孔奶嘴	因为奶水流出量稳定，可避免吸食中发生奶嘴凹陷的问题

人工喂养要补充鱼肝油

由于人工喂养提供的营养不能满足宝宝的营养需求，所以应在出生后2周按医嘱开始补充鱼肝油和钙剂。鱼肝油中含有丰富的维生素A和维生素D。开始时可每日1次，每次2滴，如宝宝食欲、大小便正常，可逐渐增至每日2次，每次2～3滴。同时，还应适量补充钙剂。但要注意，补钙的同时要补鱼肝油，否则钙不能很好地被吸收。

早产儿的喂养

早产儿体质差，若不注意喂养则容易造成营养不良，使生长发育受到影响。目前，多主张尽早喂养早产儿。如果生活能力强者，可在出生后4～6小时开始喂养；体重在2000克以下者，应在出生后12小时开始喂养；若一般情况较差者，可推迟到24小时后喂养，先以5%或10%的葡萄糖液喂养，每2小时一次，每次1.5～3汤匙，24小时后可喂乳类。

对有吸吮能力的早产儿，应尽量直接哺喂母乳；吸吮能力差的，可先挤出母乳，而后用滴管缓缓滴入口内。一般每2～3小时喂养一次。

早产儿的喂哺量最初2～3日内应以体重为准，每日每千克体重喂奶60毫升，以后随宝宝体重增长逐渐增加喂奶量（参见正常新生儿的日哺乳量）。一般每日应喂哺8次，即每3小时喂一次，在两次哺乳中间可以喂水一次。

还应注意，由于早产儿体内的各种物质贮量少，而生长较快，故应添加必要的营养物质。例如，给予复合B族维生素、维生素C、维生素E。出生后第2周末始服浓缩鱼肝油滴剂，从每日1滴开始，逐渐增加到每日5～10滴。

出生后1个月可补充硫酸亚铁。采取以上方法喂养，如果喂哺得当，早产儿每日应增加15克，至1岁左右时体重应与正常儿相同。

使用奶瓶注意事项

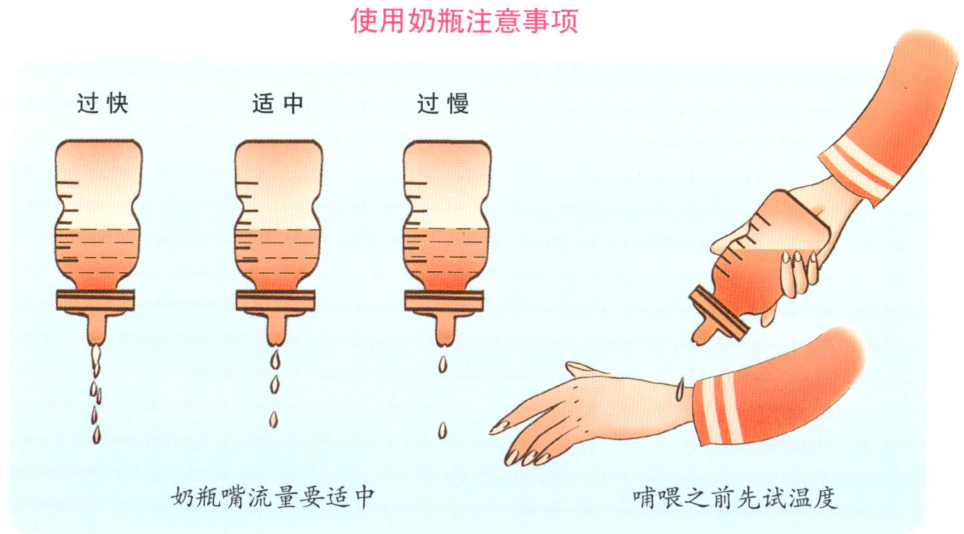

奶瓶嘴流量要适中

哺喂之前先试温度

新生儿期男宝宝早教

给新生宝宝选择玩具

新生儿好像不会玩玩具。其实，玩具对新生儿来说，并不意味着玩，而是接收对视觉、听觉、触觉等的刺激。新生儿可以通过看玩具的颜色、形状，听玩具发出的声音，摸玩具的软硬等，向大脑输送各种刺激信号，促进脑功能的发育。

能看能听的彩色玩具

玩具颜色要鲜艳，最好以红、黄、蓝三原色为基本色调，并且能发出悦耳的声音，同时造型也要精美。这种能同时刺激宝宝视觉与听觉的玩具，对宝宝的智力发展十分有益。彩色气球、吹气塑料玩具比较适用于新生儿。

体积较大的填充玩具

父母可以为宝宝选购一些造型简单、手感柔软温暖、体积较大的绒布或棉布制品填充玩具，如绒布熊、绒布狗等，放在宝宝的小床里，这会给他们一种温暖和安全感。

育儿难题Q&A

Q 宝宝从医院带回家后，体重没有增加反而减轻，怎么会这样呢？

A 宝宝出生1周内，会有生理性脱水的现象，此时体重会变轻，2周左右才会恢复到出生时的体重。因此，爸妈们不必太担心，只要正常喂奶，体重一定会很快增加。

Q 宝宝现在2周，在睡醒时或睡眠中常会有脸涨红、好像在用力的样子，这样正常吗？

A 宝宝的用力现象合并脸涨红，是由于宝宝的身体进行某些活动的缘故。大部分宝宝会在半夜的睡眠中醒来，有时还会发出声音，这是正常的。不过若是有此动作时，宝宝还合并有哭闹情形，则要考虑是否有其他问题。这种现象，在满月前会比较明显，之后宝宝身体的其他活动会愈来愈多，就不会发生了。

Q 宝宝睡眠的时间没有固定，经常睡睡醒醒，晚上的时候也常常会醒过来活动，该如何让他白天活动晚上睡觉呢？

A 一般来说，4个月以后，宝宝睡眠会比较固定，4个月以前，晚上醒来则是常有的现象。宝宝晚上醒来时，爸妈可尽量使室内灯光不要太亮，让宝宝觉得是夜晚，活动就自然会较少；而白天，宝宝睡觉时，让室内光线明亮，这样睡眠时间较短，才能使晚上睡眠时间较长。若宝宝4个月后仍有此现象，对喝配方奶且没有过敏体质的宝宝，可以考虑在睡觉前的那一餐奶水中添加米粉或麦粉，让宝宝有饱足感，睡眠时间也会延长。

Q 宝宝的大便稀，有时候包尿布还会漏出来，是拉肚子吗？

A 宝宝的大便，尤其是母乳宝宝的便便，都是稀稀黄黄的，像蛋花一样，没有味道，这种便便会一直持续到宝宝2～3个月，之后便便才会是软便。而配方奶宝宝的便便则是软便，较干，且味道比较重。如果宝宝的便便有酸味或有血丝，则是异常的大便，应尽快就医。

Q 公婆常说宝宝穿得太少，但是宝宝的手并没有冰冷现象，我该怎么确定他是不是穿得太少？

A 可以看一下宝宝唇色是否红润，四肢是否温暖。若是四肢温暖，大致来说就够了，不必担心宝宝穿得太少。

Q 医院鼓励妈妈产后马上喂母乳，不过我的奶量只有一点点，宝宝吃得饱吗?

A 宝宝出生头几天妈妈刚开始分泌的奶水称之为初乳，初乳的量很少，但初乳的营养价值极高，同时也能够满足新生儿头几天的营养需求，所以妈妈不需要担心宝宝吃不饱。最重要的是，只要宝宝肚子饿了，妈妈就应哺喂母乳，不要限制哺喂的时间与次数，持续2～3个月之后，妈妈供应的奶水与宝宝的需求量就会形成良好的平衡，也就是所谓的奶水平衡建立。

Q 怎么确定宝宝喝到奶呢?

A 有两种情况。

一是慢而深地吸吮：宝宝一开始吸吮的速度可能很快，1秒钟2～3次，但是当宝宝吸到奶水时，吸吮的动作会变慢，大约1秒1次。

二是有吞咽的表现：可以看到或听到宝宝的吞咽动作或是声音。妈妈可以观察到宝宝有这样的动作循环：嘴巴张大—暂停—再闭起来。

Q 怎样让宝宝吸母乳？有没有需要特别注意的地方?

A 基本上，宝宝的上下嘴唇要翻起来，同时含住乳头与乳晕。若宝宝只吸乳头的话，会造成妈妈的乳头痛、破皮或裂开。喂食过程中不用特别担心宝宝无法正常呼吸，因为鼻子与乳房都是软的，而如果宝宝有任何不舒服的情形的话，也会有反应。建议妈妈躺着喂母乳，这是一个很舒服而且可以放松的姿势。

Q 听说乳头混淆会使宝宝不肯吸妈妈的乳房，什么是乳头混淆？要如何避免?

A 正确的吸奶方式是同时含住乳头与乳晕，如果宝宝曾有吸奶瓶的经验，会以吸奶瓶的方式吸吮乳头，这样会让宝宝喝不到奶水，也会使妈妈的乳头受伤，甚至使宝宝拒绝吸吮妈妈的乳房。因此，要避免这个现象，产后应该马上让宝宝吸吮乳房，熟悉妈妈的乳头。在此之前，不宜让宝宝碰到奶瓶奶嘴，免得宝宝不肯吸吮妈妈的乳房。

Q 喂母乳时，直接让宝宝吸，与挤出奶水来用瓶子喂的差别是什么？哪种比较好？

A 直接喂宝宝时，宝宝与妈妈有直接的身体的接触，有助于建立亲子关系。最重要的是，宝宝通过用力吸妈妈的乳头，对下颌关节的发育有很大的帮助。抱在怀里时，宝宝的视力刚好可以看到妈妈的脸，与妈妈有眼对眼的接触，这对宝宝的心理发展很重要。因为妈妈跟宝宝讲话、互动的时候，五官会有变化，如眼睛、嘴巴会动，其中，新生儿对于黑白的事物（眼睛）会很有兴趣，这些有变化的东西都可以促进宝宝的心理发育。

Q 听说晚上喂母乳，奶水才不会变少，是真的吗？

A 当婴儿吸吮妈妈的乳房时，会刺激乳头的神经，这些神经会传导信息到大脑，从而产生泌乳激素，并分泌奶水给婴儿。而泌乳激素在夜晚分泌得较旺盛。有关研究指出，凌晨3～4点钟可能是分泌的高峰期，因此只要婴儿想吃，妈妈应该持续在夜晚喂母乳，尤其是婴儿刚出生的2～3个月之内，因为这段时期是婴儿与母亲建立稳定的奶水供需关系的关键期。

Q 短乳头或是乳头凹陷的妈妈，应该使用什么工具帮助宝宝吸奶？

A 有几个办法可以改善乳头的伸展性：一是穿戴乳头形成罩，戴在乳头上之后，它会给予乳晕持续的压力，使乳头被推出。如果没有流产经历或迹象，妈妈可以在怀孕中后期就穿戴乳头形成罩，从一天1小时开始，慢慢延长穿戴的时间。

另外，妈妈也可使用自制针筒拉乳头，方法是，准备一个20毫升的空针筒，将针筒接针头处切开，并将推进器（柱塞）从切开端放入针筒内，即放置的方向与平常的放置方向相反。再将针筒的平滑端盖住乳头，并将柱塞拉出，产生对乳头的吸出力，乳头会被吸到针筒内，进而被伸展。

Q 剖宫产妈妈或是产后做了结扎手术可以喂母乳吗？奶量会比自然顺产少吗？

A 无论是自然顺产或是剖宫产，都不会影响身体分泌奶水的机制，因此剖宫产妈妈不仅可以喂奶，也不存在奶量比自然顺产妈妈少的问题。另外，剖宫产使用的麻醉药或是术后止痛药通常很快就被代谢掉了，对妈妈泌乳或乳汁的成分不会有影响。同理，生产后做结扎手术的妈妈也可以照常喂母乳。

Q 正在吃药的妈妈可以喂母乳吗？

A 妈妈服用治疗一般感冒、肠胃炎或是气喘等的药物都不会影响到喂奶，部分抗生素也不会影响到母乳。除非是服用治疗癌症的化学药物，因为这类药物会影响代谢，否则的话不必担心。若不确定服用的药物是否会影响宝宝的话，可以询问开药医生。

Q 生病的妈妈，例如普通感冒、有肝病等，是否能喂母乳？

A 妈妈即便生病也还是可以喂母乳，除非患有艾滋病或少数情况，才不能喂母乳，但这类情形也很少。因为大部分的传染性疾病都是接触性传染，如普通感冒，所以会从母乳传染给宝宝的疾病很少。宝宝并不会因为喝母乳被感染，而是因为妈妈接触到宝宝而传染给宝宝。

所以若妈妈感冒的话，建议戴口罩、勤洗手，就不会传染给宝宝。另外，感冒的妈妈身体会产生抗体，使喝母乳的宝宝也因此产生抗体。

Q 冷藏或冷冻后的奶水要如何加热使用？有什么禁忌吗？

A 因为自然分泌出来的母乳温度与体温相近，大约是37℃，因此不必把冷藏或冷冻的奶水加热到过高的温度。冷藏或冷冻奶水（冷冻奶水要记得先解冻）通常可以隔水加热，或放在水龙头下用热水冲就可以。要切记：母乳袋不要置于加热水的水面以下，以免奶水被污染。另外，千万不要用微波炉加热，一来会破坏奶水的营养；二来微波炉常有加热不均的现象，有可能会烫伤宝宝。

Q 喂母乳的妈妈吃东西有什么禁忌吗？可不可以喝含有酒精或咖啡因的东西呢？

A 只要注意少量，食用或饮用含有酒精或是咖啡因的东西并不会对宝宝造成不良影响。有些妈妈会担心喝了咖啡因饮料或是酒，会使宝宝睡不着觉或是酒醉，其实这要看妈妈喝的量有多少。而且每个宝宝也会有不同的反应，有的宝宝只要妈妈喝了一点就会哭闹，但通常这种影响不会持续太久，因为妈妈吃的食物所含成分经由母乳到宝宝身上的量已经很少了。

PART 2

第2个月 男宝宝养育

男宝宝2个月体格发育指标

项目	年龄组	下限值	上限值
身高	2月	52.2厘米	65.7厘米
体重	2月	3.94千克	7.97千克
头围	2月	约为38.9厘米	
胸围	2月	约为39.5厘米	
囟门	1～3月	1.5～2厘米	

第2个月 男宝宝日常保健

纸尿裤VS传统尿布

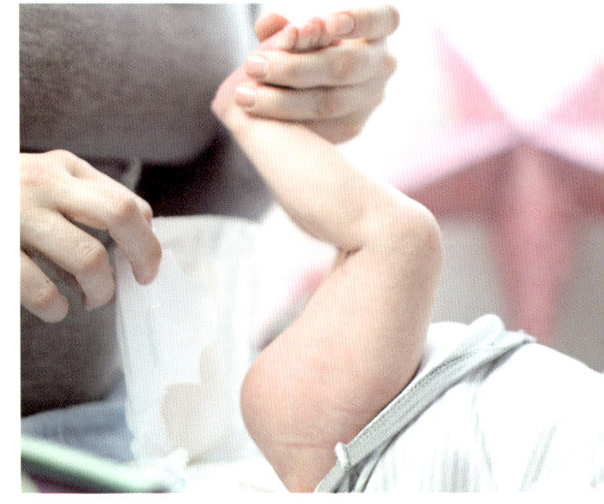

从20世纪60年代世界第一片纸尿裤在美国上市，从此妈妈们开始了一种全新的育儿方式。但是老人们看着宝宝屁股在大热天里还捂着厚厚的纸尿裤，他们心里就着急。有人统计，在宝宝会自己上厕所前，平均大约有两万个小时是包着尿布的，而在这段时间内，大约要换6000次尿布。是否要重新用回尿布？到底全用纸尿裤好，还是交替使用好呢？

纸尿裤的优点

- 保持干爽。比起传统尿布，纸尿裤的吸水性更强。
- 减少细菌感染。因为纸尿裤是一次性的，所以减少细菌感染机会。
- 有助睡眠。因为纸尿裤吸水性强，宝宝排便后刺激感觉小，哭闹的次数就少，妈妈也能睡个好觉。
- 节省妈妈时间。省去了洗尿布、换尿布的时间。
- 使妈妈出门更风光。外出不再为宝宝打屎腻而尴尬。

自制尿布的优势

- 经济实用，可重复使用。
- 安全、无刺激、避免尿布疹。尿布都是用棉布做的，绝对安全，无刺激性。
- 爸爸妈妈会定时给宝宝把尿、把屎，宝宝也容易养成良好大小便的习惯。

两种尿布各有优点。“时尚”的也经历了几十年的考验，还是安全的。“传统”的也十分可爱，是割舍不掉的育儿优良传统。所以，两者完美结合，宝宝最能受益。结合的方法应该是：根据宝宝的年龄、季节、居住地区、活动范围、家庭经济状况、抚育人员等因素灵活掌握。比如，气候炎热时少用纸尿裤，家中抚养人多时少用纸尿裤，白天可与夜晚交替用自制布尿布和纸尿裤，外出用纸尿裤。

怎样给男宝宝换尿布

宝宝的皮肤非常娇嫩，特别是小屁股，很容易长尿布疹，所以一定要细心护理。给宝宝擦屁股要轻轻的，不可太用力。如果用力太大，会破坏皮肤的角质层。

一般男宝宝大便后，家长都给宝宝清洗屁股，但往往不清洁外生殖器。在儿童期，阴茎的包皮都包着龟头，其内温度高、湿度大，易于细菌繁殖，引起炎症，而且还容易产生一些白色物质，这些物质叫包皮垢。包皮包盖龟头的地方为“藏污纳垢”之处，是主要的清洗部位。

清洗的方法是，将宝宝的包皮轻轻翻开，暴露出龟头，用洁净温水洗。清洗时，动作要轻，忌用含药性成分的液体和皂类，以免引起刺激和过敏反应。清洗后，要轻轻擦干，将包皮轻轻翻转回去。

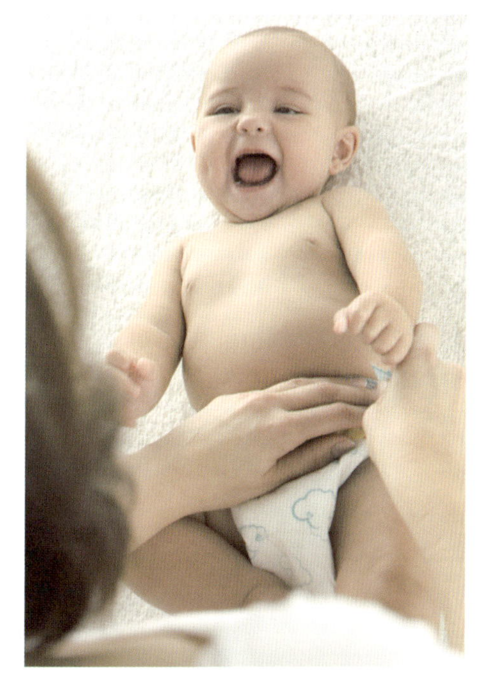

给男宝宝更换尿布的具体步骤如下：

1 给男宝宝换尿布时可能出现小便喷出的情况，妈妈可用小纱布盖住小鸡鸡来防护。

2 打开尿布，用纸巾擦去粪便，然后用水弄湿纱布来擦洗，开始时先擦肚子，直到脐部。

3 用干净棉花蘸水彻底清洁大腿根部及小鸡鸡的皮肤褶皱，由里往外顺着擦拭。当清洁睾丸下面时，用手指轻轻将睾丸往上托住。

4 用干净纱布清洁宝宝睾丸各处，包括小鸡鸡下面，因为那里有尿渍或大便。如果必要的话，可以用手指轻轻拿着他的小鸡鸡，但小心不要拉扯。

5 清洁宝宝的小鸡鸡，不要把包皮往上推，只是清洁小鸡鸡本身。在男宝宝半岁前都不必刻意清洗包皮，过早地翻动柔嫩的包皮会伤害宝宝的生殖器。

6 举起宝宝双腿，清洁宝宝的肛门及屁股，你的一只手指放在他两踝中间，大腿根背面也要清洗。清洗完毕即除去尿布。

7 擦拭你自己的双手，然后用纸巾抹干宝宝的尿布区。如果他患有红屁股，让他光着屁股踢一会儿脚。预备一些纸巾，万一宝宝撒尿时可以用到。

在给男宝宝换尿布时要注意：因为男宝宝尿尿一般都是往前的，所以在给宝宝换尿布时要把宝宝的小鸡鸡压住，以防宝宝尿湿尿布的围腰。

不要给宝宝剃满月头

在有些地区，有当宝宝满月时给宝宝剃满月头的习俗，即用剃刀把头发剃光，认为以后头发就会又黑又多，这是没有科学根据的。剃满月头不可能改变头发的数量。

宝宝的头皮相当嫩，用未经消毒的剃刀给宝宝剃满月头时，容易刮伤皮肤，引起细菌感染、发炎化脓。大多数宝宝头上都有一层胎脂，对宝宝头皮有保护作用，随着宝宝的日渐长大，这层胎脂会自动地慢慢脱落，而剃满月头时会把这层胎脂刮掉，使宝宝头皮失去保护作用。这时细菌易乘虚而入，容易发生感染，引起宝宝头皮发痒，导致各种皮肤病。

宝宝满月后头发的好坏受很多因素的影响。营养不良的宝宝头发干稀易断；佝偻病的宝宝头发生长不好，易脱落；有脂溢性皮炎的宝宝头发结有很厚的黄痂，头发也很稀疏。要使宝宝头发长得又黑又密，需要合理喂养，及时添加辅食，预防发生佝偻病。

解读男宝宝

很多人都坚信，无论是男孩还是女孩，出生时都是一样的，并没有真正的性格差异。但科学研究证明，男孩与女孩的大脑，先天就存在很多差异。许多情况下，这些差异影响了男孩、女孩对环境的反应方式。

预防宝宝猝死

该病最常发生在未满1岁的宝宝身上，这种情形几乎没有先兆，原因也尚未查明。父母应注意以下几点：

解读男宝宝

男孩的肌肉量比女孩多30%；男孩的身体更强壮，更适合运动；男孩的红细胞数量远远超过女孩，这与后天训练无关。我们必须给男孩锻炼的机会，但这并不意味着“每个男孩都必须……”

睡姿很重要

研究显示，趴睡的宝宝出现宝宝猝死症的概率比较高，采用仰睡或侧睡睡姿后，死亡率降低50%。要知道的一点是，当宝宝侧睡或仰睡时，宝宝的头会变得扁平。假如宝宝无法仰睡的话，就让宝宝侧睡，同时将宝宝的前手臂往前拉，这样可防止宝宝滚成趴睡的姿势。

宝宝床上别堆东西

建议父母在婴儿床上，除了固定的床单和宝宝本身外，不要放任何东西。小床上不要放软垫、玩具、枕头、安抚物品等，另外要确定宝宝的床垫是否坚实平坦。

其他安全建议

别在宝宝周围抽烟，被动吸烟也可能会导致猝死。

别将宝宝放在柔软的表面上，如沙发、水床、成人床、棉被等。

亲自哺乳。

别让屋子或房间过暖。

假如宝宝和你一起睡的话，让宝宝睡在近旁，但是别太靠近，以减少窒息的可能。

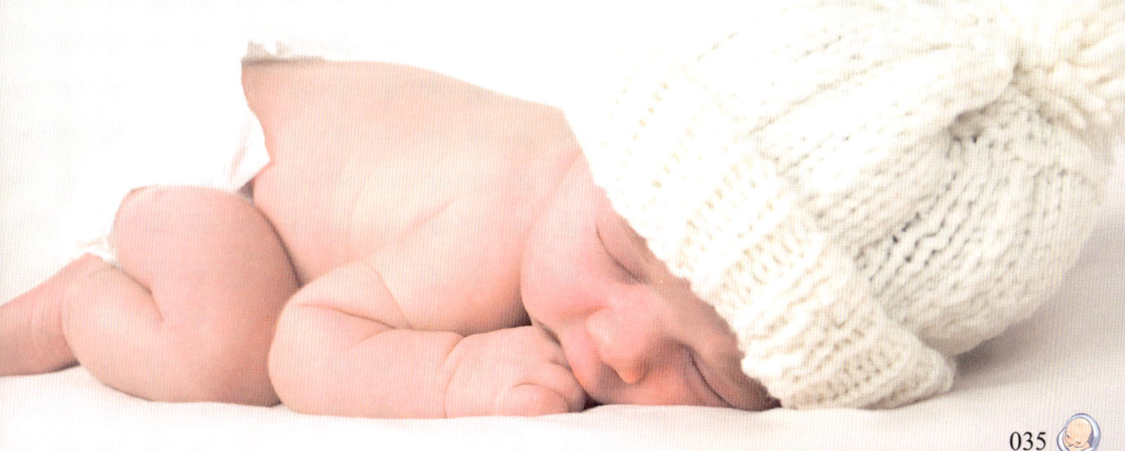

怎样判断宝宝的大便

宝宝一天解几次大便才算正常，没有一个绝对的数据。不同体质、不同的饮食种类和不同的排便习惯，使每个人每日的排便次数不相同。宝宝每日大便3～4次或每1～2天1次，均能视为正常。如果宝宝平时每日只排大便1次，当忽然增加到5次以上时，就可能是不正常了，应检查有无疾病。若宝宝平时经常每日排便4～5次，但其他情况良好，体重依然不断增加，就不能认为是大便异常。

大便的性状因喂养方式而不同，单纯母乳喂养的宝宝大便是金黄色的，比较黏稠，好像软膏状，有酸味，无臭味；配方奶喂养的宝宝的大便是淡黄色的，好像硬膏状，略带腐败样臭味；既吃母乳，又吃配方奶，大便是黄色或淡黄色，比单吃配方奶的宝宝大便量多，质软，有臭味；食物中添加了粥与面条等淀粉食品后，大便的量增加，稠度比单纯吃配方奶时稍减，呈轻度暗褐色，臭味增加。

大便颜色也受食物或药物的影响而改变。正常呈黄色，是胆汁中胆红素的颜色所致。褐色大便是由便中的含铁化合物造成的。多食糖类食物后，大便多为黄色；多食蛋白质后，大便呈褐色；如服了某些中药，大便颜色也会加深。含叶绿素多的食物及叶绿素制剂、铁剂等，食后可使大便呈绿色或黑色。

宝宝为什么手脚抖动

婴儿会有手脚不自主抖动的情形，尤其在哭泣或四肢伸直时，这是正常的表现，主要是因为神经系统功能尚未发育成熟，神经对肌肉的支配控制不完全所致。若是常常发生，且呈现单边规律性的动作，可能是抽筋的现象，建议带宝宝去脑神经科医生那里评估与检查。

新生儿相对来说容易兴奋、易激、容易一惊一跳的。这些可能是生理现象。比如给宝宝刚打开包被

解读男宝宝

从出生到6岁这段时间，男孩需要无尽的爱，这样他们才能“学会爱”。尽管父亲也能做到这些，但是在这个时期内，母亲是最合适的人选。妈妈的全心全意的付出和爱，是男孩成长的“动力之源”。

的时候，孩子会抖几下，甚至会反复出现，你把他的手扶住或者把手放在小肚子上安抚一下，抖动马上就会消失，这是一种正常的新生儿颤抖。

睡眠肌阵挛是由于宝宝兴奋性神经的递质含量高，发育得相对好，抑制性神经则相对差造成的。在睡着以后，大脑皮层兴奋进一步降低，因为高级神经系统对下一级的神经元有抑制的作用，睡着之后抑制作用更低，这样宝宝睡着之后会有快速的小动作，甚至可能会频繁反复地出现。但在醒的状态下从来就没有这样的情况，这叫“睡眠肌阵挛”，一般是良性的，没有太大的问题。极少数的肌阵挛不是在睡眠的情况下，这种宝宝可能需要关注他除了睡觉之外，醒的时候还有没有这样的症状，要结合宝宝整个的生长发育是不是正常，必要的时候做一些检查。

睡觉时使劲是长个吗

有一部分早产的宝宝睡觉不踏实，老使劲，实际上这种现象不完全属于生理现象，不属于要长个、长身体的现象，这是神经系统发育协调能力差造成的。这种现象有轻有重，轻的话可以暂时不管，随着发育之后慢慢会调整过来；但有非常严重的，宝宝几乎睡不了很深，睡眠不好的宝宝，精神状态也差，吃奶也不好，发育肯定会受到影响。对这样的宝宝要对他进行安抚，更需要母亲的怀抱，需要包裹得相对紧一些。如果是非常严重，可以看医生吃药。短期用药对宝宝的影响不是太大。

宝宝在2～3个月以后，体重增加得非常快，尤其是前半年，是人一辈子当中体重长得最快的阶段。这一段时间由于生长发育迅速，营养需求比较多，可是这一段时间消化功能也相对不好，会造成营养缺乏的疾病，常

见的就是佝偻病。佝偻病的表现为惊跳，尤其在睡觉以后易惊，然后出汗多，睡得不踏实。如果发现这样的现象，给宝宝补充维生素D和钙，以后症状会很快消失。

睡姿会改变宝宝的头形吗

宝宝出生时头骨柔软可塑，而出生后头骨就迅速钙化变硬，以便保护脑部，因此对出生不久的宝宝来说，不同的睡姿确实会改变他的头形。

1岁半前，头部具有可塑性

宝宝刚出生时，头盖骨还没有长到彼此之间相连在一起，不像成人的头骨是互相融合在一起的。在宝宝还没有互相融合的头骨上，前后有两个大开口，也就是头顶前1／3处的“前囟门”，以及头骨后枕部的“后囟门”。前囟门大约在宝宝2岁闭合，后囟门在2～6个月之间闭合，因此宝宝的头部约在1岁半前是具有可塑性的。欧美宝宝因为睡觉时多为趴睡，所以脸形普遍较狭长且后脑较圆；习惯仰睡的我们，宝宝的脸形则较宽大而后脑扁平。

因身体状况，调整宝宝睡姿

在医院里，刚出生的小婴儿若无特殊因素，通常都采用平躺，也就是仰睡。新生儿睡觉时，大都把腿卷曲着，靠近身体，两手握成拳，摆在头两边。满2个月后，婴儿手脚才会伸开成“大”字形。

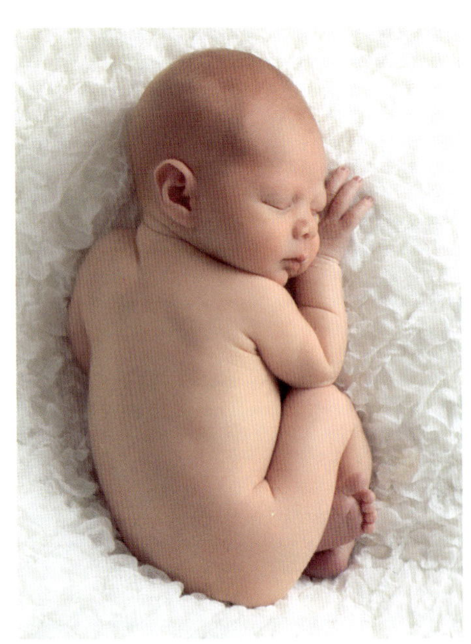

不满3个月的宝宝，因为头部发育尚未成熟，为避免呼吸道阻塞，不建议采用趴睡姿势，同时也能预防因疏于防范而造成的新生儿猝死。满3个月以后的宝宝，头颈部大都已发育成熟，也就是会抬头及翻身，此时就可让宝宝趴睡；趴睡时记得要把床铺得硬一点，如果床太软，宝宝的身体会陷下去，由于头还不能灵活运动，就可能跟着陷下去而造成窒息。

此外，常有口鼻分泌物的宝

宝，建议采用侧卧的睡姿；若宝宝有消化不良、腹胀等症状，也较适合侧卧。侧卧时要注意让宝宝的头左右侧轮流睡，不然容易使头倾向同一侧；若是有腹痛的症状，趴睡会是较好的姿势，可对腹部施以些许压力，解除部分疼痛。

头部出现异常大小是健康警讯

只要宝宝的头围在正常发展指数内，头的大小、圆扁并不会影响宝宝的智力与健康。若是头部异常地大或小，就有可能是婴儿健康的警讯。例如：患有脑积水的孩子，脑部会比一般的宝宝大很多；而头围过小，则有可能是宝宝的颅骨过早闭合，限制了脑部的发育，使得脑容量无法正常地扩张。

另外，有些宝宝因先天性感染、染色体异常、代谢异常或母亲怀孕时服用酒精及极度营养不良等，也会造成脑部发育障碍及心智发育迟缓的现象。这些情况下，从外观看起来头部就会显得比其他小孩小。

时间	睾丸激素含量
刚出生时	男婴体内的睾丸激素几乎相当于一个12岁男孩体内的睾丸激素含量
出生后几个月内	婴儿睾丸激素含量会下降到刚出生时的1/15。因此，小男婴和小女婴的行为表现非常相似
4岁时	睾丸激素含量激增，将达到之前的两倍。因此，4~5岁的小男孩会对超人、英雄、奥特曼产生浓厚兴趣，喜欢扛着“枪”雄赳赳地乱走
5岁后	男孩体内的睾丸激素会下降一半，但依然足够对冒险保持兴趣
11~13岁	睾丸激素含量会再次急速上升，达到蹒跚学步时期的8倍。这种激增导致男孩的四肢猛长，而且他全身的神经系统都会发生根本性变化，甚至有些男孩的睾丸激素含量过高，最终转变成雌激素，使男孩发生一些女性的生理变化——不过这没必要担心
14岁时	男孩的睾丸激素含量达到最高值。这时，他的身高开始迅猛增长，男性特征越来越明显，粉刺也纷纷冒出来，挥之不去的性意识也让男孩焦躁不安
24岁后	男孩的睾丸激素含量依然很高，但他的身体已经适应了，他可以平静下来了。睾丸激素开始使男人出现胆固醇高、鼻孔多毛等现象，也会使他创造力涌现，热爱竞争，渴望保护别人，希望有所成就
40岁后	男人的睾丸激素含量开始逐步下降。他开始不再像年轻时那么冲动和有激情，有时甚至一连数日对性毫无兴致。但男人变得成熟、理智了，一部分人开始成为团体中的领导

第2个月 男宝宝喂养

喝母乳要不要再补充水

对于单纯母乳喂养的婴儿，是不需要喂水的。婴儿刚出生时体内已储存有一定的水分，出生后2～3天妈妈的乳房未充盈前，通过早吸吮，每次可获得10～20毫升高质量的初乳，能满足新生儿的生理需要。随着奶量逐渐增多，母乳可以提供婴儿生长发育所需要的全部营养物质，其中也包括水分。如果过早、过多喂水，会抑制新生儿的吸吮能力，使他们从母亲乳房吸取的乳汁量减少，反而不利于新生儿的生长发育。

妈妈经验谈

前两个月最辛苦，而后苦尽甘来

我觉得自己喂母乳的前两个月最辛苦，什么状况都遇到了，但之后就苦尽甘来。在第1个月时，儿子几乎是挂在我身上，一刻不离，一个小时就要喝一次奶，我感觉自己像一个24小时待命的母乳机器。刚开始每个晚上都在独自摸索中度过，而且伤口和痔疮异常痛苦。有时宝贝不睡，让我觉得好累、好想放弃。宝宝3～4个月大时，我因为奶量太多，而且会喷出来，使宝宝被呛到。我试了很多方法，比如挤出来用瓶喂，或者喂的时候捏住乳房让宝宝趴在我身上吃奶。总算找到不再呛奶的姿势！总之，都是我见招拆招。我觉得喂母乳真的很好，也很感激自己有充足的奶水。

——小峰妈妈

冲奶粉注意事项

一般的婴儿奶粉都有冲调说明书，但在具体操作时仍要注意以下几点。

1 切忌先加奶粉后加水。正确的冲调方法是将定量的40℃～60℃的温开水倒入奶瓶内，再加入适当比例的奶粉。最好现配现吃，以避免污染。

2 切忌自行增加奶粉的浓度及添加辅助品。因为这样会增加婴儿的肠道负担，导致消化功能紊乱，引起便秘或腹泻，严重的还会出现坏死性小肠结肠炎。此外，不可将药物加到奶粉中给婴儿服用。

3 不要用矿泉水冲奶粉。矿泉水富含矿物质，磷酸盐含量过多，而婴儿肠胃消化功能还不健全，长期用矿泉水冲奶粉会引发婴儿消化不良和便秘。冲配方奶粉提倡用自来水，自来水煮沸后，放凉至40℃左右，再用来冲奶粉就可以了。

4 不要用开水调奶粉。有人以为开水可以杀菌，水越热冲调的奶粉越好。开水的水温很高，冲调奶粉时会使奶粉中的乳清蛋白产生凝块，影响孩子的消化吸收。另外，奶粉中某些对热不稳定的维生素也会被破坏，特别是有的奶粉中添加的免疫活性物质会被全部破坏。因此，冲调奶粉应用温水，避免其中营养物质的损失。通常冲泡奶粉最适宜的水温是40℃～50℃。

5 冲好的奶粉冷了，不要再煮一下。已经冲调好的奶粉若再煮沸，会使蛋白质、维生素等营养物质的结构发生变化，从而失去原有的营养价值。正确的方法是将奶瓶放在热水中浸泡。

6 不要在睡前把冲调好的奶粉放在温奶器中，等到宝宝要吃奶时再拿出来。爸爸妈妈这样做主要是想晚上喂奶时省力一点，但这种泡好的奶在未吃过的情况下，常温存放不能超过2小时（温奶器里的温度一定是超过常温的），若放在冰箱冷藏则不能超过24小时。若宝宝吃过后剩下的，则应丢弃。

每天给宝宝补充多少钙

市场上的配方奶粉种类繁多，琳琅满目，其中含钙量大相径庭，每100克奶粉中含钙量少到300毫克，多达800毫克。如果按照100克奶粉可以冲到800毫升奶液计算，每100毫升的配方奶中含钙量则波动于38～100毫克之间。中国营养学会推荐，6个月以下婴儿每天应该补充300毫克钙，6个月到1岁每天补充400毫克，1～4岁每天补充600毫克。可以根据奶粉包装上所标明100克奶粉（相当于800毫升奶液）究竟含有多少钙，然后按照宝宝每天实际摄入的奶量，算一下能否达到上述标准。如果不足，就应该另外补充。母乳喂养的孩子，如果妈妈饮食营养充足，可以不用补钙，但孩子要多晒太阳。钙制剂的种类很多，每一种钙都有其特性，适用不同人群。比如，碳酸钙含钙高，相应价格低，但溶解度也低，胃酸不足的婴儿不宜服用，因为碳酸钙要消耗胃酸才能成为离子钙形式而被吸收，不过成年人及大一些的儿童可以服用；有机酸钙含钙低，但容易溶解，婴儿比较适宜服用；乳钙制剂是液体钙，因而含钙量较低。目前，市面上的乳钙每丸含钙元素约50毫克。乳钙味道好，宝宝较爱吃。

解读男宝宝

男孩与女孩之间的性别差异很早就开始显现出来了。男婴对别人触碰他们的脸部不太敏感，相比之下，女婴则能更好地感受抚摸。

常见的各种钙剂的含钙量

钙剂名称	含钙量	钙剂名称	含钙量
碳酸钙	40%	氯化钙	27%
磷酸氢钙	23.3%	枸橼酸钙	21.2%
乳酸钙	13%	葡萄糖酸钙	9%

专家主张

钙是指钙化合物中的那部分钙，它的含量才是真正摄入的钙量。所以，在给宝宝购买钙制剂的时候，不要忽视了产品上的标注，一定要注意看清楚产品包装上写明的是“钙”的含量，还是“钙化合物”的重量，这样才能给宝宝清清楚楚、明明白白地补钙。

补钙的同时，一定还要补充维生素D，这样才能起到良好效果。

怎样选配方奶粉

配方奶粉添加的各种特殊成分，哪些必不可少，哪些又可有可无呢？

1 益生菌。能补充肠道有益菌，抑制肠道有害菌，对消化功能有一定促进作用。宝宝胃肠发育不全，食用含益生菌成分的配方奶粉还是有好处的。但益生菌怕光、怕热、易被氧化，最好买单独包装的益生菌。

2 卵磷脂。与大脑发育有关，很多食物尤其是鱼类都含有这种物质。宝宝4～6个月后，如果添加辅食合理，没必要非从配方奶粉里获取这一营养。

3 亚麻酸、亚油酸。是必需的脂肪酸，能在人体内转化合成DHA、ARA。如果奶粉里能够提供充足、比例适当的亚油酸、亚麻酸，就没必要额外添加DHA和ARA了。

4 DHA能促进婴幼儿视网膜和大脑发育。一般情况下DHA储存在蛋黄、深海鱼类、海藻等中。4～6个月尚未添加辅食的婴幼儿所需的DHA是成年人的3～4倍。因此，在婴幼儿配方奶粉中添加DHA很有必要。

5 核苷酸：能增强人体免疫能力。对于生长发育迅速的婴幼儿这一特殊群体而言，细胞分化快，核苷酸需要量剧增，在婴幼儿配方奶粉中添加核苷酸将有利于宝宝生长发育。不过，不添加也不一定有影响。

6 胆碱。人体摄入后，会转化成乙酰胆碱，能增强婴幼儿的记忆力。但不添加，也不表示孩子的记忆力会很差。

7 ARA（花生四烯酸）。有助孩子大脑发育。4个月内未添辅食的宝宝，食物比较单一，在配方奶粉里适当添加这一营养有好处。

8 天然乳钙类。就是将奶粉里钙、磷比例配制得更接近母乳成分，增加维生素D含量，促进钙吸收。如果孩子不存在缺钙问题或使用了钙制剂，这一添加也并非必需。

过敏儿该怎么吃

有过敏体质的宝宝，自出生起即应做好饮食保健，以免日后出现过敏疾病。

若诊断出宝宝有过敏体质，6个月以前应注意以下饮食须知：

1 母乳至少喝6个月，而且越久越好。在母乳哺育期间，母亲应避免摄取容易导致过敏的食物（虾蟹类、坚果类等），避免吸入过敏源，远离二手烟。

2 无法哺育母乳时，让宝宝改喝水解蛋白奶粉。水解蛋白奶粉是将牛奶中的蛋白质水解成较小、较不会引发过敏的蛋白质，因此宝宝喝了不易引发过敏。

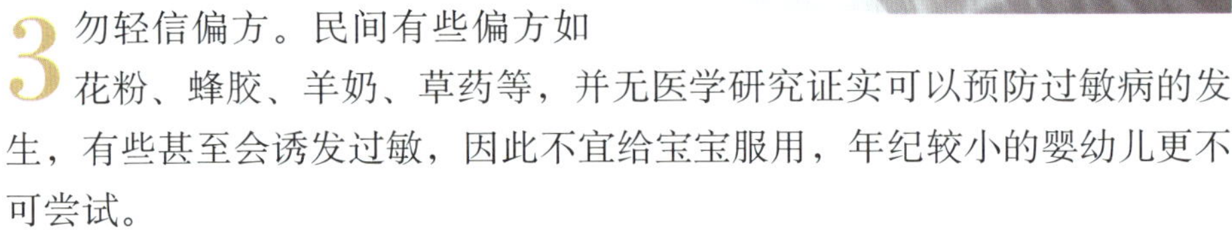

3 勿轻信偏方。民间有些偏方如花粉、蜂胶、羊奶、草药等，并无医学研究证实可以预防过敏病的发生，有些甚至会诱发过敏，因此不宜给宝宝服用，年纪较小的婴幼儿更不可尝试。

4 给予乳酸菌等益生菌。益生菌可以增加肠内的益生菌数，增加抵抗力，具有改善体内免疫细胞的功能。对已有过敏的人可以减轻过敏病症状，对尚未过敏的人，可以预防过敏病的发生。

专家主张

水解蛋白奶粉有何特点

水解蛋白奶粉的营养和一般奶粉一样，因此无须担心宝宝营养不良，但价格较一般奶粉贵，味道较一般奶粉差。

水解蛋白奶粉要喝多久

一般喝到1岁以后，再慢慢换成一般奶粉。

喂母乳和喂奶粉的宝宝大便不一样

喝母乳的宝宝的便便比较黏糊。这是因为新生儿的胰腺功能尚未成熟，对脂肪和淀粉的消化能力较差，胃肠蠕动较快，母乳的成分较容易被消化吸收，所以喝母乳的新生宝宝排便次数会比喝配方奶的宝宝多。

新生儿的大便通常呈现较稀的黄色酸便，排便次数一天可达5～6次；等宝宝满月后，肠胃功能趋于成熟，解便的次数开始减少，甚至要累积2～3天才排一次便。

喝配方奶的宝宝，便便颜色偏黄，排便通常呈糊状或条状软便，大便的颜色偏黄、黄棕色或墨绿色，气味比较臭，大便中的白色颗粒较大（白色颗粒是未消化完全的蛋白质），排便次数一天2～3次。此外，不同品牌的婴儿配方奶粉，因为成分比例的不同，解便的颜色和质地也是各有差异。建议妈妈在更换婴儿配方奶粉后，不仅要以渐进式的调整比例添加新配方奶粉，同时也要记下宝宝排便的状况，当宝宝出现肠胃不适时，才能提供记录帮助医生了解病情。

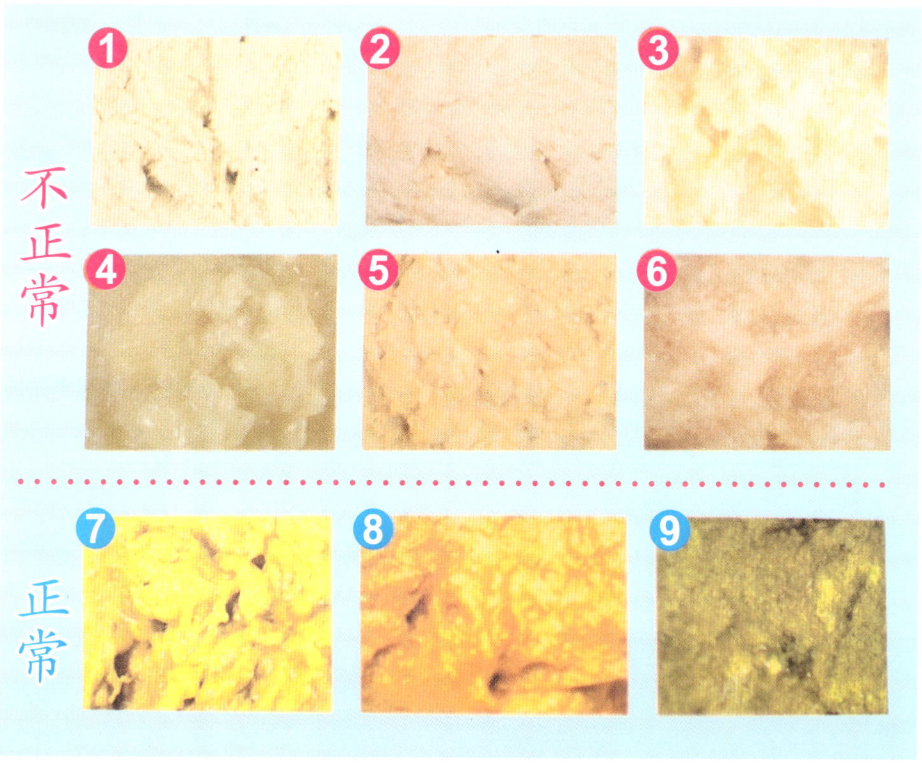

第2个月 男宝宝早教

尽可能早给宝宝良性刺激

新生宝宝有最优秀的头脑，拥有最优秀的接受能力，也可以叫作对环境的适应能力，但这种能力如不及早激发就会急速地消失。

教育开始得越早，宝宝的能力实现得就越多。如生下来具有100分潜在能力的宝宝，如果一开始就对他进行理想的教育，那么他就可能成为一个具备100分能力的人。如果从5岁时才开始教育，即使是教育得非常出色，那也只能成为具备80分能力的人。而如果从10岁时开始教育的话，即便教育再好，也只能达到60分能力了。到15岁时就会只剩40分了。正如每个动物的潜在能力都各自有着自己的发达期一样，如果不让它在发达期发展的话，那么就永远不能再发展了。例如，小鸡“追从母亲的能力”的发达期大约是出生后4天之内，如果在这期间不让它发展，那么这种能力就永远不会得到发展了。所以如果把刚出生的小鸡在最初4天里不放在母鸡身边，那么它就永远不会跟随母亲了。

所以，抓住0～3岁这个宝宝潜能发育的关键期，愈早进行教育，就愈能培养出高才能的宝宝。

给2～4个月宝宝选玩具

宝宝发育

宝宝虽无法移动身体，但他的眼睛会注意到移动的物体。因为他的视力尚未发展完全，只能看到较近的物体，因而颜色对比强烈的物体特别能吸引他的注意。

宝宝的手部只能抓较大的物体，无法使用手指进行较精细的动作。

宝宝喜欢进行重复的动作，像是手拉、握或是抓住东西，脚踢物体等，对他来说，这样重复做某些动作就是件好玩的事情。

建议选购玩具

会自行移动且有声光变化的物体：会自行移动、转动的物体，例如悬吊式的玩具能吸引宝宝的目光，若再加上声音或音乐以及色彩的变化，多数的宝宝都会被吸引住。

颜色对比强烈的物体：宝宝对黑白色或是其他对比色强烈的物体非常有兴趣，黑白色的玩具、毛巾、手帕等都可作为玩具。

可以让宝宝抓、握、咬的玩具：宝宝喜欢抓、握东西，而后还会将东西放到嘴巴中咬，这是因为他在利用嘴巴来探索物体。

安全镜子或附有镜子的玩具：宝宝喜欢看人脸，有一说是喜欢看妈妈的脸，因为看到妈妈就知道会有奶水可以喝。当他看到镜中影像时他并不知道那就是自己，但看镜子可以帮助他认识人的脸部轮廓。

任何玩具类型只要改变了材质，对宝宝来说又是新的玩具，多让宝宝碰触不同材质的玩具或物体可以刺激他的触觉发展。

育儿难题Q&A

Q 因宝宝黄疸暂停哺喂母乳1～2天，奶水为什么会变少？

A 如果妇产科医生建议妈妈暂时停喂母乳，妈妈一定要依照宝宝平常吃奶的频率，继续挤出奶水。否则，当宝宝的黄疸症状消退后，妈妈的乳头会因为已经有一段时间没有受到吸吮刺激，而使得奶量跟着变少。

Q 妈妈躺着喂乳后，也要帮宝宝拍打嗝吗？

A 躺着哺喂母乳对妈妈来说是最舒适的哺育方法。因为妈妈无须费力去支撑宝宝的重量，自己也可以得到充分的休息。但是无论你运用哪种哺喂方式，宝宝喝完奶水后，你一定要帮宝宝拍打嗝，才能减少宝宝溢奶的情形。

Q 为什么妈妈乳头会出现小白点或小水疱？

A 乳头上若出现小白点或小水疱，多半是因为宝宝吸吮的力道太大或是吸吮的时间太长。如果出现这种状况，并不建议妈妈自己戳破水疱，因为器具若未经完整彻底的消毒，反而容易造成细菌感染，建议交由专业护理人员处理会较妥当。

Q 为什么宝宝一到晚上就大哭不停？

A 初生婴儿刚离开母体温暖舒适的子宫，要适应外界独立生活，常会有暂时性的不适应，因而容易在晚上啼哭，大部分宝宝再长大一些后，夜晚啼哭的状况便会逐渐改善。不过，宝宝啼

哭，也是婴幼儿正常运动之一，哭泣本身并不会对宝宝的健康造成任何后遗症或不良影响。但家长得注意宝宝哭泣的原因，是否是因为身体不适而发出的警讯。

Q 宝宝正常排便习惯的改变代表什么?

A 宝宝正常的排便习惯如果发生改变，可能是有问题的先兆。假如妈妈有疑虑的话，就带宝宝去找医生诊断。假如宝宝连着两次以上排便比正常情况稀湿，或是粪便中有血的话，就要尽快去医院就医。

Q 如何判断宝宝想睡觉了?

A 当宝宝想睡觉时，你会发现宝宝的手会开始揉眼睛，身体也会扭来扭去。不过，当宝宝开始想睡觉，却无法静下来睡觉的时候（譬如正在帮宝宝拍照、带宝宝出去玩时），宝宝便会开始哭闹，当你抱着宝宝时，也会感觉宝宝的头一直想往自己的怀里钻，或是宝宝会不断做出往后仰的动作，这就表示你该让宝宝好好休息了。

Q 如何观察宝宝因为肚子饿而哭泣?

A 如果宝宝在啼哭之余，还会主动将头转向母亲的胸怀寻找乳头，或是头部转来转去似乎在寻找什么东西似的，甚至妈妈用手指接近宝宝的嘴巴，宝宝会不由自主地伸出舌头做出吸吮的动作，那么这就表示宝宝肚子饿了。

Q 如何判断宝宝的哭泣代表撒娇的意思?

A 如果发现宝宝哭泣时，只要自己一接近或是大人一接近，宝宝就停止哭泣，大人一走远，宝宝马上又开始大哭的情形，就代表宝宝只是想跟你撒娇。

这种情形大多发生在宝宝想念妈妈的时候，譬如妈妈是上班族或是妈妈离开宝宝的时间变长了，这些都会让宝宝感到紧张，甚至会以哭声来找寻妈妈。

Q 如何判断宝宝生气了?

A 假使宝宝的哭声尖锐、脸部涨红，并出现握拳、蹬腿等肢体动作，那么就表示宝宝正在生气。对于还不会说话的宝宝来说，哭泣是他唯一表达情绪的方法，但是生气时的哭声是非常洪亮且尖锐的，而且还会伴随比较大动作的肢体语言，与平时哭两声就停下来的感觉比较不同。

Q我的儿子出生已39天，发现其耳朵背面长有细毛（长约0.7厘米），请问是否为正常现象？年龄较大后是否会自然脱落？如无脱落，有何方式可除毛？

A小婴儿（尤其是早产儿）在出生后，经常会在耳朵背面、肩部及背部发现有一些棕色细毛，称为胎毛，一般在出生后1～2个月会消失，并不需要特别处理。唯应注意若是在臀部尾骨上方有一丛毛发时，或合并有痣存在，须请小儿专科医生诊查。

Q自从将宝宝从医院抱回来后，发现他眼睛四周常会有或多或少的眼屎，是否正常？该如何处理呢？还有，宝宝在睡觉时，有时呼吸声非常大且急促，是不是宝宝的身体不舒服？

A新生儿的眼屎较多最常见的原因是先天性鼻泪管阻塞。这是因为新生儿的鼻泪管发育未成熟，导致鼻泪管不通，眼泪无法顺利经由鼻泪管排入鼻腔中，所以患儿眼睛看起来会水汪汪的，眼屎的分泌也会增加，有时会并发细菌性的感染。先天性鼻泪管阻塞多半会自己痊愈，不过，溢泪及眼屎增加的症状也可能是其他一些较严重的疾病所造成的，如倒睫毛、先天性青光眼、先天性结膜炎，所以还是应该找医生诊察，加以鉴别诊断。

若只是单纯的先天性鼻泪管阻塞，医生会指导家长帮新生儿做鼻泪管按摩，促进鼻泪管的通畅，必要时配合抗生素眼药膏的使用，以治疗或预防细菌感染的发生。若到6个月以上还不通的话，可能会考虑小手术治疗。

新生儿在睡觉或躺卧时呼吸声会比较大，一般是正常的现象。这是因为新生儿的鼻梁较塌，鼻腔较小，所以较容易鼻塞。只要小儿的睡眠安稳、食欲正常、活力不错，就没有大碍，通常大一点就会改善。

PART 3

第3个月 男宝宝养育

男宝宝3个月体格发育指标

项目	年龄组	下限值	上限值
身高	3月	55.3厘米	69.0厘米
体重	3月	4.67千克	9.37千克
头围	3月	约为40.5厘米	
胸围	3月	约为41.7厘米	
囟门	1～3月	1.5～2厘米	

第3个月 男宝宝日常保健

给宝宝做空气浴、日光浴

室外空气通常比室内空气新鲜，含氧量高，宝宝常到室外呼吸新鲜空气，进行空气浴，不仅能使宝宝的皮肤得到锻炼，而且可以增强抵抗力，减少和防止呼吸道疾病的发生，有利健康。

宝宝出生后2～3周，就要让其逐步与外界空气接触。在夏天要尽量把窗户和门打开，让外面的新鲜空气在室内自由流通。在春、秋季，只要外面的气温在18℃以上，风又不大时，就可以打开窗户。就是在冬天，在温暖的时刻，也可每隔一小时打开一次窗户，每次5～8分钟，以流通空气，让宝宝呼吸到新鲜空气，有利于宝宝生长发育。

宝宝在逐渐适应室外空气后，从第3个月起可以做日光浴。

日光浴有促进血液循环、强壮骨骼和促进牙齿生长的功效，并能增加食欲，帮助睡眠。

做日光浴须循序渐进，刚开始时可选在中午阳光照射充足的房间，打开窗户晒太阳（隔着玻璃的日光浴达不到效果），每天一次，每次晒4～5分钟，持续2～3天。适应后，再让宝宝到户外做全身的日光浴，时间最长不超过30分钟。最好每天晒晒太阳，对宝宝更有好处。做完日光浴后，要给宝宝喂些水或果汁。

进行日光浴时要注意：

- 不要让宝宝的头部特别是眼

睛晒到太阳，注意把头部置于阴凉处或者让宝宝戴上帽子。

只可以在宝宝身体状况良好的时候做日光浴，在宝宝身体状况不佳时，不要勉强。

直射的阳光对宝宝来说刺激过强，因此做日光浴时要避免阳光直射。

阳光充足时要给宝宝涂擦防晒霜。

逗宝宝笑要适度

有的人看见又白又胖的宝宝，总要用手触宝宝的腋窝、颈部等处，逗得宝宝笑声不绝，这种逗法其实是有害的。

对宝宝的逗笑过多，可能导致宝宝瞬时窒息、缺氧，引起暂时性的脑缺血。所以，不论父母或旁人，在逗宝宝笑时，应该适可而止，不要使宝宝过度地笑，以防造成伤害。

给宝宝测量胸围和头围

胸围是沿乳头下缘绕胸一周的长度。测量时，应取呼气与吸气时的平均数记录。

胸围反映了胸廓、胸背肌肉、皮下脂肪及肺的发育程度，营养差者胸围较小，显著的胸廓畸形见于佝偻病、肺气肿和心脏病。所以，定期为婴幼儿测量胸围，是保持健康、预防疾病的措施之一。

测量胸围时，3岁以下的小儿宜取卧位，3岁以上的小儿宜取立位；两手自然平放或下垂，将软尺0点固定于宝宝一侧乳头下缘，拉软尺接触皮肤，经两肩胛骨下缘回至0点，取平静呼、吸气中间读数，或呼、吸气时平均数。

新生儿出生时胸围比头围小1～2厘米，平均为32.4厘米；1岁时胸围与头围大致相等；1岁后胸围超过头围，胸围与头围的差值（厘米）约等于小儿的岁数。

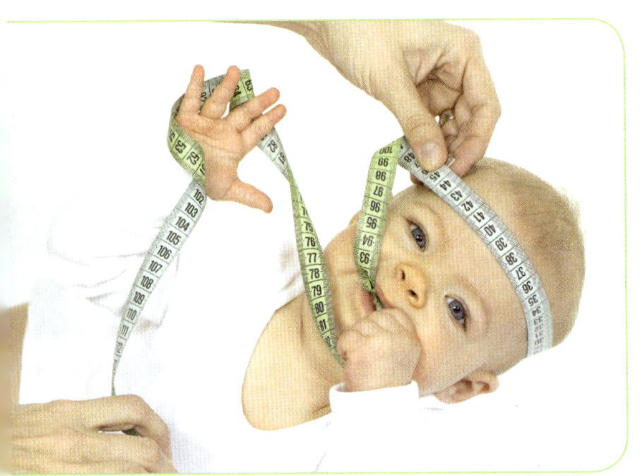

测量宝宝的头围时，先寻找宝宝两条眉毛的眉弓（眉弓就是眉毛的最高点），将软尺沿眉毛水平绕向宝宝的头后；寻找宝宝脑后枕骨结节，并找到结节的中点，再将软尺绕回重叠交叉，交叉处的数字即为宝宝的头围。

注意软尺不能过松或过紧，否则测出的数据也不会准确。

观察头围、胸围交叉时间（数值一致）亦可作为衡量发育是否正常的一项指标。一般说来，若头围、胸围交叉时间延至2岁以后，为胸围发育落后的表现。

给宝宝测量身长

身长——指从头顶至足底的垂直长度，它是反映骨骼发育的一个重要指标。

身长又称身高，其增长规律和体重一样，年龄越小增长越快。出生时宝宝身长平均为50厘米，出生后前半年每月平均长2.5厘米，后半年每月平均长1.5厘米；1周岁时达75厘米；2周岁时达85厘米；2岁以后平均每年长5厘米。所以，2岁以后的小儿身长可按“年龄×5+75”计算。注意：无论是身长还是体重，12岁以后不能按上述公式计算。

身长包括头部、脊柱、下肢的长度。这三个部分的发育进度并不相同，一般头部较早，下肢发育较晚，因此，医学上有时需分别测量上部量（从头顶到耻骨联合上缘）及下部量（从耻骨联合上缘至足底），以检查其比例关系。

影响身长的内外因素很多，如遗传、种族、内分泌、营养、运动和疾病等。身长显著异常者大都由于先天性骨骼发育异常或内分泌疾病所致。一般低于正常30%以上为异常，宝宝可能患有佝偻病、营养不良、软骨发育不全、克汀病、糖尿病等。

学会使用儿童生长曲线图

生命初期宝宝的体重、身高、头围等的观察记录是不容忽视的健康指标。家长想要了解宝宝的生长发育是否正常，了解宝宝和妈妈的膳食营养情况，不妨学会使用“儿童生长曲线”。在各大医院的儿童保健门诊，都有适用于0～5岁儿童生长发育评价的分析图表，主要用于儿童生长发育评价。爸爸妈妈学会看儿童的生长曲线图，能对宝宝的生长发育做到心中有数。

生长曲线图是将100个同年龄儿童身高、体重、头围的数值做出统计与测量，画出常态分布曲线图，排在中间位置数值称为“第50百分位”，中间部分是最多数的一群。以体重来看，排在第97百分位数值的宝宝，表示该体重表现对同年龄孩子宝宝来说，属于体重较重的一群，反之，排在第3百分位的宝宝就表示体重不足。不过，生长曲线图并非单看其中一个点，身高、体重、头围三者缺一不可。

生长曲线图底部的直线是孩子的年龄数，每一小格表示一个月。左边的竖线是孩子的体重数，每格1000克。

给孩子称体重以后，在底部找月龄，在左边的竖条找体重，然后在两者交叉处画一小圆点。

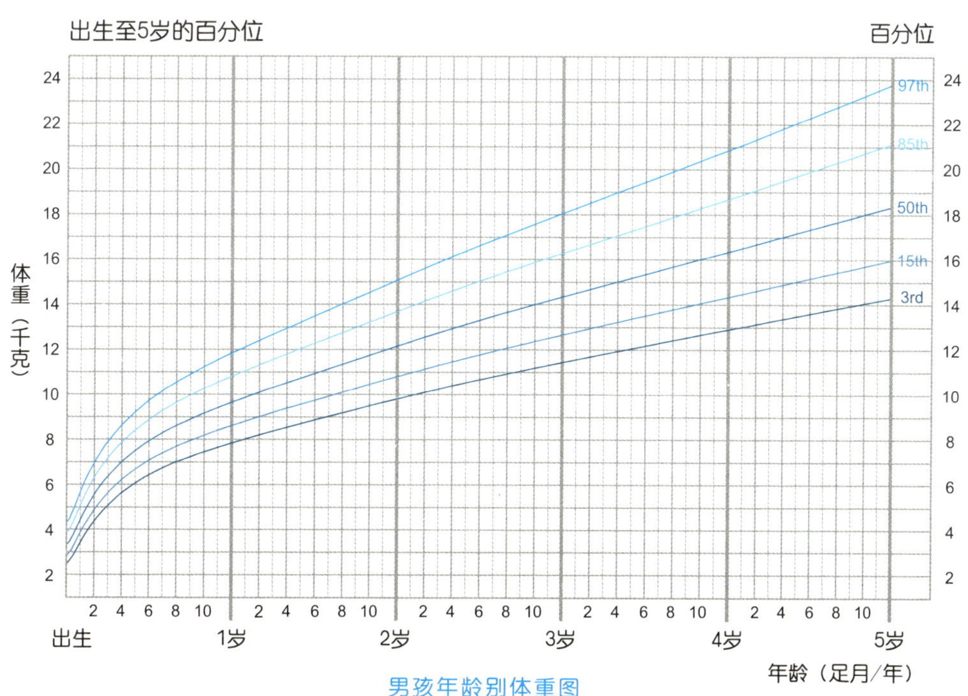

男孩年龄别体重图

在给孩子称过几次体重之后，就可以将几个圆点连成线，这就是孩子的生长曲线。

生长曲线图上有两条曲线是参考线，两者间是健康范围。

在宝宝出生后的1、2、3、4、5、6、9、12个月应各称一次体重；1～3岁，每隔半年称1次；3～7岁每年称1次。将每次结果标在生长图上，描成体重曲线，然后对小儿体重曲线的形态和趋势进行客观的评价。如果孩子的体重曲线与标准体重曲线平行，表示生长速度正常；如果体重曲线平坦或向下，则表示生长缓慢，应该积极寻找原因。

孩子体重的增长不是一个直线上升的过程，而是有一定规律的。出生早期体重增长比较快，以后逐渐减慢，到青春期再次快速增长。一般出生3个月后婴儿的体重可以比出生时增加一倍，生后第一年内孩子的体重可以增长6千克，第二年只增长2～2.5千克。2岁以后到10岁以前，每年体重增长只有2千克左右。因此当孩子1岁左右时，常常有家长因孩子的体重增加明显减少而着急，其实这是正常的。

早产儿通常以矫正年龄为成长曲线的参考依据，但过了2岁以后，就可以依照正常小孩的曲线来衡量。

新生儿出生体重大约在3500克，只要曲线在正常范围（第10百分位到第90百分位），且一直都沿着曲线往上走，就是标准的。但若在没有任何

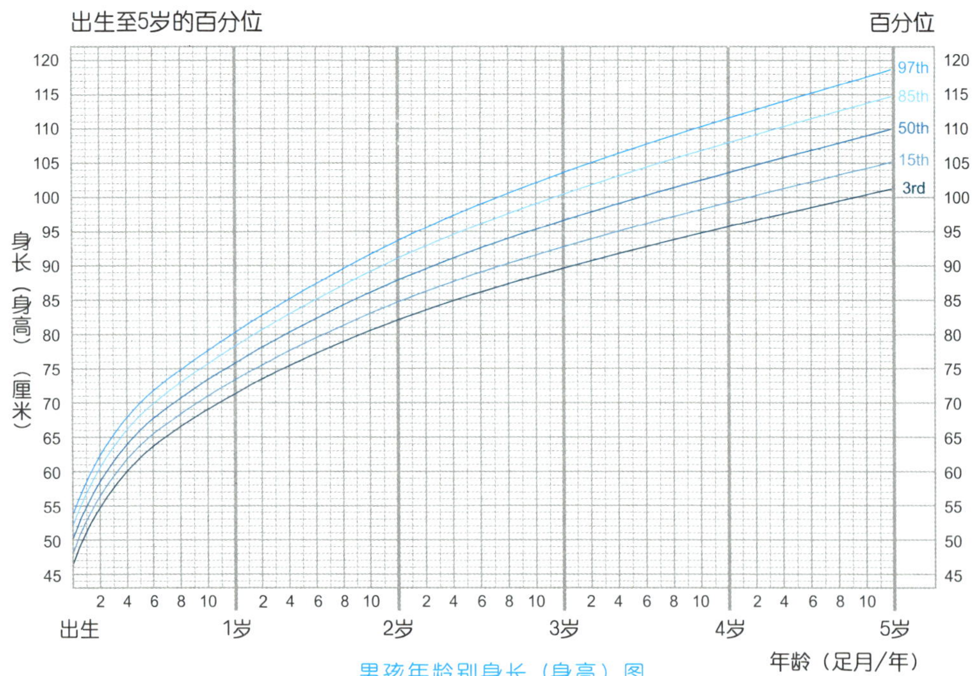

男孩年龄别身长（身高）图

特殊状况（如感冒、厌奶期）下，掉下一格还能接受，超出正常两格标准差就是有明显意义的异常。持续维持高或低的曲线都是能接受的范围，但如果在1～2个月内突然掉了两格，也就是上下差了30～50个百分位时，就有其特殊的意义，例如厌食严重、有某方面的疾病、营养素不足等问题，必须关注。

早期发现宝宝听力障碍

大脑听觉中枢是在出生后，不断受环境的声音刺激才得以发育成熟的。换言之，3岁以后人脑的可塑性逐渐变差，大脑中原先被设计用于听力、语言的细胞逐渐转变成其他用途，故此时要再让它恢复原有的听语功能，就相当困难。而这3年当中，又以前6个月的听力对听语的正常发展最为重要。

据统计，每1000名新生儿中，就有2～3名有双耳听力上的问题。由于听力问题不易由外观上发觉，往往轻、中度听损的婴儿会错过0～6个月大的黄金疗育期，重度听损儿童诊断出的年龄平均为1.5岁，中重度听损为3.5～4岁。孩童发展语言的黄金时期是0～6岁，越晚诊断出听力障碍，对孩子学习语言越不利。

专家主张

哪些宝宝应主动接受听力筛检

①有听障家族史；②婴儿出生时伴随先天性的感染（如弓形虫病、德国麻疹、水痘、梅毒等）；③出生时有严重呼吸困难；④出生时体重小于1500千克；⑤曾有急需输血的黄疸现象；⑥曾经严重缺氧；⑦曾罹患细菌性脑膜炎；⑧需机械性辅助呼吸5天或以上者；⑨头颈部有先天性畸形的新生儿。

可惜的是，多数家长没有警觉发现宝宝的听力有问题，因而错过早期治疗的黄金时段。虽然双侧轻、中、重度听损的发生率为2‰～3‰，但90%以上仍具有可利用的存余听力，多数借由佩戴助听器或少数需要植入人工电子耳，只要善加利用所扩增的存余听力，孩子仍有机会能学会开口说话。

简易居家听力语言行为评量表

出生～2个月大	巨大的声响（如：用力关门声、拍手声）会使孩子有惊吓的反应 孩子浅睡时会被大的说话声或噪声干扰而扭动身体
3～6个月大	当你对着孩子说话时，他会偶尔发出咿咿呀呀的声音或是有眼神的接触 会对一些环境中的声音表现出兴趣（如电铃声、狗叫声、电视声等）
7～12个月大	开始牙牙学语，并自得其乐 喜欢玩会发出声音的玩具 当你从背后叫他，他会转向你或者有咿咿呀呀的声音
1～2岁大	可以说简单的单字（如爸爸、妈妈） 2岁左右时能够重复你所说的话、词组（如：不要、没有了）或是短句子（如爸爸去上班）
宝宝有下列的状况，需要做听力检查	说话不如同年龄的孩子清楚 无法像同年龄的孩子一样与人沟通 常要求别人重复述说 在家或在学校似乎都不专心 在看电视或听音乐时，音量设定得比其他人大 有多次中耳感染

以上评量表仅供家长参考，不能取代专业的听力检查，若怀疑孩子的听力或说话有问题，请带孩子做进一步的专业听力检查。

一般说来，母亲和孩子朝夕相处，她的观察及直觉是相当正确的。根据研究统计，妈妈直觉观察宝宝听障之正确率高达94%。对于有怀疑的病例，便须做进一步检查。

帮助宝宝学翻身

第一步：从仰卧到侧卧

先将宝宝仰面放在床上，从后轻轻地把右腿放在左腿上面，使宝宝的腰自然扭过去，肩也会转一周，多次练习后宝宝便能学会翻身。

让宝宝侧身躺在床上，逗引宝宝，他会顺势将身体转成仰卧姿势。

第二步：从侧卧到俯卧／仰卧

同样从宝宝的身后，扶住宝宝的肩膀和大腿，帮宝宝翻转身体。翻身后可能会出现其中一只手臂压在胸下动弹不得的情形，要帮宝宝挪好手臂的位置，以后再慢慢训练他自己把手臂抽出来。

一旦宝宝学会了翻身，就会喜欢翻过来翻过去这种运动。这时要谨防宝宝从床上翻落下来。

由于个体差异，宝宝学习翻身会有早有晚，如果到了半岁，宝宝仍然不会翻身，妈妈就应该引起重视了，看看是不是以下因素阻碍了宝宝学会翻身：

1 体重超标。宝宝如果长成了大胖子，可能就懒得动弹了。

2 体弱缺钙。肌肉和骨骼是动力的源泉，如果肌肉无力、骨骼缺钙，宝宝就会觉得运动困难了。父母要留心观察宝宝是不是营养不良，及时调整饮食。

3 衣服束缚。宝宝穿多了，自然想动也动不了。所以如果宝宝在冬天学习翻身，妈妈要尽量保持室内温度，减少衣服对运动的阻力。

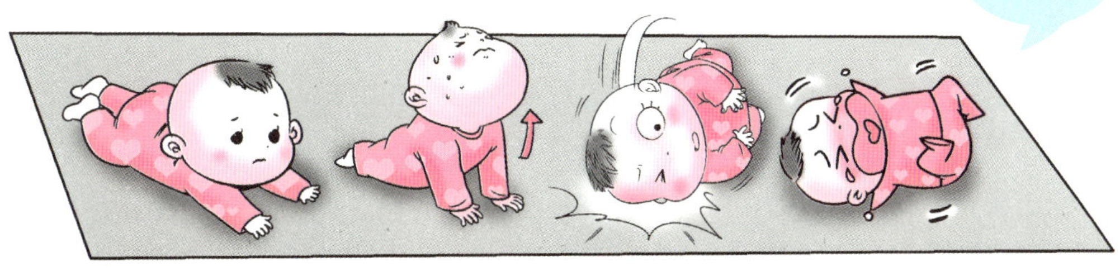

宝宝有趣的翻身姿势

第3个月 男宝宝喂养

怎样提高母乳质量

做父母的，不但要注意到奶量多少，还要注意奶的质量高低。母乳喂养要注意提高奶的质量，有的母亲只注意在月子中吃得好，忽略哺乳期的饮食或因减肥而节食，这是错误的。宝宝要吃妈妈的奶，妈妈就必须保证营养的摄入量，否则，奶中营养不丰富，会直接影响到宝宝的生长发育。3个月是宝宝脑细胞发育的第二个高峰期（第一个高峰期在胎儿期第10～18周），也是身体各个方面发育生长的高峰，营养关系到今后的智力和身体发育，因此一定要提高母乳的质量。

人工喂养的宝宝要多喂水

3个月以内的宝宝肾脏浓缩尿的能力差，如摄入食盐过多时，水就会随尿排出，因此需水量就要增多。母乳中含盐量较低，但配方奶中含蛋白质和盐较多，故用配方奶喂养的宝宝需要多喂一些水，来补充代谢的需要。总之宝宝年龄越小，水的需要量就相对要多。一般婴幼儿每日每千克体重需要120～150毫升水，如5千克重的宝宝，每日需水量是600～750毫升，这里包括奶中的水量。

宝宝是否可以夜里不吃奶

大概需要到4个月大之后，宝宝夜晚喝奶的次数才会逐渐变少，可能从一晚喝4次奶变成喝1～2次。倘若妈妈想要改变宝宝喝夜奶的习惯，譬如宝宝的睡眠时间是晚上11点，且喝过一次奶，那么下一次喝奶的时间可能是半夜1～2点，这时候，妈妈喂奶之余，可以让宝宝再喝一点水，然后逐渐增加喝水的量，并逐渐减少喝奶的量。如此一来，宝宝便会习惯晚上不喝奶了。

第3个月 男宝宝早教

宝宝的玩具怎么选

安全

安全是最重要的原则，特别是对婴儿来说更是如此，几个简单的原则如下：

具有标准检验核发的合格玩具标志，以及经过玩具研发中心测试通过的“ST”标志。

玩具上应标有名称、适用年龄、主要成分、使用方法，以及制造商名称、地址、电话等信息。

玩具表面或容易接触到的地方不可有尖角，以免弄伤宝宝或大人。

玩具上的线或绳索长度不要超过30厘米，以免宝宝缠绕到颈部。

玩具的材质坚固不易碎，且用手拉或弯曲表面的突出物也不会断裂。

表面涂料不易脱落，因为宝宝常会咬或舔食玩具，若是玩具表面容易掉漆，可能有金属中毒的疑虑。

填充玩偶或是布娃娃等有缝线的玩具，其缝线或是上方的纽扣必须要牢固，没有破洞，以免宝宝将里面的填充物挖出且误食。

玩具或是玩具的零件不要太小，若是小于硬币，则不应让宝宝使用，以免发生吞食意外。

具有一两种刺激功能即可

以玩偶为例，玩偶可让宝宝认识个体，而宝宝在触摸时也能刺激他的触觉发展，同时也是心理上认同的对象，至少到宝宝3岁为止，玩偶都会是他喜欢的玩具。积木可以让宝宝随意堆建、做各式变化，宝宝即使重复玩也不会腻。这里要强调的是，玩具并非功能愈多就愈好玩，有时变化太多反而无法使宝宝专注地玩。

适用月龄长

宝宝的感官以及逻辑发展是渐进式的，玩具的适用月龄或年龄范围最好能长一点，可随着宝宝的成长而有不同玩法，以免刚买的玩具没多久就被宝宝弃置在一旁，这样也较为经济。

有互动性

宝宝能够操作，并随着他的探索而有不同变化、反应的玩具，特别能引起他的兴趣，像是有因果关系的玩具、活动中心等。如果大人也能加入和宝宝一起玩，让亲子间也有互动，例如通过活动中心教导宝宝认识动物，这样会更好玩。

宝宝需要多少玩具

在每个阶段可为宝宝准备3～5个玩具，每一次可让宝宝玩2～3个，让他有选择，且玩腻了某个玩具再改玩其他玩具。等到他腻了，再换其他玩具，再下一次，就可以再拿出第一次给他的玩具，尝试新的玩法。而随着他的身心发展的变化，同样的玩具也能产生不同玩法。

另外，玩具虽有设计好的玩法，但宝宝经常会自行开发出不同的玩法，有些家长会加以制止，但事实上玩具的玩法没有对错，重要的是宝宝觉得好玩，在玩的过程当中，促进他的身心发展。

除了掌握上述玩具选购原则之外，也得观察、了解宝宝的个性特质，才能找到宝宝喜欢的玩具。另外要提醒爸妈的是：可别放着宝宝一个人玩，陪他玩才能让玩玩具的过程更有乐趣。

解读男宝宝

男孩和女孩是带着内建的认知性别差异出生的，他们天生就是不同的。小男孩与小女孩有不同的玩具偏好，这种差异在孩子出生前就已经注定了。

如何增进宝宝触觉发展

宝宝刚出生时，嘴巴、手心、脚底都是触觉比较敏感的部位；到3个月大时，宝宝便开始触摸伸手可及的物品，对任何抓得到的物品都感到相当好奇；6个月大左右，宝宝已经能做出抓、握、拍、拿的动作了，也能分辨出不同形状的玩具；当宝宝9个月大以后，对于周遭的一切更是感到兴致勃勃。

生活在都市中的宝宝们，因受到空间环境的限制，活动空间仅限于居住的房屋内，加上现今父母过于保护孩子的心态，宝宝很少有机会能接触到婴儿床外的世界。

那么，在有限的生活空间内，如何创造让宝宝增加触觉刺激的机会呢?

建议家长多让宝宝尝试碰触不同的东西，当宝宝的手开始学习抓取物品的时候，家长便能试着让宝宝去摸摸软软的布偶、大小不同的圆球、各种形状的积木、柔细的棉布和略为粗糙的布面；等宝宝的手部抓取能力更强之后，便能开始让宝宝尝试抓取不同形状的物品，训练宝宝的手部肌肉。当然，你也能利用市面上各式各样的游戏书（布书），来帮助宝宝认识这个崭新的世界。

当宝宝开始学习爬行后，宝宝的探索世界更是大为展开，此时宝宝对于任何物品都充满着好奇，看到任何新奇的玩意儿，都会想爬过去瞧瞧，活动力相当惊人。这时候，建议家长在家中可以利用巧拼垫或是地毯、棉被，让宝宝在不同的表面上爬爬看，也能带给宝宝不同的刺激，增进宝宝的触觉发展。

等宝宝开始学步后，探索的世界就更为广泛了。这时候，无论是地上的泥土、落下的树叶、盛开的花朵，等等，都能让宝宝感到相当新奇好玩，而这时候若能让宝宝多接触大自然，对孩子的触觉发展都是相当有帮助的。

不过，需提醒父母的是，在宝宝尽情探索的时候，一定要有人在一旁注意小宝宝的安全，将太过尖锐的物品事先收好，才不会让小宝宝受伤。

怎样促进宝宝听觉发展

听觉是人类最原始的感官知觉之一，宝宝一出生便有一定程度的听觉能力，包括会对声音有反应、会试着寻找声源等。科学研究显示，宝宝的听觉在胎儿约5个月时开始发育，而此时胎儿最常听见的声音是妈妈的心跳声。

哪些声音能安抚宝宝的情绪

频率相近、持续性的、轻柔的语调，都能让宝宝感到安心、有安全感。因为小宝宝在妈妈的子宫中时，最常听到的就是妈妈的心跳声，所以当宝宝情绪不稳的时候，只要妈妈将宝宝抱进怀里，宝宝就会立刻安静下来了。此外，像挂在婴儿床上的音乐铃，因为铃声频率相似、节奏缓慢，且一直重复播放，因此，也能帮助宝宝安定情绪。

该用什么声音和宝宝说话呢

宝宝和大人一样，都不喜欢刺耳嘈杂的尖锐声音，加上宝宝的耳内鼓膜还很脆弱，无法负荷太过嘈杂的声音，因此，和宝宝说话时，最好能像妈妈和宝宝说话时的轻柔语调一样，慢慢地以柔和的语气和他们说话。

大自然的声音，对宝宝听觉感官刺激有帮助吗

宝宝喜好规律、轻柔、低频的音调，而大自然中包含了虫鸣鸟叫、山川溪流的声音，对宝宝来说，这些声音都是非连续性的声音，因此，对于刺激宝宝的听觉发展帮助并不大。

多听声音，可以说得更好

当家长在诱导宝宝学说话的过程中，常常会对宝宝说“妈妈”、“妈妈”或“爸爸”、“爸爸”，就是希望通过这些重复性的音律，帮助宝宝将这些音记下来。因此，不只要让宝宝多听各种声音，重点是通过不断重复的听力练习，帮助宝宝牙牙学语。

育儿难题Q&A

Q 我是爱漂亮的妈妈，坐完月子后，何时才能吃减肥药跟染烫发呢？

A 坐完月子后，若仍在哺喂母乳，则减肥药等仍需避免。且在喂食母乳期间，母亲的营养需求仍很高，不应刻意减肥造成营养不良而影响母乳喂食的质量。若是想靠减肥药减肥，需看新陈代谢科门诊，由新陈代谢科医生决定。至于染烫发一般无影响。

Q 我是喂母乳的妈妈，夏天到了，很容易流汗，可以使用腋下止汗剂或体香剂吗？这些东西会影响我的母乳品质吗？

A 一般来说，止汗剂或体香剂的使用并不会影响母乳的质量，但因为位置太靠近乳房，因此不能不注意卫生问题，建议每次喂奶前仍要清洗乳头及周围皮肤，以避免婴儿误食。

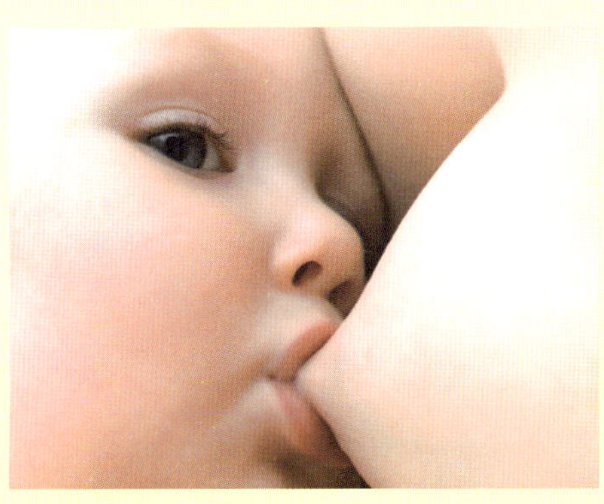

Q 我家宝宝快满3个月了，他习惯仰睡，头已经睡得有点扁扁的了，该如何让宝宝头形睡得漂亮一点呢？另外，我姐姐的小孩6个月，经常趴着睡，结果脸有点歪、不对称，该如何让宝宝的脸形恢复对称形状呢？

A 颅骨是由数块骨头逐渐愈合而成，后囟门在宝宝6~8周大时会关闭，前囟门则在16~18个月大时关闭。所以在此之前，头形仍有机会改变，尤其在前4个月大时，可塑性强。头形哪一种漂亮是因人而异的，有人喜欢扁的，有人喜欢圆的。不同的睡姿会产生不一样的脸形。4~6个月前的宝宝不会翻身，还能任人摆布，过了这年纪也只能顺其自然了。最重要的是不要老是摆同个方向，而造成头形不对称、脸大小边，可以利用布卷或枕头当依靠，让宝宝左右平均睡，以维持头形及脸形的对称。

Q 为什么要给宝宝穿纱布内衣？

A 纱布内衣的透气性高，可以帮助宝宝排汗，保持肌肤干爽。宝宝的汗腺较为发达，加上体温比成人高，因此很容易就会玩到满身大汗。这时候如果宝宝没有穿纱布内衣，汗水浸湿外衣，加上风一吹，很容易就会带走皮肤表层的温度，让宝宝开始打喷嚏。

Q 早产儿多大后可以参照正常婴幼儿的标准？

A 早产儿通常以矫正年龄的成长曲线为参考依据，但过了2岁以后，就可以依照正常小孩的曲线来衡量。

Q 各个国家的生长曲线标准都一样吗？

A 各国的生长曲线标准不尽相同，略有差异。

Q 我的宝宝3个月，宝宝预防接种是全国统一的吗？

A 接种的种类是全国统一的。国家卫生计生委规定：各级卫生行政部门应对接种单位和接种人员的资质进行认证，严格按国家卫生计生委《预防接种工作规范》规定，规范预防接种服务，任何单位和个人不得擅自进行群体性预防接种。

Q 宝宝3个月，周围有些妈妈说宝宝接种疫苗后，不能吃鸡蛋、鱼等食物，生怕这些食物会使接种部位“发”起来，宝宝因此发烧而使抵抗力降低，这样做对吗？

A 其实这样做是走进了一个误区，因为接种后获得的免疫作用常常体现在所产生的抗体质量上，如果多吃蛋白质含量丰富的食物，身体吸收后就会使生成抗体的原料增多，恰恰能促进免疫力的增强。反之，若是饮食上忌口，便会使体内生成抗体的原料不充足，阻碍抗体的产生，因此不能达到预期的免疫力。

Q 我听说有一些家长会在宝宝2~3个月时就给予果汁，但辅食不是应该在宝宝4个月以后才给吗，否则不是会增加宝宝肾脏的负担吗？

A 宝宝的肾脏确实在6个月左右才会发育完全，但是经过适当方式处理的果汁、蔬菜汁，即便是在宝宝3个月之后就少量给予，也不会增加宝宝肾脏的负担。但要避免处理不当而导致宝宝肠胃不适。原则上，爸妈只要在4~6个月这段时间开始给予辅食就可以了，提前给予宝宝辅食没有什么益处。

PART 4

第4个月 男宝宝养育

男宝宝4个月体格发育指标

项目	年龄组	下限值	上限值
身高	4月	57.9厘米	71.7厘米
体重	4月	5.25千克	10.39千克
头围	4月	约为41.7厘米	
胸围	4月	约为41.8厘米	
囟门	4个月以后	逐渐骨化而变小	

第4个月 男宝宝日常保健

男宝宝阴囊的护理

宝宝的外生殖器包括阴囊，阴囊里有一对睾丸。阴囊可以保护睾丸，当外界炎热时，阴囊皮肤变得很薄来散热；而当外界变冷时，阴囊皮肤立刻收缩起来。

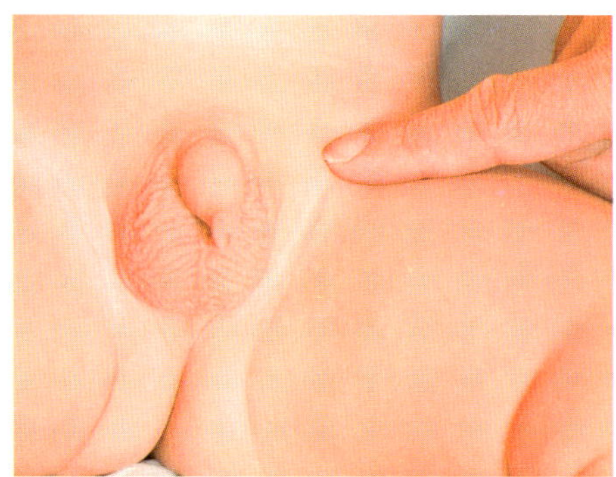

阴囊肿大

有些婴儿阴囊肿大，如用手电光照射阴囊呈透明状，医学上称之为鞘膜积液。一般鞘膜积液可在出生6个月内自愈。其形成原因主要是外生殖器发育过程中，囊袋没有闭合，而且与腹膜腔间有个小孔相通，腹腔液经小孔流入囊袋且与囊壁分泌的液体共同积聚在阴囊，成为鞘膜积液。如6个月的宝宝鞘膜积液仍然存在，就要请小儿外科医生处理了。

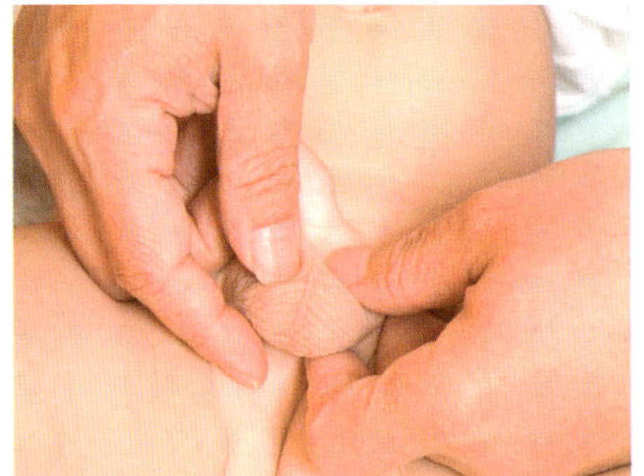

阴囊里有肿块

如果在触摸宝宝阴囊时发现有包块（睾丸除外），可能是疝气、睾丸或附睾结核。

疝气是肚内小肠或其他组织通过腹股沟管进入阴囊，可见到阴囊

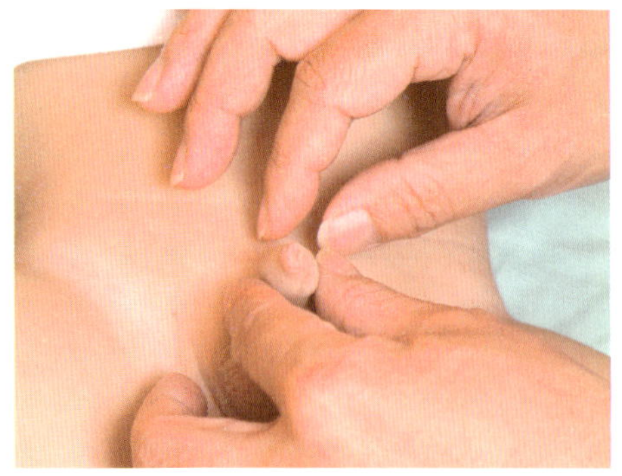

肿大。小孩在站立、哭闹和运动时，腹股沟或阴囊有肿块突出，肿块往往在卧床休息或睡觉时会自己消失。一般疝气自己痊愈的可能性很小，多见于3个月内的婴儿。年龄大了，自己长好的可能性就更小了，要及时做手术矫治。

尿道下裂怎么办

尿道下裂是一种男宝宝先天性畸形，发生的原因是由于尿道沟没有完全闭合，致尿道开口达不到正常位置，而是开口于阴茎腹侧、阴茎阴囊交界处或肛门前方的会阴部。

这种先天性畸形在出生后一眼便可发现，其危害在于影响排尿及日后结婚的性生活，对患儿的生理、心理发育影响也较大。手术矫治尿道下裂的最佳年龄是出生后6～18个月。

给宝宝选择合适的枕头

3个月以前的宝宝颈部较短，一般不适宜使用枕头。而4个月以后的宝宝发育正常的话，头部活动已经很灵活，颈部增长，肩部增宽，已出现第一个脊柱生理弯曲，这时可以给宝宝睡枕头了。

父母给宝宝选择一个合适的枕头非常重要，需要从高度、厚度、内部、外部、材料、软硬度等各方面综合考虑。我们列出几个指标，父母为宝宝挑选枕头时，可以参照选择：

- 厚度：一般3厘米左右为宜，以后随着宝宝长大，可适当提高。
- 长度：一般30厘米左右为宜，严格来说，宝宝枕头长度与其肩宽相等为最佳。
- 宽度：一般15厘米左右为宜，宽度要比头稍长一点儿。
- 枕套：最好是棉布，因为其柔软，透气好；不要使用化纤布，这种布透气性能很差，夏天宝宝出汗时容易引起头部痱子、疖肿等皮肤病。
- 枕芯：应保持一定的松软度，可用荞麦皮或者木棉的。不宜太硬（如填充大米、绿豆），这样容易使宝宝颅骨变形，并且容易擦伤皮肤或引起枕部脱发；也不能太软，这样容易使宝宝的头压下去，不利于宝宝血液流动，有时还有可能堵住宝宝的口鼻而发生意外窒息。

宝宝洗澡注意事项

1 清洁次数。清洁次数必须视宝宝的汗水多少和活动状况而定，夏天约一天一次。夏天，宝宝通常汗流得较多，可以天天洗澡，有时候甚至需要一天洗两次。

2 冬天视状况而定。冬天，宝宝的皮肤比较干燥，汗流得也相对较少，可为宝宝清洗流汗或有脏污的部位，并不一定要天天洗澡，只要宝宝的身体不脏，甚至可以三天洗一次澡。不过宝宝的皮肤褶皱处，例如手臂、腿部内侧、生殖器官（腹股沟、男宝宝的包皮）以及其他有褶皱的地方，一定要用清水冲洗或是以湿布擦拭干净。

3 清洁方式。无论是夏天还是冬天，洗澡水的温度不要太高，因为太热的水容易将宝宝皮肤上的保护膜洗掉。在门诊中常接触到洗澡过度而使皮肤异常干燥的宝宝，这些宝宝的爸妈可能担心宝宝的身体洗得不够干净，一天洗好几次，却不知道这样会把宝宝皮肤的保护膜洗掉。其实宝宝的皮肤并不脏，只要使用清水，或是再加上一点清洁用品就可以了。

4 选择温和低刺激的清洁品。一般的清洁用品可分为三大类：第一类是皂碱，也就是传统肥皂，其pH值通常较高，介于9～10之间；第二类则是由多种界面活性剂混合而成的清洁品，pH值介于5.5～7.0；第三类则是为极端敏感的皮肤所设计的无脂质清洁乳，这种清洁乳洗起来没有泡沫，相当温和。

宝宝应使用温和不刺激的清洁产品，因此宝宝不适合使用肥皂。因为正常皮肤的pH值是4.5～6.5之间，而使用碱性的清洁品会破坏皮肤的酸碱平衡，尽管健康的皮肤有能力恢复到微酸的状态，但婴儿的皮肤调节功能较差。而第二类清洁品中，则应选择界面活性剂效果不要太强者，至于最温和的第三类产品则适用于所有宝宝。冬天洗澡的时候甚至可以只用清水清洗，而较脏的地方再用清洁品清洗即可。

第4个月 男宝宝喂养

4～6个月健康宝宝可开始喂辅食

一般健康的宝宝应在4～6个月之间开始添加辅食，一方面是因为4个月以下的宝宝肠胃消化能力较差，而辅食也可能会对肾脏造成过大的负担。再者，4个月以内的宝宝可由母乳或是配方奶获得成长所需的所有营养，并不需要再额外添加辅食。

对于有过敏家族史、有过敏体质或是已经出现过敏症状的宝宝，满6个月之后再给予辅食较为恰当，以免诱发或者强化宝宝的过敏体质。另外，若是宝宝有代谢异常或其他先天性的疾病，在医生建议下，也可能要延后给予辅食的时间。宝宝在4～6个月时会出现下列现象，这些现象也在告诉爸妈们，可以为宝宝添加辅食。

- 6个月之前宝宝会有将送入口中的食物推出的反射，而这个反射已经消失。
- 头颈部可以挺直，并且与躯干呈一条直线。
- 会注视家人进食，有时候会伸出手靠近食物。
- 对可以吃的食物表现出兴趣，并且有伸手拿取的动作。
- 唾液的分泌量比以前多，有时候会闭着嘴做咀嚼状。
- 喝奶时较不专心，且喝奶的时间拉长。

辅食添加原则

从好吸收、不易过敏、有纤维素的食物开始

辅食的添加种类顺序必须先从肠胃好吸收、不容易过敏，且又能增加肠胃蠕动的食物开始。在这个原则之下，建议的食物种类顺序大致是水果蔬菜，再者是糖类食物（例如米、麦、土豆等），最后才是蛋白质与油脂类的食物，因此肉类、蛋等食物应晚点再给宝宝吃。

一次喂一种新食物，从少量开始

刚开始添加辅食时必须从少量（一茶匙或更少）试起，等到宝宝没有任何不适症状，如皮肤起红疹、腹泻等，再渐渐加量，同时每次只单独选择一种食物吃，等到适应后（3～4天之内）再吃另一种。如果吃得很顺利，才能够混合之前吃过的各种食物来吃，或以各类食物轮流喂食。

若宝宝有家族过敏史，增加辅食种类的速度就必须再放慢，最好在一个星期以上。这样一来，如果宝宝发生过敏反应，才能知道是由什么食物造成的。如果宝宝吃完发生腹泻、呕吐、皮肤起红疹等症状，应立即停止食用该种食物，并带宝宝去看医生，以确定过敏原。

浓度由稀渐浓

辅食的形态应按照流质（果汁、蔬菜汁、汤汁）→半流质（糊状，糊状又可依照稀糊状、糊状、稠糊状的顺序来给予）→半固体（泥状）→固体食物这样的顺序来添加。

另外，当宝宝开始吃辅食时，也可让宝宝喝水，饮用的原则亦须从少量开始，慢慢让宝宝习惯喝水。

词汇解读

婴儿辅食

母乳以外的婴儿食品都是广义的辅食，是婴儿4～6个月之后必须补充的食物。从初期的流质食物如果汁、蔬菜汁，半流质食物如米糊、麦糊、水果泥、肉泥，到一般成人食用的半固体、固体食物，都可以称为辅食。

厌奶期

宝宝长到4个月之后，开始进入厌奶期，也就是所谓的辅食期。这时候的宝宝会表现出一些动作，譬如当奶瓶靠近嘴巴的时候，会明显地把头转开，或是嘴巴闭得紧紧的，甚至用手推开。这表示，宝宝已经开始想吃不一样的东西了。建议每周增加一种新辅食。

喂辅食的时机与次数

在正餐（喂奶）之前给予

每个宝宝的特质不同，对新食物的接受度亦有别。有些宝宝可能一开始会拒绝新食物，若在宝宝吃完母乳或是配方奶之后喂食，很难吸引他吃。但如果在肚子饿的时候，也就是在喂奶之前先喂他吃一点辅食，而后再喂奶，成功的概率会比较高。

先从取代一餐开始

添加辅食一定要慢慢来。假设宝宝原来一天吃6餐，那么可将一餐改为辅食，等到7～8个月大之后，再增加为2～3餐。但最重要的还是依据宝宝的接受度来做调整。爸妈可选在自己时间较为充裕时为宝宝制作辅食，通常是白天，或是宝宝精神状况较好的时间，并选在三餐的时间给予，例如在早、中、晚餐时给予，帮助宝宝逐渐养成在这三个时刻进食的饮食模式。

至于辅食要取代母乳或配方奶到什么地步，就得看宝宝接受辅食的状况。一般来说，1岁左右的宝宝所能吃的食物种类几乎与成人相同，如果宝宝接受度很好，辅食就可成为主食，而母乳或是配方奶的角色就转为辅食了。

4～6个月婴儿辅食

辅食	蔬菜水果类	糖类食物
建议形态	果汁、蔬菜汁	白米粥、米糊、麦糊
一天建议分量	5～10毫升	30～50克

为宝宝添加辅食四忌

忌过早

过早添加辅食会增加宝宝消化功能的负担，消化不了的辅食不是滞留在腹中“发酵”，造成腹胀、便秘、厌食，就是增加肠蠕动，使大便量和次数增加，最后导致腹泻。因此，出生4个月以内的宝宝忌过早添加辅食。

忌过晚

有些父母怕宝宝消化不了，对添加辅食过于谨慎，还只是吃母乳或配方奶粉。殊不知宝宝已长大，对营养、能量的需要增加了，光吃母乳或配方奶粉已不能满足其生长发育的需要，应合理添加辅食了。同时，宝宝的消化器官已逐渐健全，味觉器官也发育了，已具备添加辅食的条件。另外，此时宝宝从母体中获得的免疫力已基本消耗殆尽，而自身的抵抗力正需要通过增加营养来产生。此时若不及时添加辅食，宝宝不仅生长发育会受到影响，还会因缺乏抵抗力而导致疾病。因此，宝宝要开始适当添加辅食。

忌过滥

宝宝虽能添加辅食了，但消化器官毕竟还很柔嫩，不能操之过急，应视其消化功能的情况逐渐添加。如果任意添加，同样会造成宝宝消化不良或肥胖。让宝宝随心所欲，要吃什么给什么，要多少给多少，又会造成营养不平衡，并养成偏食、挑食等不良饮食习惯，可见添加辅食过滥同样也是不合适的。

忌过细

有些父母过于谨慎，给宝宝吃的自制辅食或市售的宝宝营养食品都很精细，使宝宝的咀嚼功能得不到应有的训练，不利于其牙齿的萌出和萌出后牙齿的排列；食物未经咀嚼也不会产生味觉，既勾不起宝宝的食欲，也不利于味觉的发育，面颊发育同样受影响。这样，宝宝只能吃粥和面条，不会吃饭菜，制作稍有疏忽，宝宝吃了就会恶心呕吐，于是干脆不吃或者吃了也要吐渣。长期下去，宝宝的生长当然不会理想，还会影响大脑智力的发育。

为宝宝添加蛋黄

4个月的宝宝容易出现贫血，这是因为从母体带来的微量元素铁已经被消耗掉，如果日常食物比较单一，便跟不上身体生长的需要。因此要在辅食中注意增补含铁量高的食物，例如，蛋黄中铁的含量就较高，可以在配方奶中加上蛋黄搅拌均匀，煮沸以后食用。贫血较重的孩子，可在医生指导下，口服宝宝补铁剂等，千万不要自己乱给宝宝服用铁剂药物，以免产生不良反应。

开始时将鸡蛋煮熟，取1/8蛋黄用开水或米汤调成糊状，用小匙喂，以锻炼宝宝用匙进食的能力。宝宝食后无腹泻等不适后，再逐渐增加蛋黄的量，6个月后便可食用整个蛋黄。或者将1/8个蛋黄加少许配方奶调为糊状，然后将一天的奶量倒入调好的糊中，搅拌均匀，入锅煮沸后，再用文火煮5～10分钟，分次给宝宝食用。如宝宝无不良反应，可逐渐增加一些蛋黄的量，直至加到一个蛋黄为止。

宝宝辅食制作

青菜水

原料：青菜50克（菠菜、油菜、白菜均可）。

做法：将菜洗净，切碎。将锅放在火上，将水烧沸，放入碎菜，盖好锅盖烧开煮5～6分钟，将锅离火，再闷10分钟，滤去菜渣留汤即可。

胡萝卜汤

原料：胡萝卜25克。

做法：将胡萝卜洗净，切碎，放入锅内，加入水，上火煮沸约2分钟。用纱布过滤去渣，调匀。

注意：胡萝卜直接生长在土壤中，易受到污染，建议皮削厚一点，只留下心作为原料。

萝卜水

原料：萝卜25克，蜜枣10克。

做法：

1 萝卜去皮，洗净切片；蜜枣洗净。

2 把适量的水煲滚，放入蜜枣、萝卜煲滚后慢火再煲1小时便出味，隔去渣。

3 把萝卜水用以冲奶粉或米糊。萝卜已有少许甜味，加糖或不加随意。

特点：萝卜含有丰富的胡萝卜素，可宽中行气、健胃助消化及防治因缺乏维生素A所引起的疾病。婴儿或幼儿消化不良，或上火，可喂以用萝卜煲水来冲的奶或米糊，有一定的食疗功效。

注意：用小茶匙盛少许米糊放在婴儿舌上，让婴儿慢慢吞。初期婴儿只吃一两口，母亲也应该很满足，不要强迫他吃。

番茄汁

原料：番茄50克。

做法：将成熟的番茄洗净，用开水烫软去皮，然后切碎，用清洁的双层纱布包好，把番茄汁挤入小盆内。用温开水冲调后即可饮用。

注意：制作此汁要注意炊具卫生，番茄要去皮挤汁，并要注意要选用新鲜、成熟的番茄，不成熟的青番茄是有毒的。

西瓜汁

原料：西瓜瓤100克。

做法：将西瓜瓤放入碗内，用匙捣烂，再用纱布过滤即成。

橘子汁

原料：橘子50克。

做法：将橘子外皮洗净，切成两半；将每半置于挤汁器盘上旋转几次，果汁即可流入槽内，过滤后即成。每个橘子约得果汁40毫升，饮用时可加水稀释1倍。

第4个月 男宝宝早教

男宝宝的优势和弱点

男宝宝的优势

空间想象力。男宝宝在4岁就会在三维空间想象力上表现出优势，能够推断出东西背面是什么样子。

动手能力强。

自信心、独立性强。男宝宝遇到问题喜欢自己想答案，即使错了也不在乎。

目标明确。男宝宝会为了完成某件事情而骄傲自豪，他更在乎达到目标而不是享受完成的过程。

喜欢竞争。男宝宝乐于接受挑战。

数学能力强。男宝宝擅长用数学概念思考问题。

男宝宝的弱点

发育稍晚。在学坐、爬、站、走等方面男宝宝要花费更多时日。

语言能力弱。男宝宝学说话、连词成句、阅读和写作费时较多。

粗心急躁。男宝宝在学习中图快，可能常会出错。

注意力不易集中。

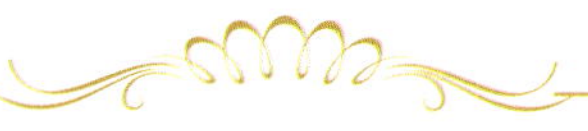

解读男宝宝

男孩的空间能力比女孩好，让男孩女孩一起看地图，地图朝北而要去的目的地朝南时，男孩可以不翻转地图便把该走的路线画出来；大部分女孩需要把地图转过来才能找到要去的地方。

宝宝音乐智能发展的关键期

2～3周的宝宝已有明显的听觉，能对声音做出各种不同的反应。2～3个月时，能够安静地倾听周围的音乐声和成人的说话声；在3～4个月时，听到声音头就会转向发声音的一侧，视觉和听觉开始建立联系。2个月的宝宝已能分辨出不同物品性质的不同声音，如风琴的声音、摇铃的声音，到5个月就能辨别妈妈的声音。1岁以后宝宝对声音很着迷，很爱听音乐。宝宝3岁左右能分辨出他熟悉的歌是否唱跑了调，以及不同乐器演奏的声音。5岁左右是宝宝音乐智能发展的关键期，爸爸妈妈应该让宝宝多参加以音乐为中心的活动。

听力，男宝宝比女宝宝差

佛罗里达州立大学的研究生肯恩研究了音乐治疗对早产儿的效应，发现听音乐的那一组早产儿长得较快也较少发生其他的并发症，比没有听音乐的那一组早了五天出院。萨克斯医生进一步从这个研究中发现，接受音乐治疗的女婴比没有听音乐的平均早了九天半出院；但是听音乐的男婴和没有听音乐的男婴却没有任何差别。也就是说音乐治疗对女婴很有用，对男婴却没有任何效应。而最近一个以更小、更早出生的早产儿为研究对象的研究则再次确认了肯恩的发现以及男女婴听力上的差异。

为什么会有这种差异？为什么音乐治疗对女婴这么有用，对男婴却没有用？萨克斯医生认为，最有可能的解释是男婴没有像女婴听音乐听得那样清楚。儿童听力学家孔魏森、罗默雷兹及辛宁杰最近做了一个很仔细的新生儿听力实验，他们发现新生的女婴的确听得比男婴好。而其他研究也发现少女比少男听得清楚，当孩子长得越大时，这个听力的差别越大。

听力有别，教养策略不同

萨克斯医生认为，正因为男女听力上有差别，父母亲和孩子讲话的方式就要有不同。例如，爸爸用他认为正常的声音对女儿说话时，这个女孩听到声音的感受会比男生听到的大10倍。因此，女儿会认为爸爸在对她吼，但爸爸并不自觉，因为两人对同样的声音有着两种不同的感受。

萨克斯医生认为，两性在听力上的差异也代表着在课堂上应该采取不同的教学策略，他指出：女孩被噪声干扰的程度比同年纪的男生大，某个噪声如果到达了干扰男生的程度，那么比这个噪声低数倍的声音就足以干扰女生了。

给宝宝听音乐时要注意什么

我们知道音乐对开发宝宝的智力很有好处，但父母在给宝宝听音乐时要注意一些问题，以使音乐能更好地提高宝宝的智力。

1 音乐节奏要慢一些。最初给宝宝听的音乐作品速度以中等或稍慢为宜，乐曲的情绪变化起伏不要太大。可选择优美、轻柔、明快的中外古典音乐，现代轻音乐和描写宝宝生活的音乐，最好选择胎教的音乐。

2 曲子要短一些。给宝宝听音乐的时间一次不超过15分钟。

3 音量要弱一些。播放的音量要适中或稍弱，长时间地听较强的音量，会使宝宝产生听觉疲劳，甚至损伤听觉能力。

4 反复听。在1～2个月内，反复听几首曲子，使宝宝有个识记过程，以便加深印象。

5 不要打搅。在听音乐的过程中妈妈不要说话打扰宝宝。

词汇解读

智力

智力是由观察力、注意力、记忆力、理解力、推理力、思维力等六个因素组成的一种体现人类思维过程的综合能力。它是人类对客观事物的认识能力，是各种认识能力的综合，是人类能力的衡量标准。

育儿难题Q&A

Q 宝宝很爱流汗，枕头上容易有汗渍怎么办?

A 因为宝宝新陈代谢速度快，平均体温也比成人高，加上皮肤散热速度慢，因此宝宝其实是很怕热的。假使家中的宝宝属于怕热一族，建议妈妈在婴儿枕上铺上一层纱布浴巾或是棉质毛巾，如此一来就不用担心枕头有汗渍又容易变黄了。假使家中已出现有黄斑的枕套，在清洁上可以利用含有酵素成分的清洁剂来清洗，便可将汗渍去除。

Q 家庭床有什么好处?

A 有些父母会从出院的第一天起，就让宝宝睡在自己的房间里；有些父母希望宝宝睡在近旁，例如将摇篮放到父母房中；还有些父母则希望与宝宝共睡一张床，即为“家庭床”。共睡一张床可发展亲子间的亲密性，且亲子间的情感也比较强烈。这么做的另一个好处就是亲自哺乳的妈妈不用起床喂宝宝，每当宝宝需要喝奶时，只要转个身就可以给宝宝哺乳了。这种情形只适用于宝宝不会打搅到父母，而且妈妈能够很快睡着的情况。

Q 我家宝宝目前四个半月大，满月时回院做超声波检查，心脏超声波报告里写道：二尖瓣膜轻微闭锁不全、三尖瓣膜轻微闭锁不全、卵圆孔未闭合。医生告诉我完全不必担心，等宝宝6个月大再来复检。请问到底要不要紧?

A 这些问题不要紧，小孩子也不会有症状，只要半年后再追踪即可，请家长不用太过忧虑。

Q 宝宝流汗扑爽身粉好吗?

A 天气热，宝宝流汗时，父母经常会为他扑爽身粉。儿科专家指出，如果爽身粉长期使用不当，将会损害宝宝健康。

爽身粉中含有滑石粉，宝宝少量吸入尚可由气管的自卫机制排除；如吸入过多，滑石粉会将气管表层的分泌物吸干，破坏气管纤毛的功能，甚至导致气管阻塞。

使用爽身粉应注意：第一，使用时先在远离宝宝处将粉倒在手上，然后小心涂抹在宝宝身上，注意不要使爽身粉满天飞。第二，使用后盖紧盒盖并妥善收好，不要让小宝宝当成玩具。

PART 5

第5个月 男宝宝养育

男宝宝5个月体格发育指标

项目	年龄组	下限值	上限值
身高	5月	59.9厘米	73.9厘米
体重	5月	5.66千克	11.15千克
头围	5月	约为42.7厘米	
胸围	5月	约为43.8厘米	
牙齿	5月	长出下中切牙	
囟门	5月	逐渐骨化而变小	

第5个月 男宝宝日常保健

不要让宝宝长时间坐在小车里

宝宝车式样比较多，有的宝宝车可以坐，放斜了可以半卧，放平了可以躺着，使用很方便。但注意不能长时间让宝宝坐在宝宝车里，因为任何一种姿势时间长了都会造成宝宝发育中的肌肉负荷过重。另外，让宝宝整天单独坐在车子里，就会缺少与父母的交流，时间长了，影响宝宝的心理发育。正确的方法应该是让宝宝坐一会儿，然后父母抱一会儿，交替进行。

宝宝衣物能和大人衣物同洗吗

宝宝外衣可以和大人的家居服一起清洗，前提是大人必须没有感冒、没有患皮肤病或家中没有饲养宠物等。大人穿的牛仔裤、外裤、外套等，则不建议和宝宝的外衣一起清洗，因为这些衣物上的细菌较多，应尽量和宝宝的衣物分开洗涤，以免造成其他的污染。

至于宝宝的寝具，例如床单、棉被、枕头套等，倘若家人没有皮肤病或饲养猫狗，也可以和大人的寝具一起洗涤，重点是洗涤后最好都能经阳光暴晒杀菌。

洗宝宝衣物用什么洗涤剂

宝宝的衣物多半是纯棉材质，最好能选用中性的清洁剂来清洗，避免使用含有苯、磷化合物与荧光剂的清洁剂。洗衣肥皂的成分比较天然，不容易造成洗剂残留，较适合用来清洗宝宝的衣物。

如果宝宝生病了，宝宝的衣物需要经过特别的杀菌处理。可将衣物放在水温较高的水中浸泡后再清洗，或挑选具有杀菌、防螨、抗菌作用的中性洗剂来清洁。

衣物清洁剂容易让化学物质残留在衣物上，造成衣物纤维残留洗衣液、漂白水、柔软剂等成分，对于皮肤较敏感的宝宝来说，很容易引起接触性皮炎。建议在冲洗衣物的时候，多冲洗几次，让衣服几乎不会再产生泡泡，才算冲洗干净。

宝宝衣物收纳处不能放樟脑丸

宝宝衣物收纳的地方不可放置樟脑丸或含有酚类物质的除虫剂或干燥剂，因为这会让患有蚕豆病的宝宝产生急性溶血性贫血。而市面上销售的萘丸、樟脑丸，主要是由煤焦油或石油里提取的萘制作而成，并不是在天然樟脑中提炼的。科学研究发现，这种提炼升华出来的气体对人体有致癌的可能性，对宝宝的呼吸道也会造成不良影响。

宝宝生长迟缓的原因

一般而言，生长迟滞是宝宝的体重或身高的增加远落后于该性别、年龄应有的正常范围。宝宝生长迟滞，主因有二：一是总热量不足，二是营养分配不均。

医生会根据宝宝的体重、身高及头围数值，将其区分为三大类：

1 体重最差、身高其次、头围正常：这一类的宝宝多半由于饮食摄取不够造成，在检查有无肠胃问题之后，配合营养师的协助给予饮食指导。

2 只有身高较差：这类的宝宝可能有内分泌疾病，或是骨骼、软骨异常，应该做内分泌如生长激素的检查，同时看看骨龄是否正常。

3 身高、体重、头围都差：这一类的宝宝可能是胎内感染、怀孕时接触致畸形物质、染色体或基因疾病所造成。

第5个月 男宝宝喂养

添加辅食时应注意的问题

宝宝吃惯了奶，对另一种新的食物就会不接受。妈妈费劲儿做的辅食，他不张嘴吃，遇到这种情况不要勉强，换一种食物再喂。

对于宝宝的饮食不要照搬书本，不要太教条。吃多吃少、吃哪种食物还要根据宝宝的食欲和爱好灵活掌握。

给宝宝添加食物一定要讲究卫生，原料要新鲜，现做现吃，吃剩的不要再吃。

不要把大人的剩饭菜煮烂后给宝宝当辅食。

宝宝吃某种食物腹泻，要停止添加这种食物。

宝宝吃番茄、西瓜、胡萝卜后大便可能会有红色，或吃青菜后有绿色，这是正常的。

宝宝如果出现湿疹，可能是对某种蛋白质过敏。

只吃钙片不能预防佝偻病

单纯地给宝宝吃很多钙片并不能预防佝偻病，必须在适量的维生素D的促进下，才能使身体吸收的钙达到抗佝偻病的效果。

人体食入维生素D后，经过肝脏、肾脏的代谢，转变为有活性的维生素D，才能使肠道吸收钙、磷进入血液，维持血液中钙的正常浓度，并能将钙、磷输送到骨骼。所以说，只吃钙片不吃维生素D达不到预防佝偻病的目的。

解读男宝宝

很多父母认为男孩的本性就是好动、喜新厌旧的，小男孩的注意力很难培养。其实，通常男孩的注意力相对要比女孩集中，他们擅长完成一件事后再做另一件事。

哪些果蔬农药少

宝宝开始吃辅食，爸爸妈妈最担心的问题是："哪些果蔬可能含农药多、哪些果蔬含农药少？""怎么才能尽量让宝宝少吃农药？"

2008～2009年，绿色和平组织曾对北京、上海、广州三个城市中多家大型超市的17种蔬菜、水果进行过抽样检测，结果显示，农药残留量排在前三位的分别是：黄瓜，含有4～13种不同农药残留；草莓，含1～13种；油菜，含1～12种；其次为豇豆、砂糖橘、荷兰豆、扁豆、芥菜、小番茄和菠菜。总的来说，市场上90%多的果蔬都是符合国家农药残留标准的。尽管大多数果蔬是符合国家标准的，其所含农药量也不足以对成人健康构成损伤，但宝宝代谢能力差，有害物质通过肝、肾代谢摄入越多，宝宝肝肾负担就越重，因此我们还是要尽量减少宝宝农药的摄入。

因为各种原因，有些果蔬用的农药稍多一些，有些则稍少。胡萝卜、土豆、洋白菜、大白菜、生菜、香菜，用农药都比较少；而豇豆、洋葱、韭菜、黄瓜、番茄、油菜、茄子则用的农药比较多。一般来说，叶菜要比根茎类菜的农药残留多，因为它们的叶片柔软、水分多，虫子爱吃，根茎类埋在地底下不易招虫。樱桃、早桃、杏都属于打农药比较少的水果。但由于产地、品种等原因，每种蔬果的农药残留量有很大不同，不能一概而论。

1 豇豆、韭菜农药多；黄瓜、番茄杀菌剂多。豇豆比较爱长虫，种植时会用较大量农药。洋葱和韭菜一样，根部容易长韭蛆等害虫，常会灌较浓的农药，有些农药毒性较大，且容易残留。黄瓜和番茄的生长环境湿度大，易生病，一般用药量都比较大，尤其杀菌剂用得多。不过相对于杀虫剂，杀菌剂对人体的危害要小一些。

2 大白菜其实是放心菜。大白菜一般在秋季种，只在苗期用一些防治蚜虫、小菜蛾的杀虫剂，距离上市时间，也就是大家吃到菜的时间比较远，农药残留较少。生菜也是如此。

3 大棚蔬果农药少。大棚里可以用防毒网等物理方法防治害虫，因此打的农药比较少。露地菜看上去好像更天然，但防治病虫害的难度更大，用的农药会比大棚菜多。

4 冬季吃叶菜最安全。冬季和春秋季的叶菜类很安全，因为虫子少，几乎不打农药。夏季吃菜就要小心了，因为这时候不仅虫子多，而且温室大棚菜几乎都已经收完，菜市场里卖的，绝大多数都是露地菜，农药残留比较多。

5 有香味的菜可多吃。茴香、茼蒿、香菜等本身有一种很浓的香辛味，是天然的驱虫剂。虫子少，这些菜自然不用打农药了。

6 野菜。市售野菜中的蕨菜是真正长在山里的天然野菜，苋菜、荠菜几乎都是人工种的。苋菜用农药较少，荠菜易生蚜虫，用农药较多。

7 有虫眼的蔬果不安全。蔬菜水果上只有虫眼，没有虫子，说明虫子被农药杀死了。而且有虫眼的蔬菜施药时间离收割更近，农药分解少，残留高。

怎样去除果蔬污染

实验表明，用自来水将蔬菜浸泡10～60分钟后再稍加搓洗，可除去15%～60%的农药残留。不过，对于茄子、青椒和水果等表面有蜡质的果蔬，最好先泡后洗。要保持果蔬的完整，用流水冲洗。也可以用淡盐水或头一两次的淘米水浸泡，前者能让农药快速溶解，后者可中和农药毒性，但不要浸泡太长时间。此外，阳光照射可使蔬菜中的部分农药被分解、破坏。蔬菜在阳光下照射5分钟，有机氯、有机汞农药的残留量可减少60%左右。高温加热也可以使农药分解，比如用开水烫。一些耐热的蔬菜，如菜花、豆角、芹菜等，洗干净后再用开水烫几分钟，可以使农药残留下降30%，再经高温烹炒，就可以清除90%的农药。

蔬菜去皮可以减少农药残留。黄瓜、茄子等农药用得多的蔬菜和大部分水果，最好去皮吃。吃苹果最好少吃果核周围的部分，因为果核的缝隙会导致农药渗入。

果蔬洗涤剂中的苯环含毒性很高，在果蔬上残留导致的危害性可能比农药残留还严重，而且并不能对所有农药都起到作用。果蔬解毒机使用臭氧水消除蔬果表面的农药，它更多的是起到杀菌作用，对有些农药的化学结构很难破坏。

怎样控制宝宝的体重增长

这个时期能吃的婴儿无论给多少奶也总是显出吃不够的样子，但不能为了满足婴儿的食欲而无限制地增加奶量，因为这很容易使婴儿成为肥胖儿。因此，人工喂养的婴儿必须每10日测一次体重。

正常婴儿在这个时期每10日增重150～200克。如果增重200克以上，就必须加以控制，超过300克就有肥胖的倾向。这时父母可在喂奶之前或喝完奶后适当给些果汁或浓度小的酸奶。

不管宝宝多么能吃，每日的总量应该控制在1000毫升以内。

大多数婴儿是每日吃5次奶，每次200毫升，也有的婴儿200毫升不够吃。如果宝宝晚上睡觉前喝250毫升奶后一夜不醒，可以在睡前给予250毫升，但要适当减少白天的奶量，即5次奶中要有一次减少至150毫升，不够的部分可以用果汁或菜汤补充。

宝宝辅食制作

浓米汤

原料：大米（小米、高粱米均可）25克。

做法：将大米、小米、高粱米取其中一种，淘洗干净，放入锅内，添入适量水，大火煮沸，转小火煮成烂粥，取米汤饮用。

注意：在上午10时的喂奶时间添用，每天一次，每次2汤匙，以后逐渐增加到4汤匙。此米汤适宜缺奶的婴儿食用。开锅后用微火熬，要熬到米开花、米汤发黏。

综合蔬菜米糊

原料：胡萝卜、小白菜、小油菜各15克，婴儿米粉适量。

做法：

1 将准备的所有青菜洗净，切碎。

2 将青菜放入沸水中，约2分钟熄火。待水稍凉后，将青菜滤出，并留下菜汤。

3 将蔬菜汤加入婴儿米粉中即可。

炒面糊

原料：大米、大麦、黏米各15克。

做法：

1 将大米、大麦、黏米等谷物放在蒸锅里蒸。

2 将蒸后的食物晾干，炒制后。磨成粉，制成炒面。

3 将炒面用40℃的水冲开搅匀。

注意：喂孩子炒面糊时要注意水是否过热。若在炒面原料中加入大豆、芝麻等，并用配方奶替代水，则更有营养。

果汁藕粉糊

原料：藕粉30克，水100毫升，时令新鲜水果40克。

做法：

1 将水果榨成汁。

2 把藕粉和水放入锅内均匀混合用微火熬，边熬边用勺搅拌。

3 10分钟后加入果汁，再煮至藕粉糊呈透明状为止。

蔬菜米汤

原料：大米、胡萝卜各20克，土豆10克。

做法：

1 将大米淘洗干净，并用水泡好。将土豆和胡萝卜切成小块。将大米和切好的蔬菜倒入锅中加适量的水煮。

2 将煮好的材料过滤出汤汁喂宝宝，可适当加些配方奶。

特点：蔬菜米汤含有丰富的蛋白质、脂肪，并含有多种维生素及矿物质，能够促进宝宝健康成长。

肉汤蛋糊

原料：蛋黄1/4个，肉汤1大匙。

做法：

1 将鸡蛋洗净，入锅煮熟，取出蛋黄并捣碎。

2 将蛋黄与肉汤和在一起，搅拌均匀即可。

第5个月 男宝宝早教

给5～8个月宝宝选玩具

现在宝宝喜欢做某些重复的行为，已经能移动身体，再加上手抓握的能力更好，因此主动性变强了，会自行找东西玩，特别喜欢能与他有互动、会随着他的行为有不同反应的玩具，这些玩具有基本的因果概念，例如，不倒翁、一触摸就会有音乐和色彩变化的玩具等。同时，滚动的球以及被摇动时会发出特殊声音的摇铃都是宝宝喜欢的玩具。

另外，宝宝不再只喜欢对比强烈的颜色，较大之后，只要是鲜艳的色彩都能吸引他的注意，这也是婴幼儿玩具多半是黄、红、蓝等颜色的原因。

建议购买的玩具

有简单因果关系的玩具：这指的是宝宝只需有一个动作，例如用手拍、抓、摇、推、压，或是脚踢玩具，玩具就会出现一个反应，常见的有可拍打的小鼓、一推就滚动的球、摇铃、不倒翁、可转动的小熊等，若再搭配上音乐，就更受宝宝喜爱了。

多重操作盘：这一类玩具也具有因果关系，宝宝手部可进行的动作很多。它通常是一个面板，上面设计了很多小玩具或是游戏，可让宝宝按、压、拉、拨按钮或是转动物体，而每种物体的反应也不同，如碰触小狗图案会发出“汪汪”的声音，按压B按钮会跳出某只动

物，而上面的小熊玩偶只要用手一拨就会转动。等到宝宝较大之后，爸妈还能带着他认识不同的动物或物体外形。

玩具DIY

爸妈可以自行制作会发出声音的玩具，例如，利用现成的小盒子，将小东西放在里面，当摇动盒子时就会发出声音。或是使用珠珠做成小球，同时在里头放入一个小铃铛，那么这个小球既可滚动，宝宝用手摇动时还会发出声音。

对宝宝进行综合感官方面的训练

5个月的宝宝对周围环境更感兴趣了，因此很有必要改变一下环境的布置，使他有新鲜感以便提高他观察、探索的兴趣和能力。不仅床单、衣服，小床周围的玩具、物品，还有墙壁四周和天花板上的色块，小动物头像、图案也要适当变换。研究表明，在明快的色彩环境下生活的宝宝，其创造力远比在普通环境下生活的宝宝要高。白色会妨碍宝宝的智力发育，而红色、黄色、橙色、淡黄色和淡绿色等却能发展宝宝的智力。

要让宝宝多看、多听、多摸、多嗅、多尝、多玩。要让宝宝有机会接触更多的物品，同时要注意安全，玩具物品应当轻软、有声有色、无毒、无棱角、卫生、不怕啃、不易吞吃、易于抓握玩耍。最好用橡皮筋悬挂玩具，使他能将抓到的玩具拉到自己眼前仔细观察摆弄。注意不要让宝宝把绳子绕在脖子上，要防止玩具上的小珠子、橡胶玩具里的金属哨子等脱落，而被宝宝误吸入气管里。让宝宝玩玻璃镜子时一定要有大人相伴。还可以让他闻闻醋，尝尝酸，嗅嗅香皂、牙膏，听听钟表走、闹钟响的声音，带他上街进公园，观察一下动植物和热闹的人群，增长见识。更重要的是要让他把视、听、触、嗅、尝、运动等感觉联系起来进行综合感官训练。每玩一样东西都应给他看，讲给他听。能摸的都要摸一摸，能摇动的都要摇一摇，锻炼宝宝完整的感知事物的能力。

育儿难题 Q&A

Q 婴儿米粉的主要成分是什么?

A 宝宝长到4~6个月时，应该及时科学地添加辅食，其中很重要的就是婴儿米粉。婴儿米粉的主要营养成分是碳水化合物，是一天的主要能量来源。小宝宝吃米粉，像我们大人吃饭一样，是为了消除饥饿，补充能量。需要提醒妈妈们的是，添加婴儿米粉的同时，还应坚持母乳或配方奶喂养，两种食物在这个阶段是同等重要的。

Q 宝宝多大时可吃婴儿米粉?

A 宝宝在3个月内唾液分泌非常少，唾液中所含的淀粉酶和消化道里的淀粉酶也是相当少的，如果这个时候就给宝宝喂婴儿米粉，很不容易消化。一般来说，在宝宝4个月时，可以开始为宝宝添加米粉，由少到多，逐量添加。米粉可以吃多长时间，并没有具体规定，等宝宝的牙齿长出来，可以吃粥和面条时，就可以不吃米粉了。

Q 怎么选择婴儿米粉?

A 按常规，米粉的分类是按照宝宝的月份来分阶段的。第一阶段是4~6个月的婴儿米粉，此阶段的米粉中添加和强化的是蔬菜和水果（有的也会添加一些蛋黄），而不是荤的食物，这样有利于小宝宝的消化。第二阶段是6个月以后，此时婴儿米粉里常常会添加一些鱼、肝泥、牛肉、猪肉等，营养就会更为丰富。妈妈选择米粉时，可以按照宝宝的月份来选择不同配方的米粉。当然，除了注意月份，妈妈还可以根据自己孩子的需要，挑选不同配方的米粉，如交替喂食胡萝卜配方和蛋黄配方的米粉等，以让宝宝吃得更均衡、更全面一些。

Q 婴儿米粉中的添加物对宝宝有益吗?

A 现在婴儿米粉都会添加各种各样宝宝容易缺失的维生素和矿物质。对于市场上比较正规的婴儿米粉品牌，妈妈可以按照它的说明书指导去喂养。但是如果是

不合格产品，则可能会添加防腐剂等不利于宝宝健康的成分，所以妈妈们在购买时，一定要注意选择。

Q 宝宝奶量变小怎么办?

A 6~12个月的宝宝，总奶量通常不会再大量增加，甚至会逐渐减少。家长应先看看宝宝的生长发育是否正常。“生长”指的是体重、身长、头围，可参考幼儿保健手册中的生长百分位是否已低于第3百分位，或是否在短时间内急速下降。“发育”指的是宝宝到了该月龄的功能是否已经成熟，如三个月翻身、五六个月坐、七八个月会爬等。

Q 宝宝枕头上掉了一堆头发是怎么回事?

A 有些家长看到宝宝在枕头上遗留一堆毛发，或是看到宝宝头上一块块没有毛发的块状，就担心宝宝是否会发生秃头危机。初生宝宝掉发是正常现象，家长不必紧张。从妈妈肚中带出的胎毛，一出生后就会开始慢慢掉落。宝宝只要在枕头上摩擦头部就会让胎毛掉落，洗头时也会掉，在枕头上摩擦的部位不同，会影响胎毛掉落的位置。而胎毛掉落后，新的头发需要两三个月的生长时间才能将掉落部位的毛发补足，在这种青黄不接的时期，就会发生宝宝头上一块块没有头发的状况，家长需要一点耐心等待。但若是宝宝胎毛掉后过了三四个月甚至更久没有长出新的头发，就要注意宝宝是否有营养不足或是其他身体上的问题，必须就诊询问医生的意见。

Q 宝宝的头毛天生比较偏黄，长大会变黑吗?

A 宝宝刚出生的头毛就是在妈妈肚子中长的胎毛，胎毛的确比较细软，而且颜色偏黄。宝宝来到这个世界后长的毛发就已经不再是胎毛了，而称为头发。大约在10个月大之前，宝宝的胎毛会渐渐掉落而头发会慢慢生长，这段时间是胎毛与头发转换的时期，新长出的头发会比胎毛硬，颜色也会比较深，这是家长认为宝宝长大头发会变黑变硬的原因。

PART 6

第6个月 男宝宝养育

男宝宝6个月体格发育指标

项目	年龄组	下限值	上限值
身高	6月	61.4厘米	75.8厘米
体重	6月	5.97千克	11.73千克
头围	6月	约为43.6厘米	
胸围	6月	约为44.2厘米	
牙齿	6月	长出下中切牙，上中切牙	
囟门	6月以后	逐渐骨化而变小	

第6个月 男宝宝日常保健

6个月的宝宝学坐

一般来说，6个月至6个半月的婴儿开始学坐，但是如果倾倒了，就无法自己恢复坐姿，一直要到8～9个月大时才能不需任何扶助，自己也能坐得好。宝宝坐得稳了，表示其骨骼发育、神经系统发育、肌肉协调能力等渐渐趋于成熟。当然，此时宝宝的颈部发育也慢慢稳定了。

训练宝宝坐稳主要是训练宝宝腰、背部肌肉和脊柱肌肉的力量，开阔视野，诱导宝宝活动的范围更大，使他探索的世界更宽广。刚开始坐的时候是向前倾着坐的，慢慢地他才能把腰直起来像大人一样坐着。刚开始练习坐着的时候3～5分钟就可以了，以免宝宝的脊柱受到过大的压力。

在宝宝学会坐的时候，应该特别注意宝宝坐的时间不宜太久，因为这个阶段宝宝脊椎骨尚未发育完全，如果长时间让宝宝坐着，容易发生脊椎侧弯，造成生长损伤。

要注意的是，如果过早学坐，脊柱过早负重，由于脊椎骨缺钙柔软，背部肌肉不发达，自然会出现脊柱侧弯畸形或驼背，并随年龄增长逐渐加重，可造成永久性体态异常，既不美观又有碍健康，酿成终生痛苦与遗憾。

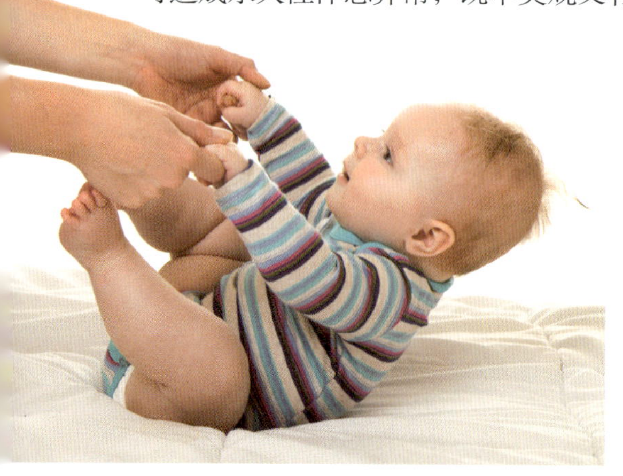

另外，不要让宝宝采取跪姿使两腿形成“W”状或将两腿压在屁股下，如此都容易影响将来腿部的发展，最好的姿势是采用双腿交叉向前盘坐。

有些宝宝坐着时背脊突出，说明宝宝太瘦了；如果发现在背脊突出处有皮肤颜色异常的状况，就更需小心留意。

宝宝蹬被子怎么办

要想解决宝宝爱蹬被子的问题，就必须找出宝宝爱蹬被子的原因，并采取相应的改进措施。一般来说，宝宝爱蹬被子有以下几种原因。

被子太过厚重

因为爸妈总担心宝宝受凉，所以给宝宝盖的被子大多比较厚重。其实除新生儿或3个月以内的小婴儿需要保暖外，绝大多数宝宝正处于生长发育的旺盛期，代谢率高，比较怕热；加上神经调节功能不成熟，很容易出汗，因此宝宝的被子总体上要盖得比成人少一些。

如果宝宝盖得太厚，感觉不舒服，睡觉就不安稳，最终蹬掉被子后才能安稳入睡；而且，被子过厚过沉还会影响宝宝的呼吸。因此，给宝宝盖得太厚反而容易让宝宝蹬被子受凉；少盖一些，宝宝会把被子裹得好好的，蹬被子现象也就自然消失了。

不妨实验一下，看什么样的被子使宝宝睡觉更安稳。第一天先按你的想法盖被子，四周严实；第二天稍减一些被子，四周宽松；第三天再减一些被子，脚部更轻松一些。每天等宝宝睡熟2～4小时后观察情况，你会发现，被子越厚，四周越严实，宝宝蹬得越快。所以，建议给宝宝少盖一些，宝宝就会把被子裹得好好的，蹬被子现象自然消失。

睡眠时感觉不舒服

宝宝睡觉时感觉不舒服也会蹬被子。不舒服的常见因素有：穿过多衣服睡觉、环境中有光刺激、环境太嘈杂、睡前吃得过饱等。这样，宝宝会频繁地转动身体，加上其神经调节功能不稳定，情绪不稳或出汗，结果将被子蹬掉了。

疾病导致睡不踏实

患有佝偻病或贫血或感觉统合失调的孩子夜间睡不踏实，爱出汗，惊醒。

怎样给宝宝自制睡袋

睡袋的款式有很多种

长方形：如信封样，用一条小被子对折，侧边安拉链。这种睡袋结构简单，使用双头拉链底部可以打开，方便更换尿片。但是由于睡袋下部尺寸偏小，束缚了宝宝双腿的活动，宝宝也不喜欢使用。

上窄下宽形：为圆底设计，颈部收窄，防止宝宝溜出睡袋或钻到睡袋里，底部圆大，让宝宝双腿可以自由活动，增加了宝宝睡眠的舒适度。

大衣形：有袖、帽，给宝宝穿上睡觉，可随宝宝的身高调节睡袋的长度。

袖被形：普通被子上多出两只袖子。介于睡袋和被子之间，既可以有盖被子一样的舒适和活动自由，又防止了宝宝睡觉时乱动导致的露被着凉。用一个压在宝宝身下的带子，保证被子不会掉。

婴儿睡觉时双手上举，双腿膝盖向外弯曲，并需要频繁更换尿片；睡眠中手上下挥舞，双腿如青蛙划水状运动，极易把被子蹬掉；要是限制手脚活动，则会哭闹。遇到这些情况应该选用宽松型的睡袋，不要给宝宝束缚感。

缝制上窄下宽形睡袋的步骤

❶ 将小被子从中间裁成两块

❷ 剪成上窄下宽、底部为弧形的两片

❸ 将侧面和底部缝合好

❹ 在入口的两边缝上带子即可

预防宝宝夜惊

有的宝宝夜里睡觉时突然惊醒，醒后大叫，并有惊恐的表情，有时一夜惊醒数次或连续几夜都发生，搞得父母和宝宝都休息不好。

首先应注意养成宝宝良好的睡眠习惯，睡觉时不要趴着，仰卧位时双手不要放于胸前，以免压迫心脏影响血液循环；也不要蒙着头睡觉，以免造成大脑缺氧。其次是在入睡前不要剧烈活动，父母也不要讲惊险可怕的故事，不要和宝宝嬉戏打闹，否则会使宝宝大脑处于一种兴奋状态，夜间容易做噩梦而惊醒。再次，平时也不要打骂和恐吓宝宝，如说“不听话，大灰狼就来咬你”等话，这样会使宝宝的精神高度紧张。最后，有些疾病如癫痫、哮喘等，也可造成宝宝夜惊，父母应注意观察，发现异常情况，及时到医院就诊。

男孩睡觉为什么爱出汗

1岁以下的男宝宝睡觉总是出汗，这是什么原因造成的呢?

一般而言，如果宝宝只是出汗多，但精神、面色、食欲均很好，吃、喝、玩、睡都正常，就不是有病。那是因为男宝宝新陈代谢旺盛，产热多，体温调节中枢又不太健全，调节能力差，只有通过出汗来进行散热，这是正常的生理现象。父母要做的，就是经常给宝宝擦汗。

但若宝宝出汗频繁，且与周围环境温度不成比例，尤其是夜间入睡后出汗多，同时伴有其他症状，如低热、食欲缺乏、睡眠不稳、易惊等，就说明宝宝有些缺钙；如还有方颅、肋外翻、O形腿、X形腿症状，则说明缺钙较严重，需合理补充钙及鱼肝油。此外也有可能是患有结核病和其他神经血管疾病以及慢性消耗性疾病造成的，这时父母应该带宝宝去医院检查，找出病因，及时治疗。

宝宝的乳牙萌出

乳牙共有20颗，上下颌的左右侧各有5颗。乳牙从生后6个月长出（最早4个月，最晚12个月），2岁至2岁半时出齐。出牙是一种生理现象，个别宝宝可有暂时性流涎、睡眠不安及低热等现象。

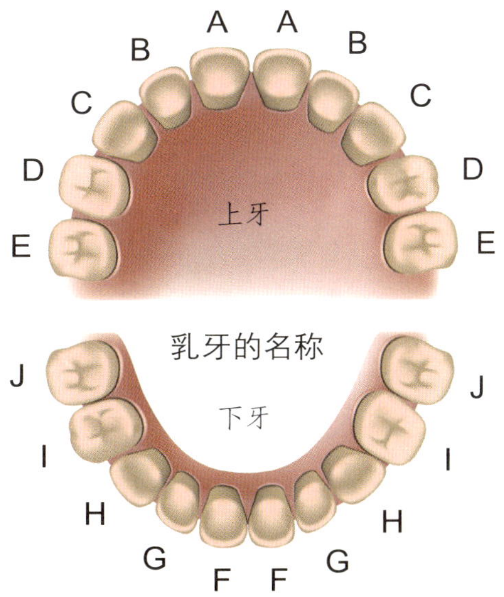

A：乳中切牙 B：乳侧切牙 C：乳尖齿 D：第一乳磨牙 E：第二乳磨牙 F：乳中切牙 G：乳侧切牙 H：乳尖齿 I：第一乳磨牙 J：第二乳磨牙

宝宝萌出的乳牙数目，可用公式计算：乳牙数=月龄－6（或4）

例如，13月龄的幼儿，其估算方法是：13－6（或4）=7（或9），即宝宝的乳牙应是7～9颗。

乳牙的萌出有一定的发育顺序，见下表：

乳牙发育顺序表

牙名	上颌	下颌
乳中切牙	6～8月龄	5～7月龄
乳侧切牙	7～10月龄	8～12月龄
乳尖牙	16～24月龄	16～24月龄
第一乳磨牙	18月龄	18月龄
第二乳磨牙	20～30月龄	20～30月龄

男孩是不是牙长得慢

宝宝6～7个月时，就会开始长出下面的2颗门牙。我们常听到一些家长这么担心："人家隔壁的小女孩6个月就长出4颗牙了，我儿子却连半颗都还没长。"牙齿的生长跟性别的差异并没有关联，而是属于个体的差异。一般来说，我们无法预测宝宝长牙的速度。但肯定的是，牙长得慢绝不代表发育比较迟缓。

正常的婴儿，一般半岁就要出牙了，早的甚至在出生4个月就萌牙，而晚的在10个月仍未出牙，排除疾病的原因的话都属正常。如果超过12个月仍未出牙，医学上称为"乳牙迟萌"，那就要到医院诊断了。乳牙迟萌常见的原因有如下几点。

1 缺钙，这是最常见的原因。

2 内分泌代谢障碍，如甲状腺功能低下，也会妨碍牙胚形成，延迟乳牙萌出。

3 某些传染病，以及先天性骨髓发育不全等，都会使牙齿生长发育受到影响。

家长要注意加强孩子体格锻炼，让他多晒太阳；4～5个月后，可以喂孩子吃一些面包干、硬饼干等，有利于婴儿乳牙及时顺利地萌出；宝宝4个月开始添加辅食，7～8个月时开始添加固体食物，有助于训练宝宝口腔运动和咀嚼功能。补钙一段时间后，孩子很快就会长出牙齿。

第6个月 男宝宝喂养

6个月宝宝吃多少

为了宝宝的健康，希望做妈妈的坚持母乳喂养到6个月。

如条件不允许可人工喂养，奶量不再增加，每天喂3～4次，每次喂150～200毫升。可以在早上6：00时、中午11：00时、下午17：00时、晚上22：00时各喂一次奶。上午9：00～10：00及下午15：00～16：00添加2次辅食。

6个月的宝宝每天可吃2次粥，每次半碗到一小碗，可以吃少量烂面片，应保证每天一个鸡蛋黄，每天要喂些菜泥、鱼泥、肝泥等，但要从少到多，逐渐增加辅食。

注意预防宝宝缺铁

缺铁性贫血是6个月到2岁的婴幼儿最常见的疾病。宝宝出生后体内储存的铁只能满足4个月生长发育的需要，而4～6个月的宝宝，体重、身高迅速增长，对铁的需要量增加，因此，容易发生缺铁性贫血。轻度贫血的症状不明显，待有明显症状时，多已属中度贫血，主要表现为口腔黏膜、眼结膜及指甲苍白；肝、脾、淋巴结轻度肿大；食欲减退、烦躁不安、注意力不集中、智力减退；明显贫血时心率增快、心脏扩大、常并发感染等。化

验检查血中红细胞变少，血红蛋白数降低，血清铁蛋白降低。

具体预防措施：

- 坚持母乳喂养，因母乳中铁的吸收利用率较高。
- 及时添加含铁丰富的辅食（如蛋黄、鱼泥、动物肝泥、肉末、动物血等）。
- 及时添加绿色蔬菜、水果等富含维生素C的食物，促进铁的吸收。
- 应当用铁锅、铁铲做菜做汤，粥、面不能在铝制餐具里放得太久，因为铝可以阻止人体对铁的吸收。
- 定期检查血红蛋白数，出生6个月、9个月时需各检查一次。

增强男宝宝的咀嚼能力

5～6个月的宝宝渐渐萌出牙齿，要有意识地帮助宝宝学习咀嚼，开始时可用烂粥、烂面条让宝宝感觉半流质食物并适应它。然后给宝宝磨牙棒，让宝宝啃咬。也可给宝宝吃馒头和烤面包，会促进宝宝牙齿的发育。随着宝宝的长大，要改变食物，从流质到半流质，软质到固体，增强宝宝的咀嚼能力。

上班族妈妈成功喂母乳

妈妈重返职场以后，照顾宝宝者将以其他方式喂乳。在这样的情形下，上班族妈妈回家后会遇到什么样的状况呢？

乳头混淆

乳头混淆，是宝宝使用奶瓶奶嘴后不再喜欢吸母乳，拒绝妈妈的乳房。

避免乳头混淆产生的方法是使用杯子、汤匙来喂食母乳，这样一来，宝宝不会接触奶嘴，也就无从发生这个问题了。即便如此，妈妈仍应尽量延后给宝宝吸吮奶瓶奶嘴的时间，千万不要抱着先让宝宝熟悉奶瓶奶嘴的想法而提早使用这些工具。

1 可以选择流速较慢的奶瓶奶嘴喂食，这样的奶嘴需要宝宝花费力气吸吮，因此较接近吸吮乳房的经验，可让宝宝在两者的转换上比较容易适应，也较不会拒绝吸吮妈妈的乳房。测试流速快慢的方法是将奶瓶倒立，当奶水是以一滴两滴的方式流出，而不是如小水柱般倾倒而出，就是流速较慢的奶瓶奶嘴，反之，则不适合使用。

2 多让宝宝接触妈妈的乳房。假使宝宝发生乳头混淆，不愿意吸吮妈妈乳房，妈妈要做的第一件事就是放轻松，不要太紧张。下班之后，多让宝宝接触乳房，引发他探索乳房的兴趣。

3 喂奶前先挤出奶水。宝宝不愿意吸吮乳房也有可能是奶水一开始出来的量较少，这时候妈妈可以在喂奶前先挤出一些奶水，使奶水的流速变快，这个时候宝宝可能会比较愿意吸吮。

4 在宝宝肚子有点饿时喂母乳。在宝宝肚子有点饿时喂母乳，宝宝会比较有耐心吸吮乳房。

5 在宝宝想睡觉时喂母乳。想睡觉的宝宝分辨能力较差，这时候就可以试着让他接触妈妈的乳房，并且吸吮。

拒吃奶瓶

有一些宝宝因为熟悉与习惯吸吮母乳，反而会拒绝用奶瓶奶嘴喝奶。妈妈可以尝试以下方法。

1 使用杯子或是汤匙喂奶。因为这些器具与妈妈的乳房完全不同，宝宝一般不会与吸吮乳房的经验做比较。

2 注意奶水的温度。宝宝拒绝喝奶瓶中的奶水，有可能是因为奶水的温度过高或过低。一般来说，冷藏的奶水退凉后就可喂食，若要隔水加热，无论是冷藏或是冷冻的奶水都不要超过60℃。

3 模拟宝宝喝母乳的情境与感觉。例如，请照顾者以妈妈哺乳的姿势抱宝宝；或是先挤出一点奶水在奶嘴上，让宝宝闻到奶水的味道，吸引宝宝吸吮奶瓶奶嘴。

宝宝白天喝太多

如果宝宝白天喝的奶水量太多，有可能导致晚上不喝奶，而妈妈如果缺少宝宝直接吸吮的刺激，久而久之，奶水分泌的量可能会减少。因此假使宝宝白天喝的奶水量增加，有必要采取一些方法来加以改善：

> **解读男宝宝**
>
> 心理学家发现父母跟男孩说话的次数远低于跟女孩说话。母亲可能会狠狠地体罚男孩，但很少这样对待女孩。
>
> 父母通常不知道的是，男孩长得既快又壮，却不愿与母亲分开。与女孩相比，分离更容易使男孩感到焦虑。

1 奶瓶中的奶水流速是否过快。如果奶水流速过快，宝宝所喝的奶量自然就会增加，解决办法就是改用奶嘴洞口较小的奶瓶，避免出现这个现象。

2 照顾者不要用喂奶安抚宝宝，使宝宝喝奶太多。

3 宝宝吸吮的欲望可能较强。可改用孔径较小的奶瓶奶嘴，宝宝喝奶时就会需要较长的吸吮时间，延长两餐之间的间隔时间，这样一来，不必担心奶水量因此变多。

宝宝白天喝太少

排除宝宝身体不适的情况，而单纯就一个母乳转换成以其他方式喝奶的过程来看，宝宝白天奶量太少有几个可能的原因：

1 想吸吮妈妈乳房。宝宝虽然没有拒绝奶瓶，但是可能还是习惯吸吮妈妈的乳房，想等到妈妈下班后再喝奶。如果是这样，不必强迫宝宝白天非得喝多少，因为宝宝有能力将白天不足的量补回来。所以这个时候要看的是宝宝一天喝的总奶量。而妈妈回家后最好尽可能多跟宝宝在一起，让宝宝想喝奶时就能喝奶。

2 不喜欢解冻奶水的味道。母乳冷冻后再加热的味道与宝宝直接吸吮到的味道不同，前者有皂味或是腥味较重，可能会使宝宝不想喝。另外，奶水中的活细胞也会降低。母乳越新鲜越好，因此，挤出来的母乳尽量冷藏，不要冷冻。在喂食的时候也尽量给最新鲜的奶水，无论是喝冷藏或是冷冻的奶水，应该优先给予宝宝最新鲜的奶水，而不是先喝日期较早的奶水，而冷冻起来的奶水则是作为不备之需，万一奶水不够时再使用。

宝宝辅食制作

香蕉奶糊

原料：香蕉25克，黄油少许，肉汤、配方奶、面粉各适量。

做法：

1 将香蕉去皮之后捣碎。

2 用黄油在锅里炒制面粉，炒好之后倒入肉汤煮并用木勺轻轻搅。

3 煮至黏稠时放入捣碎的香蕉，最后加适量配方奶略煮即可。

特点：香蕉易消化吸收，热量较其他水果高，糖分含量也高。对于有胃肠障碍或腹泻的婴儿更适宜。

土豆苹果糊

原料：土豆、苹果各25克，海带清汤3大匙。

做法：

1 将土豆和苹果去皮。将土豆炖烂之后捣成土豆泥，苹果用擦菜板擦好。

2 将土豆泥和海带清汤倒入锅中煮。

3 在擦好的苹果中加入适量的水，用另外的锅煮。

4 煮至稀粥样时即可将火关掉，将苹果糊放在土豆泥上。

胡萝卜糊

原料：胡萝卜、苹果各25克。

做法：

1 将胡萝卜洗净之后炖烂，并捣碎。苹果则削好皮用擦菜板擦好。

2 将捣碎的胡萝卜和擦好的苹果加适量水用文火煮5分钟即可。

牛奶鸡蛋糊

原料：配方奶200毫升，白糖15克，面粉10克，蛋黄1个。

做法：在锅内放入150毫升配方奶，煮开，依次加入白糖、面粉，同时用勺搅拌均匀。蛋黄用50毫升配方奶调成糊状，加到锅内，微火煮至黏稠状，凉凉即可。

蛋黄泥

原料：鸡蛋1个（约60克），配方奶120毫升。

做法：

1 将鸡蛋煮熟，取出蛋黄。

2 将蛋黄研碎，加入水或配方奶小半杯，用勺调成泥状即可。

注意：宝宝不过敏可以在4个月时加蛋黄，从1/8个开始，逐渐增多，半岁以后增加到1个。

豌豆糊

原料：豌豆20克，肉汤2大匙。

做法：

1 将豌豆炖烂，并捣碎。

2 将捣碎的豌豆过滤一遍，与肉汤和在一起搅匀。

特点：豌豆对腹泻有显著疗效。豌豆含丰富的蛋白质、维生素B_1、维生素B_6和胆碱、叶酸等，味道也比大豆好，婴儿大多不会排斥。豌豆对红便也有显著疗效。

鸡肝糊

原料：鸡肝15克，鸡架汤50毫升。

做法：

1 将鸡肝放入水中煮，除去血后再换水煮10分钟，取出剥去鸡肝外皮，将肝放入碗内研碎。

2 将鸡架汤放入锅内，加入研碎的鸡肝，煮成糊状即成。

特点：此菜含有丰富的蛋白质、钙、铁、锌及维生素A、维生素B_1、维生素B_2和烟酸等多种营养素。尤以维生素A、铁含量较高，可防治贫血和维生素A缺乏症。

鱼糊

原料：新鲜去皮去骨刺鱼肉50克，海味汤、白糖、酱油少许。

做法：

将海味汤放入锅内，加入研碎的鱼肉，并加入白糖、酱油少许，边煮边搅拌均匀，煮至糊状即可。

虾糊

原料：大虾1只（约30克），肉汤50毫升，淀粉少许。

做法：

大虾用开水煮15分钟，捞出去皮，放入容器中研碎后，再放入肉汤煮熟，然后加入用水调匀的淀粉，使其呈糊状后即可。

特点：营养丰富，易消化，富含磷、钙，对小儿有补益功效。

第6个月 男宝宝早教

培养快乐男孩

解读男宝宝

男孩大脑成长得比女孩慢，因此他们的情感比女孩更加脆弱，他的肌肤需要通过触摸得到满足，获得足够的安全感，所以多抱抱他吧。

情绪是宝宝的需求是否得到满足的一种心理生理反应。从出生到半岁、再到1岁，是宝宝的情绪萌发时期，也是情绪健康发展的敏感期。半岁时，在他身上似乎产生了一种欢快的情绪惯性，一种身心反应的稳定模式。这是由于妈妈对满足他的需求的敏感性，妈妈的温暖的胸怀、香甜的乳汁、富有魅力的眼神和音容笑貌，以及和他一起活动和游戏的快乐时光，使他经常产生欢快的情绪，从而建立起对妈妈的依恋和对周围世界的信任。

那些缺乏细心照料、需求经常得不到满足的宝宝，起初还用哭叫来呼唤亲人的爱抚，渐渐的，他发现这些努力都是徒劳，便会减少哭叫，情感就会变得淡漠起来。宝宝1～2岁时，我们可通过宝宝经常的活动和举止区别出个性倾向不同的宝宝来，如经常快乐的或郁郁寡欢的、活泼的或冷淡的、敏感的或迟钝的、好交际的或羞怯的等。实际上，宝宝还在襁褓中，这些秉性就被妈妈的育婴方式、妈妈与宝宝情感交流的质量所左右了。因此，那种怕宝宝抱惯了，而对宝宝的情感需求漠然置之的做法不可取。

要注意，不要在生人刚来时，突然离开宝宝；也不能用恐怖的表情和语言吓唬宝宝；更不能把自己在工作中的怨愤发泄在宝宝身上，对宝宝冷落、不耐烦，甚至打骂等。

要使宝宝经常绽开幸福的笑脸，你就必须经常调节并保持愉快的情绪状态。经常愉快将使你的宝宝开放心理空间，接收和容纳更多的外界信息，更主动地接近他人，探索周围的世界，为心理健康奠定基础，为智力发展提供一片欢乐的“绿洲”。

育儿难题 Q&A

Q 我有个小宝宝6个月大，喝母乳，但未长牙，我有尝试喂他吃粥、水果泥，但他总是吐出来，这样还要继续喂吗？

A 通常开始给宝宝尝试固体食物，至少要试8~10次才会成功，所以妈妈不要灰心，一次只试一种新的辅食，每次的量不要太多，一小口一小口慢慢来，通常就会成功的。等一种辅食适应了一个星期后，再尝试另一种新的辅食。

Q 医生通常建议过敏宝宝满6个月之后再添加辅食，我的宝宝没有过敏现象，也没有家族史，但我想让他也满6个月以后再吃辅食，这样对他的肠胃是不是比较好？

A 对于健康的宝宝来说，在适当的时间添加辅食是非常重要的，这不仅是因为较大的婴儿需要母乳以及其他食物的营养，而逐步添加辅食也是建立迈向成人饮食的重要过程。因此，除非宝宝有过敏家族史、过敏症状，或有其他代谢异常等疾病，否则不应该延后添加辅食的时机。

Q 宝宝不肯吃辅食怎么办？

A 假使宝宝较难接受新食物，最好在他肚子饿的时候先喂食辅食，不要等到宝宝喝完奶之后再来尝试。另外，喂食的环境相当重要，尽量要让宝宝专心地吃东西，不要边吃边玩，分散注意力。有时候如果有大人或是其他婴幼儿在进食，也会吸引他吃东西，要把握的大原则就是有耐心地慢慢引导他接受新食物，千万不要强迫宝宝进食。

Q 宝宝不喝解冻母乳怎么办？

A 对上班族妈妈来说，喂母乳实在不易，若宝宝不肯喝解冻后的母乳更令人困扰。因此建议妈妈不妨等宝宝很饿时再喂奶。当宝宝饿到发慌，对解冻后的母乳的接受度自然就会提高。倘若宝宝就是不喜欢解冻后的母乳，但妈妈在上班期间又无法回家哺乳，那么妈妈可以参考搭配“配方奶+母乳”的哺喂方式，即上班期间，请家人或保姆先帮忙哺喂配方奶，等妈妈下班后再哺喂母乳。

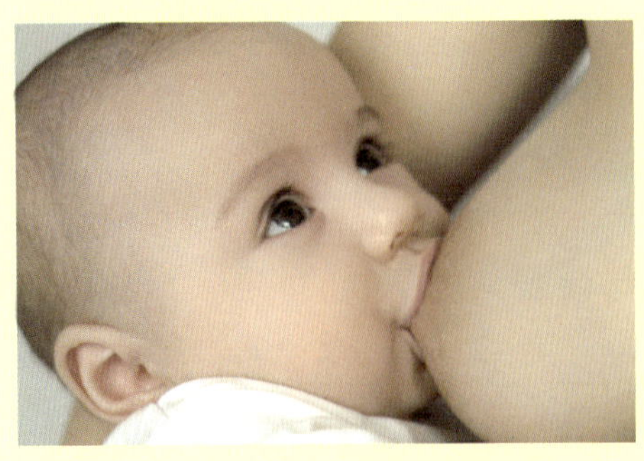

PART 7

第7个月 男宝宝养育

男宝宝7个月体格发育指标

项目	年龄组	下限值	上限值
身高	7月	62.7厘米	77.4厘米
体重	7月	6.24千克	12.2千克
头围	7月	约为44.2厘米	
胸围	7月	约为44.9厘米	
牙齿	7月	长出下中切牙，上中切牙，上侧切牙	
囟门	6月以后	逐渐骨化而变小	

第7个月 男宝宝日常保健

半岁以后宝宝抗病力下降

7个月以前的宝宝，体内有来自于母体的抗体等抗感染物质以及铁等营养物质。抗体等抗感染物质可防止麻疹等多种感染性疾病的发生，而铁等营养物质则可防止贫血等营养性疾病的发生。

一般从7个月大开始，由于宝宝体内来自于母体的抗体水平逐渐下降，而自身合成抗体的能力又很差，因此，宝宝抵抗感染性疾病的能力逐渐下降，容易患各种传染病以及呼吸道和消化道的感染性疾病。

许多小儿要到9～10岁以后自身的各种抵抗感染的能力才能到达有效抗病的程度，那时，各种感染的机会就会明显减少。

提高抵抗疾病的能力，主要应做好以下几点：

- 按期进行预防接种，这是预防小儿传染病的有效措施。
- 保证宝宝营养，各种营养素如蛋白质、铁、维生素D等都是小儿生长发育所必需的。
- 保证充足的睡眠也是增强体质的重要方面。
- 进行体格锻炼是增强体质的重要方法，可进行主、被动操以及其他形式的全身运动。
- 多到户外活动，多晒太阳和多呼吸新鲜空气。

男孩会体弱多病吗

时常可以听见妈妈们说："男孩较容易生重病！""男孩子身体比较弱。"是这样吗？从医学上来说，婴幼儿的死亡率的确是以男孩居高，有些病也是男孩子较容易发生，但是像发高烧、肠胃不好等与性别没有关联，男孩容易生病往往是因为男孩吃得多，容易积食，或是活动量大，体热出汗，穿衣不当，不能及时添减衣服，导致着凉。因此养儿子需要更细心才行。

> **解读男宝宝**
>
> 民间谚语说："若要小儿安，常带三分饥与寒"；我们应该学习西方的父母，给孩子吃更加丰富的食品，而不是让孩子吃得过饱。

从另一个角度说，宝宝如果能不生病是最好的了，但事实上发烧也算是成长的一个过程。通常宝宝愈小感染水痘、腮腺炎等疾病症状就愈轻微，甚至免疫力也会更强。而且适当的感冒频率会使孩子免疫系统活跃，免疫力增强，因此孩子在进入幼儿园或小学就读后，感冒的次数便会相对减少。

退烧的方法有哪些

宝宝发高烧的时候以退烧为主，需要迅速地把体温降下来，会不会着凉是次要的问题。降低体温有几个方法：

对流或温水浴

环境温度越低，越有利于对流，但要注意环境温度太低的时候，容易刺激宝宝抽风。家长不宜使用冰块降温。冰枕和冰帽通常用于超高热，例如，41℃、42℃的时候，超高热对孩子大脑有损伤，要用冰来物理降温，这是保护脑子。但是38℃、39℃的时候，突然用冰降温宝宝会很难受。

那么，除了打开宝宝的衣服或者包裹以外，用什么方式散热？温水浴是公认的最好的办法。把门关起来，室温高一点，没有对流风就行。

酒精擦浴

这种方法不适合宝宝，宝宝皮肤嫩，对酒精吸收快。用酒精擦浴后，宝宝易醉。大些的儿童用酒精，要兑温水稀释到40%，也不要大量使用。

退烧药

退烧药都有不良反应，如对肝脏的损伤。退烧效果好的药，不良反应就大些。

宝宝反复发烧该怎么办

有些家长会遇到这样的情况，宝宝发烧38℃、39℃去了医院，打一针烧退了，回家4小时后又烧，是再抱他去医院还是再吃药呢？

对于这种情况，家长不必过于担心，只要宝宝精神好，吃饭、喝水没问题，只有发烧，给他服用退烧药就可以了。

无论是病毒感染，还是细菌感染，一般情况下都会烧2～3天。幼儿急疹烧得非常高，可达39℃～40℃，烧退后会起疹子，发病年龄是6～9个月，常是宝宝第一次发烧，一来就高烧，但是这个病不厉害，容易好。所以，发烧高，并不意味着疾病严重，只要精神好，没有皮疹，没有出血点，不伴有黏液脓血便，一般就没有太大问题。

宝宝发烧什么情况下应去医院

发烧是人体跟病原体作战的反应。人体合适的温度是37℃，细菌病毒生长也适合37℃。当人体发高烧的时候，细菌、病毒也不易繁殖。发烧是人体对抗疾病本能的反应，所以，宝宝发烧不要太紧张。

长期发烧消耗比较高，宝宝神经系统发育不完善，高烧会抽风，一般情况下到了38.5℃就要去医院。

另外，宝宝虽然烧得不厉害，但是精神不好，也一定要去医院。发烧一定要看宝宝身上有没有出血点，要看有没有疹子，嘴里、手上、胸部有没有长疱疹，如果有一定要去医院。宝宝发烧皮肤发红、发斑，这些都提示有严重疾病存在。

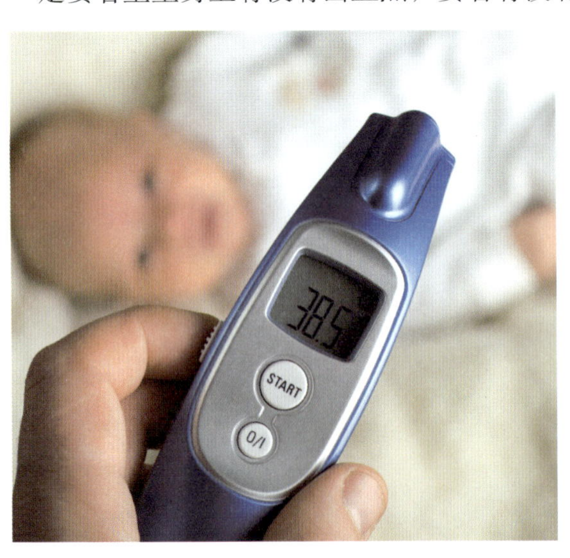

精神好的宝宝一定是人体的抵抗力很好，病原微生物无论是细菌还是病毒，它没有足够的力量来战胜宝宝，就没有产生一些严重的反应。所以，精神状况如何是宝宝疾病重不重的指标。

高烧要不要先吃抗生素

以下几种情况可用抗生素：例如，一上来就吐、高烧，伴有呕吐的高烧一般情况下都是细菌感染比较多。

常见急性鼻窦炎，高烧，鼻腔感染，黏液分泌物沿着嗓子流到胃里，鼻涕到胃里面刺激胃，就发生呕吐。鼻窦炎基本上都是细菌感染。

还有黏液脓血便，肚子疼，是典型的痢疾。

抗生素分为很多种，要注意，宝宝不能用喹诺酮类消炎药。庆大霉素类（即氨基糖苷类）的药对肾脏毒性非常强，不到万不得已的情况下也不要给宝宝使用。儿科常用的消炎药是青霉素和先锋霉素类、红霉素和阿奇霉素。

发烧的家庭护理方法

1 宝宝病了以后，一定要保持空气的流通，注意散热。空气流通有利于孩子降温。

2 让宝宝休息，睡得好宝宝的抵抗力就好。

3 要让宝宝喝足够多的水。喝水多出汗就会多，尿得多，尿会带走很多热量，也是一个散热的方式。

4 肠道散热是最主要的一种散热方式，一定要保证宝宝的大便通畅。大便会带走身体中的一部分热量，有的宝宝高烧不退的原因就是几天都不排便。

专家主张

当孩子有下列症状时应尽快就医：

懒洋洋没有精神时；半天以上没有摄取水分；未满3个月的宝宝，发烧超过38℃而且活动力下降；4个月以上的宝宝发烧超过40℃；出疹或伴有其他症状。

这样的情况可以白天门诊时间带去医院：

发烧38℃以上，而且没精神；发烧持续1天以上；身体不舒服，活动力下降，没有食欲，和平常的样子不一样；除了发烧之外，还伴随着呕吐或拉肚子、咳嗽、流鼻涕等症状。

第7个月 男宝宝喂养

7～9个月宝宝这样吃

此时宝宝已经开始长牙齿了，能吃的东西愈来愈多，所以宝宝慢慢地也要和大人一样注意均衡的饮食，才会有均衡的营养，此时可以考虑一天喂两餐辅食。

7～9个月婴儿的食品添加表

母乳	一天喂3～4次
婴儿配方	每次210～240毫升
菜汤	1～2汤匙/天
果汁或果泥	1～2汤匙/天
稀饭或面条	1.25～2碗/天（分成2次喂食）

断奶中期的食物形式应以能用舌头打碎的硬度为主，例如水果泥或可用手拿的固体食物，如磨牙饼干、香蕉等，应鼓励宝宝自己进食。不同的口感，可增进宝宝味觉发展。

过敏儿饮食注意事项

1 辅食。6个月以后再添加。一般婴儿在4个月时即可添加辅食，但过敏宝宝建议6个月之后再添加。如果过敏症状严重时，有些医生甚至建议把辅食的添加时间延至9个月以后。但如果宝宝有厌奶的情形，导致奶类摄取不足时，为了避免营养不良，可从4个月起添加较不会引起过敏的过敏儿专用米粉。

2 添加辅食的方法。每周添加一种新食物，从少量开始，每天逐渐增加食用量。在确定不会引起或加重过敏症状时，再换下一种新食物。若出现过敏症状，则立即停止该种食物。不要一会儿给宝宝这种食物，一会儿给另一种食物，如此，发生过敏症状时，比较难找出是哪种食物引起过敏的。

3 添加辅食的顺序。由低致敏性的食物开始慢慢尝试，例如，米粉、果汁（泥）、菜汁（泥）、稀饭等。10个月之后才开始添加蛋黄、鱼、肉、肝等动物性食物。至于容易引起过敏的食物，如蛋白、有壳海鲜（虾、蟹）、花生坚果类等，最好等1岁至1岁半以后才食用，不过还是少吃为宜。

4 食物过敏会引起的症状。包括腹泻、呕吐、腹痛等肠胃症状；皮肤上会以长疹子、瘙痒、荨麻疹等来表现；此外，咳嗽、流鼻涕、打喷嚏，或原有的过敏症状加重时，也要考虑是否是食物所引起的过敏症状。

解读男宝宝

一些女孩的行为举止甚至比男孩更男性化，同时也有一些男孩的行为比女孩更女性化。每个男孩都是与众不同的。

5 不要害怕添加辅食。有一些父母怕辅食会诱发宝宝的过敏，因此一直不敢添加辅食。其实辅食可训练宝宝的咀嚼及吞咽能力，对促进脑部发育、颜面神经与肌肉的发展有很大的帮助，牙床的发育也会较健康。因此只要慎选辅食，就不怕过敏的诱发。

6 多样化的食物种类。不要因为怕宝宝吃到易致敏的食物就限制食物的种类。多样化的食物种类，才能补充宝宝成长所需的营养。只吃少数种类的食物容易导致营养不良，因此父母应该供给宝宝不同种类的食物，并避免易导致过敏的食物。

宝宝辅食制作

南瓜糊

原料：甜南瓜25克，肉汤50毫升。

做法：

1 将南瓜去皮之后切成小块，炖熟，并过滤。

2 将南瓜和肉汤倒入锅中同煮至烂即可。

胡萝卜泥

原料：胡萝卜25克，清汤50毫升。

做法：

1 将胡萝卜洗净，刮去皮，上屉蒸熟，取出后研碎，加入清汤、白糖搅拌均匀。

2 把搅拌好的胡萝卜泥放在锅内，加入少许清水，用小火熬成糊状即可。

特点：胡萝卜泥含有较多的钙、磷、铁、胡萝卜素等，是婴幼儿常食用的辅食。

菜蛋米粉糊

原料：营养米粉、小白菜各10克，鸡蛋1个（约60克），洗净胡萝卜20克，鸡汤100毫升。

做法：

1 鸡蛋入锅煮熟，取出蛋黄研成泥状。

2 胡萝卜入锅煮软，和烫熟的小白菜剁成菜泥，和蛋黄泥、米粉一起加入煮开的鸡汤中，微火煮5分钟，搅拌均匀即可。

菜泥粥

原料：大米40克，水200毫升，新鲜蔬菜20克。

做法：

1 将大米洗净后浸泡2小时，然后用中火煮1小时左右。

2 将新鲜的菠菜或油菜、小白菜洗净后，在水中煮烂，切成末状，在粥煮成稠状后加入锅中，再煮10分钟即可。

香蕉粥

原料：香蕉1/2根，配方奶100毫升，糖少许。

做法：将香蕉洗干净后去皮，用勺子背把香蕉压成糊状，然后放入锅内，加配方奶混合上火煮，边煮边搅拌均匀，停火后加少许糖，混匀即可。

第7个月 男宝宝早教

婴幼儿智力障碍的危险信号

解读男宝宝

社会学家彼得·卡尔认为，如果男孩子80%的时间和母亲在一起，他们长大以后会不知道怎样做男人。而由父亲带大的或者从小与父亲关系更亲密的男孩往往会表现出很多优点，如精力充沛、活泼好动、脑筋灵活、身强体壮、爽朗大方等。

宝宝生下来以后从不哭闹，吃吃睡睡，很少给你添麻烦，你不要以为这宝宝很“乖”，其实，有些婴幼儿因年龄幼小，心理障碍的表现有时更难分辨，躺在那里不哭，不等于宝宝一切都好。这种“乖”的表现是因为他们对周围事物缺乏兴趣，注意力和反应能力较差的缘故。若是由于爸爸妈妈的误解，致使这些宝宝的智力问题没有及时被发现，得不到早期的治疗与训练，这样会耽误宝宝最佳训练时间，造成终生遗憾。

婴幼儿智力障碍的行为表现主要有以下几点。

1 很晚才出现微笑（正常宝宝2～3个月会微笑），不注意别人说话，伴有运动发育落后。

2 视觉功能发育不良，不注视周围人和事物，眼睛不会跟踪亮光或物体。

3 对声音或声响缺乏反应，常被误诊为耳聋。

4 由于咀嚼晚，以致喂养困难，当给固体食物时，出现吞咽障碍并可引起呕吐。

5 正常的宝宝在会走以后，走路时两脚就不再互相乱碰了，发育迟缓的宝宝到2～3岁时仍可见到这种情况。

6 注视手的动作持续存在。正常宝宝在3～4个月时，时常躺在床上看着自己的双手，反复玩弄双手；智力低下的宝宝在6个月后，这种行为仍持续存在。

7 正常宝宝在6～12个月后，经常将东西放进嘴里，当手的动作比较熟练时，就不再用嘴。但智力发育落后的宝宝用嘴的动作持续到很晚，有时到了2～3岁还把玩具放进嘴里。在清醒时，智力低下宝宝可见磨牙动作，这是正常宝宝所没有的。

8 正常的宝宝在15～16个月后就不再把东西随地乱丢，而发育迟缓的宝宝持续的时间要长。

9 智力低下宝宝有时需反复或持续刺激后才能引起啼哭，哭时经常发喉音，有时哭声尖锐，或呈尖叫，或呈高音调，亦有哭声无力。正常宝宝的哭声常有音调变化。

10 正常宝宝在1岁时停止淌口水，有缺陷的宝宝持续时间要长。

11 缺乏兴趣及精神不集中是智力低下宝宝的两个很重要的特点。缺乏兴趣表现在对周围事物无兴趣，对玩具的兴趣也很短暂，反应迟钝。

12 智力低下宝宝有时表现为多睡和无目的的多动。

专家主张

感知能力

感知能力主要包括视觉、听觉、触觉、嗅觉、空间直觉和时间知觉等能力。通过看、听、触摸等活动来认识人和环境，物品的颜色、形状、大小、光滑、粗糙等特征，这些都是将来宝宝进行观察、记忆、思维的基础。宝宝年龄越小，抽象性思维越差，对感知觉的依赖性也就越大，周岁以下的宝宝几乎都是靠感知觉来直观地认知世界。

育儿难题Q&A

Q我的宝宝快7个月了，每次到药店，店员就会向我介绍营养品，他说DHA会帮助婴幼儿脑部发育，吃钙粉会帮助骨骼发育、长得高，乳酸菌、乳铁蛋白能照顾肠胃、避免肠病毒，说得好像宝宝不吃这些东西就会跟不上别的小孩似的，到底这些东西有没有实质的帮助呢？吃这些营养品会不会对宝宝的肾脏造成负担？

A钙粉的确有助于骨骼发育，但不宜过量，因为摄食过多的钙可能会与磷酸盐或碳酸盐结合，堆积于肾脏而形成结石。一般正常健康的宝宝只要均衡饮食加上适量牛奶摄取，大多不会有钙质缺乏的问题。

DHA可促进婴幼儿脑部发育，但不宜摄食过量。

乳酸菌对6个月以上的儿童在临床上有较正面的疗效，可改善便秘、腹泻或胀气等，6个月前的宝宝不建议使用。

乳铁蛋白除了与铁的吸收有关，另可增强人体的免疫功能，可对抗部分病菌，如细菌、病毒或霉菌等。

上述营养素对婴幼儿的成长的确有正面的帮助，但不宜摄食过量，一般的婴幼儿只要食用牛奶，加上正确的辅食摄取量，大多会正常成长发育。只要宝宝有正常的生长曲线、正常的排便与发育，是否添加上述提及的营养素，可能就不那么重要了。

Q老人家常说发烧会烧坏脑袋，我的宝宝常常发高烧，会不会影响他的智力发育？

A发烧只是一种现象、一种症状，而不是一个病。面对发烧宝宝，我们主要做的并非只是退烧，而是寻找发烧的原因。如果发烧的原因无关于脑部，也就是说引起发烧的疾病若没有侵犯到脑部，则不会“烧坏脑袋”。因此小孩发烧最重要的是找出发烧的原因，医生会依发烧的时间、温度的高度、发烧的曲线、相关的症状及仔细的身体检查，来判

断可能的疾病。此外，发烧也是一种指标，它可以告诉我们问题是否仍旧存在、治疗是否有效。因此，家长必须配合医生的指示，观察与追踪，而不是要求用抗生素输液或一味要求退烧。

Q 孩子特别缠人怎么办?

A 有的宝宝总想靠近妈妈，待在妈妈跟前，跟妈妈依偎在一起撒娇。这一类宝宝的心理状态也许是他渴望着母爱，热烈地寻求着母爱。所以妈妈让他到旁边玩去，他感到太无情了。

不理解宝宝这种心理的母亲，始终在考虑如何赶走宝宝，说一些冷淡疏远的话或做出推开宝宝的举动。这样一来，宝宝觉得他对母亲的感情遭到了拒绝，越发增强了执拗的性格。

母亲越想推开宝宝，宝宝就越想接近母亲，恰好产生了相反的效果。这时候，母亲就应该想一想："这个宝宝真可怜。我上班没有很多时间照顾他，所以应该加倍地爱抚他，让他相信母亲对他的爱。"

当宝宝陷入这种状态的时候，母亲的温情就显得特别重要。抚爱是必要的。对于形影不离、紧紧缠着妈妈不放的宝宝，给他极大的满足是最好的解决办法。

Q 我的宝宝已经将近7个月大了，但是他从两个半月起就一直拒绝喝奶至今，而且这个月以来体重开始下降，请问这究竟是怎么回事？实在让人非常担心！

A 你的宝宝从两个半月开始拒绝喝奶，而且体重下降，要考虑几个临床上可能会有的肠道疾病，如胃食道逆流症、慢性宿便或肠回转不良等疾病，建议你的宝宝接受腹部X光片、腹部超声波等肠道摄影检查，或胃食道逆流的摄影检查以查出病因。除了肠道病因外，一些脑部或其他器官（如肺、心、肝、肾）等疾病也可能导致宝宝厌食的情形。

Q 我的宝宝7个月了，最近发现他的膝关节在活动的时候，有时候会发出"咔、咔"的声音，但是宝宝没有任何不舒服的情况，活动力也很正常，请问为何会有如此的情况呢?

A 膝关节在活动时发出"咔、咔"声，在婴幼儿时期不算少见，如果没有疼痛或活动上的限制时，并不是一种病理的现象，不需要太担心。但如果是髋关节活动时听到声响、帮婴儿换尿布时发现有一侧大腿不易拉开、婴儿长短脚或两大腿后皮肤褶皱不对称时，就应尽早就医作进一步的检查，以排除先天性髋关节脱臼的可能。

PART 8

第8个月
男宝宝养育

男宝宝8个月体格发育指标

项目	年龄组	下限值	上限值
身高	8月	63.9厘米	78.9厘米
体重	8月	6.64千克	12.60千克
头围	8月	约为44.8厘米	
胸围	8月	约为45.3厘米	
牙齿	8月	长出上中切牙、上侧切牙、下侧切牙	
囟门	6月以后	逐渐骨化而变小	

第8个月 男宝宝日常保健

宝宝何时开始会爬

宝宝的大动作循序发展，依序是头、颈、躯干，坐、爬、站、走、原地跳、上下楼梯、向前跳，简单来说就是由头、躯干往四肢方向发展。虽然每个孩子的状况有所不同，大致说来，爬行的准备动作从出生时就略具雏形，至八九个月大时大致成熟。

所谓“六坐，八爬，九叫爸”，一般8～9个月大的宝宝已经可以不扶东西就坐得很稳，也会开始通过爬行来探索这多姿多彩的世界。对宝宝小肌肉的训练及感觉统合的协调来说，爬行扮演着非常重要的角色。

婴儿爬行动作发展

阶段	爬行动作
新生儿	俯卧位时就会有反射性的匍匐姿势
2个月	能在俯卧时交替踢腿，好像匍匐前进
3～6个月	可用手肘撑起上半身数分钟
8～9个月	能用手支撑胸腹，使身体离开地面，能开始爬行了

❶ 先是能用双手手掌支撑起上半身

❷ 能用单手支撑起上半身的时候，另一只手就自由了，想去拿东西

❸ 发现身边有感兴趣的东西，为了拿要旋转身体，这是移动的开始

宝宝移动的原动力是对物体的兴趣和欲求

训练宝宝爬行的方法

宝宝要学会爬行，无法一下子就成功，必须循序渐进。

婴儿学爬的情形

阶段	训练宝宝爬行的要领
准备期（7个月）	当宝宝躺着时，可以用手顶住宝宝的脚，轻轻地推几下，活动宝宝的膝关节，并训练脚的力量
腹爬期（8个月）	俯卧，一般宝宝头会自然抬起，屈肘、腿伸直。此时教宝宝右手上伸，左腿上屈，用右肘及左膝的力量向前爬；然后再换左手和右腿，自然能够前进。注意爬行时腹部不能离开地面，屁股不能翘高
由腹爬到匍匐爬行期（8个月）	爸妈可以用一条毛巾包裹住宝宝的腹部，在宝宝爬行时略微往上提，帮助宝宝以腹部离地的方式往前爬。当宝宝知道这样可以爬得更快时，下次便会尝试腹部离地爬行
由匍匐爬行到手膝爬行（狗爬）期（8个月）	度过一两个星期的不协调期，宝宝的手臂就可以撑地了，借腹部与四肢的力量，带动身体往前爬行。此时可以用玩具吸引宝宝，鼓励宝宝伸手抓取，再渐渐拉远东西放置的距离，激发宝宝爬行的动力

宝宝爬行时的注意事项

训练宝宝学爬首重安全，同时注意宝宝衣着，不要穿得过多、过紧或过长，可以买玩具激发宝宝爬行的欲望。当宝宝爬得高兴后还可变化高度，让宝宝爬高爬低，但一定要注意安全。

婴儿爬行时的注意事项

原则	注意事项
安全	布置一个安全的学爬环境，地面要平整，可铺放具有弹性的软垫
舒适	注意手掌、手肘与膝关节的保护，但也不要穿过多衣服，以免妨碍宝宝的动作
诱导	以能发声或色彩鲜艳的玩具吸引，当宝宝伸手取物时后移，刺激宝宝以爬行取物
进阶	创造可以爬上爬下的斜坡环境，如安全的球池与绳梯，让宝宝发展更好的空间判断力

当孩子学会翻身、爬行后，误食异物等的危险便会随之增加。宝宝爬行时期，请注意以下几点：

1 爬行垫的材质。太柔软会让宝宝动弹不得，甚至有窒息的危险；太粗糙的表面，可能会伤害到宝宝细嫩的皮肤。也有很多家长喜欢去买塑料拼装软垫，给宝宝练习爬行，但是要注意材质，有些甚至会释放出有毒的气体，家长务必要小心选择。另外有的拼装软垫上面会镶嵌可以拆装的小图案或字母，有些宝宝会把这些小东西拆下来吃，同时也容易藏污纳垢，家长应该注意。

2 四周的安全环境。不可在楼梯附近练习，以防止坠落，就算有栏杆，也要小心宝宝会钻出去。在床上练习爬行也要十分注意，曾有妈妈只是起身打电话，一转身宝宝就从床上滚落。散落在四周的小物品也要小心收好，曾有奶奶在旁边缝衣服，小宝宝爬过来就把大针吞下去的案例。

3 永远不要低估你的宝宝。他们可以在你不注意的时候，把金属插销插进墙上的插座中，也会拉扯甚至啃食电线。本来还在学爬的宝宝，会突然扶着桌脚，把餐桌的桌巾拉下来，把热汤淋在身上。他们也会从床上爬到梳妆台上，偷吃妈妈的药。因此要注意：第一，纽扣、回纹针、电池、烟蒂等小件的物品不得放置在宝宝伸手可及之处；第二，因为宝宝会拉桌布来玩，因此不要使用桌布，防止物品掉落发生意外；第三，熨斗不得放置于伸手可及之处。此外，家中最好安装安全插座。

第8个月 男宝宝喂养

帮助宝宝断奶

如果可能，妈妈可哺喂母乳直到宝宝1岁或2岁以上，之后再由两个人一起决定断奶的时间。比较理想的断奶方式是逐步进行，不建议快速退奶。已确定断奶时间的妈妈，可以提早做断奶的准备。如果可能，甚至可将计划时间设定得长一点，不仅时间比较充裕，提早达成的可能性也很高。

原则上，由于妈妈的奶水与宝宝的需求存在着供需关系，只要宝宝不再吸吮妈妈乳房，或是妈妈不再将奶水挤出来，奶水就会逐渐变少。胀奶的时候，可以先挤出一点奶水，再冰敷乳房减轻不适。不过，若妈妈想要更快退奶，就尽量不要挤出来（代价是乳房会胀得很痛）。另外，推荐妈妈使用卷心菜叶冰敷乳房，除了卷心菜叶的形状正好能覆盖在妈妈乳房上之外，它本身也具有良好的消肿效果。另外，民间流传的退奶饮食韭菜与麦芽水，妈妈亦可试试。

如果妈妈想要更快速地断奶，可以到妇产科就医，选择打针或吃药，通常可在一个星期内退奶。虽然理论上打退奶针或吃药会使妈妈退奶，但医生表示，确实有打退奶针的妈妈乳房比怀孕前小的状况。

1 慢慢延长哺乳的间隔时间。若宝宝两个小时喝一次奶，可慢慢延长到三四个小时喝一次，或是以其他食物取代。如此，可逐渐减少宝宝喝母乳的次数，而妈妈也会因为宝宝喝得少而减少奶水。

2 改变宝宝喝奶的习惯。宝宝会有习惯性的喝奶需求，这种喝奶习惯可以先移除。例如，宝宝早上起床习惯喝母乳，中午必须喝完母乳再睡觉，那么妈妈可以改变自己，让宝宝无法维持这些习惯。例如，妈妈可以比宝宝更早起床，让宝宝无法直接在床上喝奶；中午可以由让宝宝边喝边睡，改成让宝宝到公园去玩耍，玩累了就回家睡觉。总之就是尽量让宝宝不要处在想喝母乳的情境。

2 含乳头睡的习惯可最后改变。对晚上睡觉前习惯喝过母乳再睡觉的宝宝来说，喝母乳代表与妈妈之间的亲密，喂母乳也可以让宝宝停止哭泣，具有安抚的效果。因此，这一餐，可以放到最后再改变。

3 以其他方式陪伴宝宝。有些宝宝在妈妈无法陪他玩感到无聊时，也会喝母乳。有的宝宝常爱在妈妈打电话时跑到妈妈身边喝母乳。如果妈妈们遇到类似的情形，就应该少讲电话，或不要在陪伴着宝宝时讲电话，而是陪他玩，或做其他有趣的事情，让宝宝不会感到无聊而想喝奶。

4 让宝宝不容易喝母乳。例如妈妈可穿上比较紧身的衣服，那么宝宝不容易随意掀开衣服喝母乳。

给孩子做辅食要注意卫生

给孩子做辅食要注意清洁卫生，有些家长，特别是老人在这方面存在认识上的误区。

误区一：有坏味的食物，只要煮一煮，就可以吃了。

有的细菌耐高温，比如能破坏人体中枢神经的肉毒杆菌，其菌芽孢在100℃的沸水中仍能生存5个多小时。有的细菌虽然被杀死了，但它在食物中繁殖时所产生的毒素，或死菌本身的毒素，并不能完全被沸水破坏。所以，变质了的食物，就是加热再吃，也会使宝宝中毒。

误区二：细菌怕盐，所以咸肉、腌鱼等就不用消毒。

实际上，有一种沙门氏菌，能够在含盐量高达10%～15%的肉类中生存好几个月，用沸水煮30分钟才能将其全部杀死。这种细菌能使人肠胃发炎，所以在食用腌渍食品时，也需要严格消毒。

误区三：冰冻的食物没有细菌。

有的细菌专门在低温下生活、繁殖，如嗜盐菌，可使人发生严重腹泻、失水。这种细菌能在零下20℃的蛋白质内生存11周之久。所以，食用冰冻食物时，千万不能大意。

误区四：食物只要经过煮沸，就可以达到消毒、杀菌、防病的目的。

这种说法不全对。食物中毒可分为生物型和化学型两大类。生物型中毒主要是指细菌、病毒、微生物等污染食物，例如腐败食物中的霉菌。这一类食物可用高温蒸煮进行消毒，即使留有少量毒素也不会造成严重危害。但化学型中毒不是高温处理所能避免的，有时煮沸反而会使毒素浓度增大。比如，烂白菜中产生有毒的亚硝酸盐，人吃了就会发生中毒现象。此外，发芽和未成熟土豆中的龙葵碱、油料中的黄曲霉毒素等，均不能通过高温达到消毒目的。

婴幼儿辅食不可多盐

由于婴幼儿机体功能尚未健全，肾脏功能发育不够完善，没有能力充分排出血液中过多的钠，时间长了，就会损害肾脏。同时过多的钠会使体内水分潴留，促使血量增加，血管处于高压状态，于是发生血压升高现象，心脏负担加重。

所以父母在给婴幼儿做辅食时一定要注意，1岁以内的孩子可以不放盐，1岁多的孩子，每日1克盐就够了，千万不要以自己的味觉为准。

婴儿挑食不要勉强

婴儿过了8个月，对待食物的好恶也逐渐明显起来了，喜欢吃的食物想多吃一点，不喜欢吃的食物一点也不想吃。

不要勉强宝宝

对于小宝宝的饮食偏好，父母不必急着在婴儿期去强行改变，有许多在婴儿期不喜欢吃的东西，到了幼儿期宝宝就很高兴地去吃了。改变宝宝挑食，在一定程度上的努力是可以的，但父母不能太勉强婴儿。

对于那些喂菠菜、卷心菜或胡萝卜等就用舌头向外顶的婴儿，父母可在做这些菜时，想办法做成让婴儿不能选择的食物形式来喂。如切碎放入汤中或做成菜肉蛋卷等让婴儿吃。

孩子即使不喜欢吃菠菜、卷心菜和胡萝卜等，父母也可以给孩子喂其他蔬菜。对无论如何也不吃蔬菜的婴儿，也可以用水果来补充，只要能保证婴儿摄取到足够的营养素就可以了。

婴儿偏食不会导致营养失调

如果婴儿在吃米粥、面包、面条等能获得必要的热量，喝配方奶（500毫升）或母乳能满足婴儿身体对蛋白质的最低限度需要，那么婴儿即使对其他的辅食有些偏好，也不会导致营养失调。

在动物性的鱼、鸡蛋、牛肉、鸡肉和猪肉等食物中，婴儿即使对其中的任何两种一点也不吃，也不会导致营养失调。婴儿只要吃米饭、面包、面条，即使土豆、红薯一点也不吃，也不会出现糖分不足。在米饭、面包、面条中，即使婴儿对其中的任何两种一点都不吃，只要能好好地吃另一种，也不会引起能量的不足。

孩子不爱吃辅食怎么办

小孩有一个口腔味觉的发展过程，过晚添加辅食可能对很多味觉都不能适应。纯母乳喂养的宝宝，推荐在16周以后、27周以前开始添加婴儿辅食，在这之间开始婴儿食品的逐渐引入，这是母乳喂养必经的过程。

从这段时期开始小孩子需要各种营养素，单纯完全靠母乳已不能满足，过晚添加会导致小孩在某一阶段可能出现营养素缺乏。从纯母乳喂养一下转换过来会比较困难，添加辅食是让孩子接受一些新的食品、新的口味，要循序渐进，不能急。可以用勺来适应，这样能锻炼他的口腔运动功能。

宝宝辅食制作

胡萝卜牛肉粥

原料：大米15克，牛肉汤75毫升，煮熟的胡萝卜20克。

做法：

1 大米洗净，加入清水浸泡1小时。将胡萝卜压成蓉。

2 牛肉汤除去汤面的油，放入小煲内煲滚，放入米及水煲滚，慢火煲成稀糊，加入胡萝卜蓉搅匀再煲片刻。待温度适合时即可喂食。

注意：牛肉汤可用大人吃的，不一定非要给宝宝专门煮牛肉汤。

特点：胡萝卜有健胃、助消化的功用，含有丰富的维生素A原。

豆腐羹

原料：豆腐25克，肉汤50毫升。

做法：

1 将豆腐和肉汤倒入锅中同煮。

2 在煮的过程中将豆腐捣碎，小火煮5分钟即可。

核桃汁

原料：核桃仁30克，配方奶适量。

做法：

1 将核桃仁放入温水中浸泡5～6分钟后，去皮。

2 用多功能食品加工机磨碎成浆汁，用干净的纱布过滤，使核桃汁流入小盆内。

3 把核桃汁倒入锅中，加适量配方奶煮沸，待温后即可喂食。

注意：核桃仁去皮要净，核桃汁磨得要细。适宜4个月以上的婴儿食用。不要使用市面上出售的核桃露之类的饮料。

特点：核桃仁含丰富的营养，又是健脑益智、美容长寿的良药，宝宝和妈妈可以同服。婴儿食此汁，可促进淀粉酶的分泌，润肠通便，增加食欲，提高其对营养素的吸收，促进生长和大脑发育。

土豆蓉

原料： 土豆50克，肉汤或鱼汤适量。

做法：

1 土豆削去皮，洗净切薄片，入锅隔水蒸熟，取出压碎成薯蓉。

2 将薯蓉放入小煲内，加入适量汤拌匀，煮成糊状。待温度适合时即可喂食。

注意： 土豆可在煮饭时顺便蒸熟，肉汤或鱼汤使用大人正常使用的汤，撇去浮油和汤渣即可。这样既方便又简单，也无须专为婴儿烹煮食物。如汤不适合婴儿肠胃的话，可以用配方奶拌煮。

苹果金团

原料： 红薯、苹果各35克。

做法：

1 将红薯洗净、去皮、切碎，煮软。

2 把苹果去皮、去核后切碎，煮软，与红薯均匀混合即可喂食。

特点： 此果团软烂、香甜，含有丰富的碳水化合物、蛋白质、钙、磷及多种维生素，对维持婴幼儿身体健康十分有益。制作中，要把红薯、苹果切碎、煮软，再给婴儿喂食。

菜末猪肝泥

原料： 碎猪肝20克，胡萝卜和白菜各10克。

做法：

1 胡萝卜煮软研碎，白菜切碎。

2 将胡萝卜、白菜和猪肝放入锅内，加少许水煮15分钟即可。

小米山药粥

原料： 山药、小米各50克。

做法：

1 将山药洗净，捣碎，小米洗净。

2 锅中倒入适量水，放入山药、小米同煮为粥即可。

特点： 消食积，化液滞。

第8个月 男宝宝早教

男孩不可太任性

男孩的需求或愿望比女孩需要更快更及时地得到满足。因此，男孩常常表现得任性、自以为是，放纵不约束自己，不服从或抗拒父母的管教，或是表面听从，内心却不服。男孩任性大部分都是父母过分宽容和娇纵的结果。

法国教育家卢梭说：“你知道什么办法准能使你的孩子痛苦吗？这个方法就是对他百依百顺。”由于种种欲望得到满足，孩子的欲望将无止境地增加。结果，当孩子在家庭或者社会遭到拒绝时，他不会克制自己的欲望，结果得到的是痛苦。

男孩认生怎么办

宝宝一般从4个月起就能认妈妈了，6个月开始认生，8～12个月认生达到高峰，以后逐渐减弱。有些父母会认为自己的宝宝没出息，其实认生是宝宝发育过程的一种社会化表现，认生程度与宝宝的先天素质有关。对于认生程度重的宝宝，父母不要一味地斥责，而是要积极引导。妈妈可带宝宝多到外面去走走，多接触一些生人，鼓励他与生人相处，以后逐渐增加强度，鼓励宝宝自己到陌生的环境中去，这样可使宝宝的焦虑或恐惧程度降低。随着宝宝的生长、发育，认生现象会慢慢转变。

为什么宝宝不听话

8个月到14个月这个时期的宝宝开始会挑战大人的权威了。

孩子说“不”可能是他对于已经学会的东西失去兴趣，想学新的东西。这时候不妨给他玩玩新的东西，比如给他挑战性较高的玩具。

宝宝不听话怎么办？

解读男宝宝

相对而言，养育男孩的危险性要比女孩大，男孩的死亡率比女孩高3倍，主要是意外事故。99%的男孩都淘气，惹祸，爱冒险，让家长担心。柏拉图在2300年前就说：“在所有动物之中，男孩是最难控制和对付的。”

了解原因→说理→告知后果

以宝宝不吃饭为例，家长要先了解宝宝为什么不想吃饭，是胃口不好、生病了，或是因为先吃了点心吃不下，还是故意闹脾气不吃饭？若是后者，则可告知不吃的后果可能是晚一点肚子饿也没东西可吃，或者是等会儿要去某个地方，无法再进食了等。

有一些爸妈以为孩子小，所以向他说理他听不懂，但孩子并非听不懂，而是在试验谁才是决策者。因此，爸妈还是要耐心地向孩子说明为什么要这样做，为什么那样做不好。

抱持同理心

假使宝宝哭着不肯吃饭，无论原因是否合理，都要先抱着同理心，站在他的角度先安慰他，不要马上说“不行”，以免增加宝宝与大人对抗的趣味（与大人对抗之所以有趣，是因为可以引起大人注意或使大人生气），反而模糊要吃饭这个重点。爸妈可以说：“好，那你哭一下，等一下再吃。”或者是先安慰他，但告诉他等会儿还是要吃饭。

使用命令式的语气

直接用命令的方式使他听话，特别是当宝宝会有危险时。

使用生气的眼神加上肢体动作

如果说道理之后宝宝仍然不听话，爸妈可以用眼神加上肢体动作（如把宝宝抱离危险的地方）来告诉宝宝自己很生气。同时要宝宝注视自己的眼睛，以简单清楚的语气重述对宝宝的要求，或是阻止他进行危险的行为。

转移注意力

无论多大的宝宝，使用这一招可以转移他对某些事的执着，不过并非对每个宝宝都管用。

除了不听话之外，如果宝宝哭闹，爸妈们又该如何面对？以宝宝哭着想吃糖果为例，提供以下几种建议。

1 告诉他哭没有用。“你哭我听不懂你在说什么，你说出来。”让宝宝学着以其他方式表达需求。

2 预告下次的做法。在他第一次用哭表达他的需求时，可先满足他，等到他心情好时，再清楚地告诉他：“你下次要什么用说的，不要用哭的，用说的我就会给你糖，我还会给你拍拍手，因为你好棒喔！”这些原则一定要在他哭闹之前告诉他，因为宝宝哭泣时十分不理性，跟他说理是没有用的。当然，下次宝宝想吃或玩时，一定要主动先观察他的需求并提醒他。

3 练习。可模拟某些情境，教导宝宝用说的方式，而非哭泣来告知需求。当宝宝顺利地说出需求，记得要给予鼓励。

教养宝宝并不容易，不过只要能坚守几个重要的原则，特别是不要因为宝宝哭泣就放弃自己建立的原则，就有助于培养出宝宝良好的脾气与个性。

专家主张

尽量避免体罚

面对宝宝不听话，不要用体罚的方式来教导宝宝。如果要体罚宝宝，可以罚站，要切记永远不能打耳光，因为打耳光会伤害宝宝的自尊，也可能会伤害到头部。男宝宝将来会变得越来越不听话，父母对此要有心理准备。

育儿难题Q&A

Q 我的宝宝已经8个多月大了，还不会爬，也坐不太稳，是不是我给他的营养太少呢？或是我太过于担心呢？我有给他添加羊奶、米粉、钙粉了，难道这些还不够吗？

A “七滚八爬”的说法可说是老少两代皆耳熟能详的，虽不尽然完全正确，却有助于父母们初步判断小儿的生长发育是否正常。

一般说来，小儿约在3个月大时，脖子开始变得较硬，开始较能控制颈部的动作；六七个月大以后开始会学着坐稳；8个月大以后开始学爬；1岁以后开始学走。这是最常见的生长发育模式，但绝不是一旦背离这几个模式，就要给他们贴上不正常的标签，因为永远不要忘了——每个小儿的个别体质是有差异的，尤其是在爬的这个部分。事实上，现代的小儿跳过学爬的阶段，直到1岁以后直接开始学走的情形并不少见。

不过，你的宝宝已8个多月，若真的还坐得不太稳，倒是有必要注意追踪观察，必要时带去给小儿神经科医生当面诊察评估，以确定是否有其他生长发育上的异常。

Q 我的宝宝爱吃米饭，不爱喝粥，可以给他吃吗？

A 如果你的宝宝从一开始就不爱吃粥而特别想吃饭菜，那么可以先试着给他喂一点，如果没有其他不适的反应，就可以给他喂米饭，只要孩子的体重增加在每日5~10克的范围内，即使每日给他喂3次米饭都是可以的。婴儿并不会因为没有长牙就不吃米饭，有很多孩子虽然牙还没有长出来，但并不喜欢喝粥而喜欢吃米饭，遇到这种情况时，只要把米饭煮得稍微烂一些就可以了。

PART 9

第9个月 男宝宝养育

男宝宝9个月体格发育指标

项目	年龄组	下限值	上限值
身高	9月	65.2厘米	80.5厘米
体重	9月	6.67千克	12.98千克
头围	9月	约为45.3厘米	
胸围	9月	约为45.7厘米	
牙齿	9月	长出上侧切牙、下侧切牙	
囟门	6月以后	逐渐骨化而变小	

第9个月 男宝宝日常保健

我国基础免疫程序是什么

卡介苗：新生儿初种，7岁、12岁各复种1次。

百白破混合制剂：出生后3个月初种，吸附制剂全程注射2针（非吸附制剂全程注射3针），每针间隔最短不少于1个月，最长不超过3个月，第2年加强1次，7岁时再加强1次。以后可根据情况用百日咳菌苗或百日咳菌苗、白喉类毒素混合制剂或吸附精制白喉、破伤风二联类毒素进行加强免疫。

麻疹活疫苗：出生后8～12月初种，为了提高免疫成功率，6岁可考虑复种1次，以后在适当时机进行加强免疫。

脊髓灰质炎活疫苗：出生后2个月初种，第3、4个月再次服用，4岁时复服1次。

接种疫苗后有什么忌口的

忌口一般是为了治疗疾病的需要才忌吃某种食物，打防疫针与生病不同。有些父母认为，打完防疫针不能给宝宝吃鸡蛋、鱼、水果等食物，认为这些食物会影响免疫力的生成，这是毫无道理的。

接种后获得的免疫作用常常体现在所产生的抗体质量上。如果多吃蛋白质食物，身体吸收后就会使制造抗体的原料增多，因而恰恰能促进免疫力的增强。若是饮食上忌口，便会使体内制造抗体的原料不足，阻

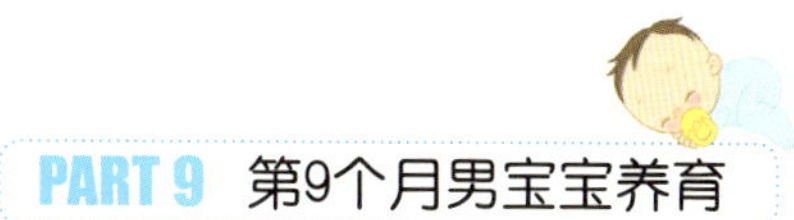

碍抗体产生，不利于达到预期的免疫作用。所以接种疫苗后在饮食上无须让宝宝忌口，除了少吃刺激性的食物外，可多摄取蛋白质和维生素。

有先天性心脏病可否预防接种

先天性心脏病患者早期都不至于出现心功能改变，因此预防接种不会对他们产生严重影响。相反，这些宝宝因为心脏有缺陷，所以比健康宝宝更易感染疾病，而且一旦感染疾病也较难治愈，因此更应该预防接种。只有那些青紫型先天性心脏病（如青紫四联症或其他复杂畸形），或已经出现心功能障碍的先天性心脏病患儿，才不能打预防针，但口服脊髓灰质炎糖丸疫苗还是安全的。

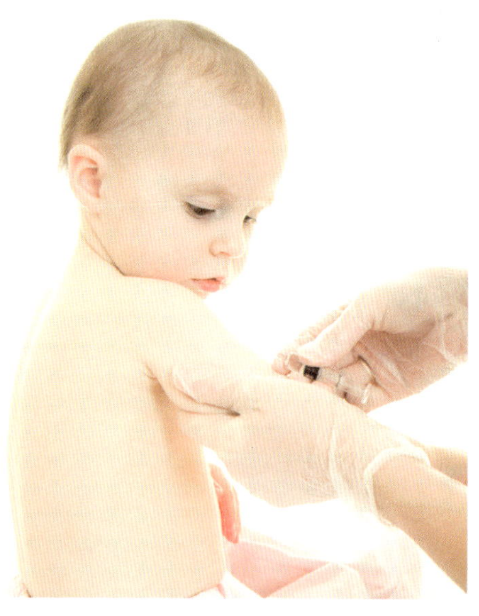

打了疫苗能否100%预防传染病

通过预防接种所获得的抵抗力是相对的，而不是绝对的，也就是说，绝大部分人接种了某种疫苗后，可以不再患该种传染病，而少数人还可能患该种传染病。

原因可能包括以下几点：

- 在接种疫苗时，宝宝已接触过该种传染病的病人，宝宝正处于这种传染病的潜伏期内，接种疫苗后，还未产生免疫力时，这种传染病的症状就出现了。
- 接种疫苗时间过早。宝宝体内大多不能产生有效的免疫力，或者与宝宝体内由母亲转给的尚未完全消失的麻疹抗体中和，使疫苗失效。
- 疫苗保存方法不正确。
- 未按时做加强免疫。
- 疫苗使用不恰当。
- 任何一种疫苗接种以后，都不会使接种的人群100%地产生免疫力，极个别的人接种后如不产生免疫力则仍会患此病。

打疫苗后哪些反应是正常的

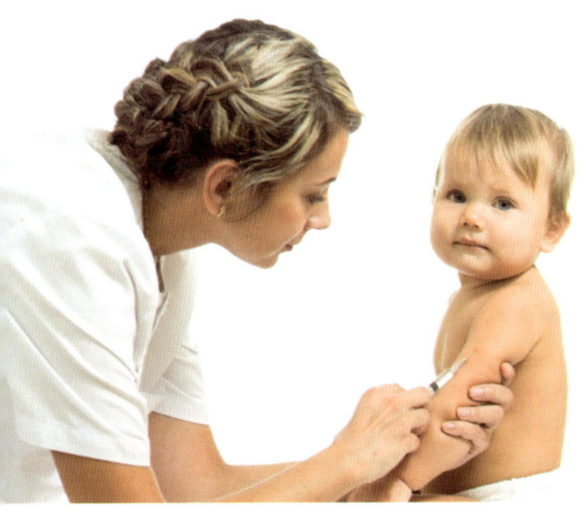

有些疫苗注射后确实会有反应，发热是一个指征。正常情况下38℃左右的低烧不超过24小时，且除了发烧以外没有任何其他的症状是正常的。但发烧超过1天以上的时间，就要考虑宝宝是否有感染，而且如果感染刚好和疫苗的注射偶合在一起，应及时到医院就诊。

宝宝在注射防疫针后，不论是没有出现反应，还是出现了局部红肿或轻微反应，都属正常，家长不必担心。如果出现较为严重的反应，家长应带宝宝到医院及时进行诊治。

一般接种反应无须特殊处理，经适当休息后常于1～2天内消失。反应较重者可对症治疗，如解热止痛剂的应用、局部热敷等。预防接种的异常反应常与接触者体质有关，有时与制品性质有关，较严重时，需及时处理，应立即送医院抢救或治疗。

接种疫苗后出现反应怎么办

人体经接种后，在局部甚至全身可能引起一系列的生理病理反应，这些反应进行过程中所表现出来的临床表现，通称为预防接种的反应。这种反应的表现形式和强度不一，发生反应的原因和性质也各不相同，可分为正常反应、加重反应、异常反应。

疑似预防接种异常反应，是指在预防接种过程中或接种后发生的可能造成受种者机体组织器官、功能损害，且怀疑与预防接种有关的反应。预防接种异常反应是指合格的疫苗在实施规范接种过程中或实施规范接种后造成受种者机体组织器官、功能损害但相关各方均无过错的药品不良反应。

患有中枢神经系统疾病，如脑病、癫痫等或有既往病史者，以及属于过敏体质的人不能接种；发热、急性疾病和慢性疾病的急性发作期应缓种；接种第一针或第二针后如出现严重反应（如休克、高热、尖叫、抽搐等），应停止以后针次的接种。

错过打预防针的时间怎么办

一般的家长都会记得宝宝打各种预防针的时间，可是偶尔也有糊涂的爸妈把这档重要的事给忘了，或是碰巧宝宝身体不舒服，而错过接种的时间。遇到这些状况，是不是可以补救？该如何补救呢？

宝宝的预防注射通常都在两针以上，时间间隔为1～2个月，错过了第一针打的时间，可以立刻补打，但是错过第二或第三针，有些则必须从头补打（卡介苗超过3个月，要做皮肤测试，没有反应的才补打）。

9个月宝宝学站

站出现时间点是9～12个月。宝宝会爬之后，正常状况在8个月大左右就可经由扶持而慢慢学习站立，9个月时能攀扶着家具站起来，到了10个月左右时就可独立站立。

临床上父母常会问：我的宝宝站姿时会出现O型腿、X型腿、内八、外八、扁平足，正常吗？一般而言，正常宝宝在3岁之前出现这些姿势，都属于正常生理性的现象；宝宝在早期成长过程中因肢体钟摆现象，下肢从O型腿到X型腿，乃因早期胎儿在妈妈肚子里适应子宫形态，全身都是缩着的，因此髋关节和膝盖是完全弯曲，使得小腿和脚底会往内旋转。

当孩子开始学会走路之后，腿型会呈现像是有点O型腿的情况，这是正常现象，不需要太过担心。一直到3岁左右，腿型反而会呈现X型腿的样子，以正常的发展状态来说，到六七岁时腿型就会自然变直；在此过程中宝宝同时也有可能内八字脚或外八字脚。至于在扁平足方面，只要宝宝在垫脚时出现弓状，父母就无须担心；但如果过了3岁之后仍有此问题，家长就该考虑是否属于异常。

反之，对于一些高危险宝宝（早产儿、低出生体重<1500克、脑部出血、脑伤），站姿时如出现扁平足、剪刀脚、踮脚尖、膝盖背屈等现象，最好能尽快就医矫正，以免进一步影响将来走路的姿势，而且宝宝年纪愈大也会愈不容易改正。

第9个月 男宝宝喂养

为9～12个月宝宝安排辅食

随着宝宝的逐渐长大，宝宝的辅食安排也应发生相应的变化。

这个时期宝宝长出了牙齿，咀嚼、消化能力增强了许多，糊状食物内加的动、植物辅食颗粒可以粗一些，以锻炼宝宝的咀嚼能力。可以给宝宝吃烂饭、碎面条、面片以及去皮的碎豆瓣、粗肉末等。这时可再减1～2次母乳或乳制品，增加一次普通类似成人食品，即每日2～3次母乳或乳制品、2～3次辅食。

母乳喂养次数视不同的宝宝个体是否早些或晚些断奶而定，每日仅喂1～2次母乳，就比较容易完全断奶。

随着以后添加的动、植物辅食品种的不断增多，硬度也可以逐渐增加，但由于宝宝乳牙未长齐，缺少磨牙（大牙），所以食物不可过硬，不能给宝宝喂坚硬食品。

避免使用骤然断奶的方法

断奶的前期准备工作从逐渐添加辅食时开始，不应采取骤然断奶的方法。应在逐渐减少喂奶次数的同时，逐渐增加辅助食品的次数和数量，直至完全不喂奶时为止。

避免盛夏时断奶

断奶时间最好选择在气候较凉爽的春、秋季，不宜在盛夏时断奶。在盛夏时节，由于宝宝的消化功能降低，抵抗力减弱，极易出现消化不良。

断奶时间的选择还应视宝宝的健康状况而定。在宝宝身体虚弱或病后恢复期，不宜进行断奶计划，应适当推迟断奶时间。

突然断奶不可取

事先不做断奶准备，突然断奶会对宝宝的心理造成很大的打击。他会认为妈妈抛弃他，情绪极不稳定，进而影响进食。宝宝没有适应断奶食物的过程，也很容易生病。

每日给宝宝3次代乳食品，其中有两次在吃完代乳食品后喂母乳，在怎么也断不了母乳的情况下，是否要采取强制性措施停止喂母乳，这就要看喂母乳是否影响婴儿吃代乳食品。如果婴儿虽然断不了母乳，但并不少吃代乳食品，喂他母乳也没关系。

对只想着吃母乳而排斥代乳食品的婴儿，则必须要想办法停止喂母乳。如果只停喂白天的母乳有困难，则可以连晚上的也一起停喂。在乳头上贴上橡皮膏，告诉婴儿说“这里痛，不能给你吃”。也可以用从前的办法，在母亲的乳头涂上苦味的中药。之所以采取这种强制性措施，主要是为了对付那些不分时间场合、整天缠着母亲想吃奶的婴儿。长大一些、懂得了撒娇的婴儿，总是咬着奶头不放而不吃代乳食品，如果不是这种情况，而只是在白天的午睡前、晚上临睡前、夜里醒来时吃母乳，代乳食品也能好好吃的婴儿，就不必停喂母乳。

专家主张

当心宝宝被动高盐

有的父母常以大人的口味来调味宝宝的日常饮食，让宝宝长期处于被动高盐状态，这对宝宝的健康极为不利。一般来说，宝宝1岁以内可以不吃盐，一岁以后每日不超过1克盐。

宝宝辅食制作

猪血粥

原料： 猪血200克，大米50克，葱花适量。

做法：

1 先将米煮粥。将猪血切块，放清水中浸泡。

2 粥快熟时加入猪血，煮至猪血熟，撒上葱花即可。

羊肝菠菜粥

原料： 羊肝50克，菠菜、大米各30克，香油少许。

做法：

1 羊肝去筋洗净，刮成蓉；菠菜洗净，入锅焯熟，捞出切碎。

2 锅中倒少许香油烧热，放入肝泥略炒，盛出。

3 锅中倒入适量水和大米，熬成粥，加入菠菜末，焖15～20分钟，再加肝泥拌匀即可。

油菜粥

原料： 油菜100克，大米100克。

做法：

1 大米洗净，入锅煮熟。

2 油菜洗净，剁碎，加入煮熟的大米粥中，小火煮至油菜熟软即可。

特点： 治脾胃不和。

小米红薯粥

原料： 红薯45克，小米50克。

做法： 将红薯洗净捣碎，与小米同煮为粥即可。

特点： 健脾止泻，消食导滞。治小儿脾胃虚，消化不良，不思乳食，大便稀溏。

健脾粉

原料： 淮米600克，山药、薏米、芡实各250克。

做法：

1 将山药去皮，薏米、淮米、芡实洗净，晾干水分，炒至微黄，共研成粉末备用。

2 食用时取粉末一汤匙，用沸水冲泡成糊状即可。

特点： 此品对于厌食儿童有健脾开胃作用，可增进食欲，促进发育，是婴幼儿理想的添加食品和优良的辅助饮食。

第9个月 男宝宝早教

为9～12个月婴儿选择玩具

宝宝发展

这时候的宝宝不仅主动性强，还会有目标地去进行他觉得有趣的事情，例如想尽办法移动身体去拿某个东西，或是把桌上的东西一个个往下丢等。

宝宝不仅喜欢能与他有互动的玩具，也了解到这些玩具的声光变化是因为他的行为所引起，也就是了解到因果关系。

宝宝的手可以进行较精细的动作，开始能用手指抓握较小的物体。

宝宝慢慢地具有初步的容积概念，也就是某些东西可以被收放在更大的空间的概念，因此他可能会很喜欢开抽屉，把里面的东西通通拿出来，再一一放入。

宝宝对人体或是动物等个体，以及周遭常出现的物体有兴趣。

宝宝开始具有初步的物体恒存概念。如果把某个物体遮住一半，他能明白那个物体尚有另一半被遮住，不会以为另一半不存在、消失了。

建议玩具

因果关系层次较丰富的玩具。简单因果关系的玩具很受宝宝喜爱，像是一捏就发出声音的球、拨浪鼓等。以玩具钢琴为例，宝宝在四五个月时只要以手掌拍打琴键就会发出声音，七八个月时则能让他练习以单指按压琴键。到了这个阶段，他不只会按一个琴键，还能够逐一按下好几个琴键，也懂得不同琴键发出的音乐不一样。

弦歌玩具。这些玩具只要用手一拉就会产生音乐，而玩具本身也会动起来，这是宝宝可以玩很久的玩具。在宝宝4个月以内时，爸妈可将之挂在婴儿床床头并拉线使玩具移动，吸引宝宝注意；而5～8个月的宝宝就会自行用手去拉扯玩具上的线，只是力量不够大；一直到宝宝更大，手指发展更灵活时他就能够施力往下拉。

图片书或布书。相较于之前只有会移动的物体才能吸引宝宝，他现在也可以看或玩静态的图片书，而且他的手指较灵活，也可以自行翻书。不过这时他只是用手胡乱翻动，等到2岁左右他才能够一页一页地翻纸板书。

有容积概念的玩具。最常见的是套圈圈，或是套套杯这类玩具。

可拉着或扶着走路的玩具。因为宝宝在学走路，这类玩具可让他练习走路，或是让他操纵玩具跟着他走。

动物玩偶。若是宝宝有过敏体质或症状，就不要让他玩绒毛娃娃。

玩具DIY

准备一个小箱子，里面放入一些小玩具或是宝宝可玩的物体，让宝宝将物体拿出来再一一放进去，这对他来说就是一件好玩的事情！如果箱子能够推动，那玩法就更多样了！家里的抽屉在没玩具可玩时也可充当玩具。

把很多盒子或易拉罐用线串联在一起，就可让宝宝边走边拉，如果能发出声响就更好了。

男孩子最喜欢的玩具是车吗

宝宝满6个月以后，看到汽车或火车时，便会不自主地发出怪声，有时则摆动着全身兴奋不已。人们常说：男孩天生就对会动的东西比较感兴趣。当然也有少部分的女孩子会对汽车与火车产生兴趣，不过多数女孩对火车、汽车好像完全不感兴趣，总是高高兴兴地玩着布娃娃与过家家的玩具。

妈妈们认为，喜欢布娃娃的男孩不像男孩子。其实每个小孩感兴趣的对象都有时间性。原本只喜欢汽车与火车的小孩，有时会变得喜欢布娃娃；而对汽车与火车丝毫不感兴趣的小孩，有时会突然爱上风驰电掣的高速列车。原本喜欢布偶或卡通人物的小孩，到2岁以后，喜爱的对象便会转变为动画英雄。而热衷于汽车与火车的孩子，常常对动画英雄几乎无动于衷。喜爱动画英雄的男孩子，一般都喜欢玩打仗的游戏。

因此，假如孩子对汽车与火车不感兴趣，也不需要勉强他，不妨利用布偶设法提升宝宝的创造力。有人说“愈喜欢的东西，会学得愈好”，创造一个能让孩子玩自己喜爱的玩具的环境，也可以酝酿出孩子的行动力与个性。

解读男宝宝

澳大利亚教育家史蒂夫·比达尔夫认为，父母对孩子养育方式、传递的信息以及对他们的期望，应该是根据孩子性别的不同而不同的。因此，父母要认清以下几点：

- 对绝大多数人来说，这些只是细微差别。
- 这些区别只是一种发展趋势。
- 这些区别并不适用于每个人。
- 最重要的是，我们不必把这些区别看作男孩女孩各自的局限性。

男女宝宝的兴趣一样吗

女宝宝天性爱观察人，喜欢盯着人看，对新事物比较后知后觉，也有畏惧心理。如果用一件玩具去逗引女宝宝，她会专注地看着拿玩具的人而不是玩具。所以，女宝宝认人、叫人的时间都比男宝宝早。

而男宝宝对新的物品感兴趣，喜欢将新买的东西反复看个究竟，动手能力也比女宝宝强。男宝宝喜欢快速移动的物体，如电视、汽车、电脑等。

男女宝宝不一样的玩耍

男宝宝、女宝宝在玩耍方式上也会显露出性别差异。男宝宝倾向于运动的游戏，喜欢户外玩耍，而且喜欢将玩具用来拆装。

而女宝宝天生就会关心、爱护、照看他人，因此她们喜欢对玩具或游戏注入感情，任何玩具在女宝宝的手里都可以变成她的孩子或伙伴，她可以喂它吃东西、给它讲故事、哄它睡觉……女宝宝天生就有当妈妈的潜质。

和女宝宝相比，男宝宝多数喜欢依赖妈妈，相反，女宝宝多数很独立，一个人独自玩耍也没问题。大概是妈妈觉得“不是很清楚男孩子的事情”，因此容易过于关注男宝宝。而女宝宝长大些，会变得爱对爸爸撒娇。

培养有气质、个性刚毅的男孩

现在几代人把一个男孩子视如掌上明珠，溺爱让孩子们娇气十足，男孩容易有女性化倾向。勇敢、冒险、自强自立是男子汉的特质，不要怕孩子顽皮、折腾。孩子从小经常会遇到挫折与困难，父母应该帮助孩子们提高抗压能力。爬山、游泳、轮滑等体育运动都能提供极好的锻炼机会。

要呵护男孩的自尊

男孩也有着与生俱来的自尊心，他受了伤害会哭，不高兴了会闹。在家庭中，因为男孩饭量大，身体结实，性格皮实，活跃好动，语言发展较女孩晚，神经较女孩来得粗放，情感不那么细腻，打骂后反应不那么强烈，这会让大人产生男孩抗骂抗打的错觉。

多数父亲喜欢男孩，但父子关系往往不如父女关系。男孩子将家里闹得尘土飞扬而导致父母厌烦暴怒，招来痛打滥骂。长期遭受打骂

的孩子会丧失自信力，内心变得懦弱胆怯，有机会时，将变本加厉欺负弱者，不可避免地由受虐者变为施虐者。如果男孩的自尊心从小得到理解与保护，他长大后将非常可爱，非常有成就。

解读男宝宝

有些父母在教育男孩时总是让男孩和女孩一起玩或是像养育女孩一样去养育男孩，长此以往，男孩的性情将变得越来越孤僻，越来越像女孩子，不敢或不愿意去玩那些属于男孩子的游戏。因此父母要注意，第一，不要把男孩打扮成女孩，第二要让儿子多和男性伙伴玩耍。

男孩要大气

要教孩子从小学大气，要学君子坦荡荡，小事忍让，不要计较一时得失，不背后说人短长，更不要为了争名夺利搞阴谋诡计。

男孩子要成为男子汉，从小就要学着大气。大气是人生成就大事的基础，是一个男人做人、做事最能体现其男性魅力的方面。这种大气不是生来就有的，而在于后天培养。

大气是一种高远的眼光，使人不局限于暂时的成败与得失。大气的家长，孩子做得好了不会喜形于色，欣喜若狂；孩子做不好也不会怒发冲冠，不饶不依，拿孩子是问。大气是一种修养，更需要从小培养锻炼，需要通过耳濡目染渐渐熏陶。

对男孩子不要心软

父母如果心太软，对孩子的事情包办过多，往往容易造就懦夫和懒汉。当孩子做不好事情或遇到困难时，父母应该做的是鼓励，而不是替代。可是有些父母唯恐对孩子照顾不周，宁愿自己受苦，不愿孩子受累，帮孩子做了本应由孩子做的事情，最终结果是养成了低能的孩子，使其生活自理能力差，做事优柔寡断，与人交往不合群，感情经不起挫折。

因此，父母要心肠硬一些，让男孩早日长出独立的翅膀。

心理学家威廉·詹姆士说："播下一个行动，收获一种习惯；播下一种习惯，收获一种性格；播下一种性格，收获一种命运。"从小养成的习惯会伴随人一生，在孩子成长初期培养他勤俭节约的品质，会使他受益终生。

育儿难题 Q&A

Q 我的宝贝儿子现在9个多月，从他一出生开始就很不容易入睡，每天晚上都要一直抱着他摇啊摇，唱催眠曲，经常要搞到一个多小时才能入睡，还不敢换手。放到他的小床要非常小心，以免惊醒他而前功尽弃，害我的手酸死了！婆婆说不要抱着他摇，以免惯坏他，可是我要如何才能让我儿子乖乖入睡呢？每天这样摇真的好累啊！

A 你的心情我能体会，小宝宝在2岁前是很注重安全感的建立，另外，个人睡眠周期亦因人而异。可能你的小宝宝在有人摇动时才会感到有人与他在一起，建议其睡觉时尽量将灯光打暗，有妈妈的声音陪伴最好。要注意的是，尽量在他起床时可以看得到父母亲的脸，大部分宝宝在2岁之后，安全感建立好，此状况会逐渐改善。

Q 宝宝感冒或是拉肚子的时候，还是可以照常喝奶吗？如果宝宝已经开始吃辅食的话，要特别注意什么呢？

A 如果是喂母乳的话，还是可以照常喂食，而且有助于疾病提早痊愈。但是喂食配方奶的宝宝，若是腹泻时则应遵照医生指示，适时调整或改喝低乳糖或无乳糖配方奶。单纯的感冒，不用改变饮食习惯；腹泻时，辅食要暂时停止，以免对宝宝的肠胃造成太多负担，但可以考虑继续喂食米汤。

Q 我的宝宝目前9个多月还未长牙，是否宝宝钙质不够？

A 时常有人会建议：如果牙齿长得慢，可以吃钙片，这种说法在医学上并无根据。牙齿长得慢的小宝宝，如果骨骼发育得很好，没有任何钙质缺乏的症候，补充钙对促进牙齿的生长不但没有帮助，反而会加重肾脏的负担。先天性缺牙是十分罕见的，如到1岁仍未有长牙迹象，可找小儿牙科医生检查一下。

PART 10

第10个月 男宝宝养育

男宝宝10个月体格发育指标

项目	年龄组	下限值	上限值
身高	10月	66.4厘米	82.1厘米
体重	10月	6.86千克	13.34千克
头围	10月	约为45.7厘米	
胸围	10月	约为46.0厘米	
牙齿	10月	长出上侧切牙、下侧切牙	
囟门	6月以后	逐渐骨化而变小	

第10个月 男宝宝日常保健

让宝宝形成良好的生活规律

吃、玩、睡是宝宝生活的三大环节。根据宝宝的生活节律，要把吃饭、睡觉的次数和时间掌握好，使其生活有条理。

10个月的宝宝，每天吃饭、吃奶共5次（喝水、吃水果除外）。让宝宝与大人坐在餐桌上同时进餐，进一步培养其自用餐具的能力。进餐环境要安静，不要边吃边玩、边吃边说，这样做容易分散宝宝的注意力，影响宝宝的食欲。

宝宝白天可分上、下午睡觉，每次约2个小时，晚上睡10个小时，一昼夜约睡14个小时即可。

特别要注意男宝宝安全

10个月的宝宝已学会爬、坐、扶、站，一旦能自己扶着走，其活动范围更广，加上好奇心强烈，父母很难预测到宝宝会干出什么事情来。宝宝爬的本领大了，开始会攀高，虽能扶着走，但动作不稳，跌跌撞撞，常会摔倒。他开始感到这个世界是属于他的，他会尽全力去探索和寻找，他既

不懂什么东西有危险，更不懂怎样保护自己，因而容易发生一些意外的事故。此时做好居室安全工作十分重要。

宝宝的脚步不稳，头重脚轻，易摔倒，且头容易碰撞桌椅的棱角，所以这些地方要贴上海绵或橡胶皮，以防止发生危险。如果条件许可，最好让宝宝在空旷的房间玩，应将组合式柜子或桌子等固定好；任何柜子都应该没有可供宝宝踩、抓的地方，使宝宝无法攀爬；室内楼梯应加护栏，桌、椅、床均应远离窗子，防止宝宝攀爬到窗边；宝宝的用品，如坐的椅子应稳重且坚固；床栏应坚固且高度超过宝宝胸部；借用别人的小车应检查挂钩和车轴，以防意外发生。

解读男宝宝

有些家长容易过于溺爱孩子，使得他们事事依靠家长。有的甚至把男孩当作“小皇帝”一样侍奉。这样养育男孩的后果是，不管是同龄伙伴还是其他人都不愿与一个被宠坏的男孩交往。

如果宝宝从高处摔下来，要观察他的神态，若出现呕吐、神志不清，要立即送医院。

隔代教养可能出现的问题

隔代教养已是普遍的现象，然而所衍生出的问题也不少。父母能陪伴在孩子身边当然最好，若不得已必须将孩子委托给祖父母照顾时，怎么做才能取得最佳的平衡点？怎么做对孩子最好呢？

隔代教育的定义很广，有的是祖父母全职照料，或是白天由祖父母照顾，晚上由双亲轮流照顾模式，或是假日才由双亲照顾等，都算是隔代教养。普遍出现的问题如下：

1 管教问题。人的心情随着年纪不一样而有所改变。许多当了爷爷奶奶的人，多只是想要疼小孩而不是管小孩，再加上活动力下降，面临孩子的吵闹，变为“吵闹的孩子有糖吃”。这和年轻父母期待培养孩子独立照顾自己的能力是不一样的。此外，两代（祖父母与父母）价值观可能有所不同，面对管教态度的意见、想法、技巧也有所不同，如果没有良好的沟通，很容易造成彼此的冲突。

2 祖父母的体力问题。年迈的二老面对孙子旺盛的活力，常心有余而力不足。除了体力上的限制，祖父母的健康状况也是需要注意的一环。

过度的劳累可能会恶化祖父母原本的病情（如高血压、糖尿病等），或是增加发生意外的危险（如制止孙子的追逐而不小心骨折或是跌倒）；有些照顾者出现记忆力下降的情形，也可能影响照护的质量（如重复喂药等问题）。

3 语言沟通问题。6岁以前是孩子各方面发展的黄金时期，语言发展也是非常重要的一环。语言的不同（如祖父母只讲方言不讲普通话）或是语言刺激不足（如祖父母活动力下降，较为沉默）等，皆可能影响孩子的语言发展。

4 儿童发展心理层面的影响。婴幼儿是发展“依附关系”的重要关键时期。孩子的成长只有一次，孩子的童年也只有一次，父母即使不能时常陪伴在孩子身旁，仍要注意与孩子建立关系。

婴幼儿处于脑部发育的关键时期，最重要的就是借由外界不断的刺激来增进学习。祖父母被认为属于文化刺激较为不足的一群，故被认为较不能提供多样的文化刺激。

当然，隔代教养也有其正面的影响。祖父母除了协助自己的子女照顾孙子孙女，减轻他们的负担之外，有经验的祖父母面对孩子的状况，较能心平气和地处理，不会像有些新手父母那样过度焦虑。另外，祖父母除了扮演抚养照顾的角色，也可以扮演多种角色。在新两代及三代关系中，当亲子之间冲突对立时，祖父母可以成为新两代的桥梁及缓冲。

父母在隔代教养的过程中，应留意下列几点注意事项，妥善处理，以期能增进亲子关系。

- 父母的爱是他人无法取代的，对孩子应更加关心，多多抽空陪孩子，并参与他的活动，重质胜于重量。
- 注意3岁以前的教育，在某些关键期尽量不要缺席。
- 考虑祖父母的身体、精神状况及意愿。
- 父母与祖父母宜多互动，以减少子女适应问题。
- 注意孩子由祖父母家回到原生家庭的衔接适应问题。

避免将两代之间的嫌隙战争带到孩子身上。

有特殊状况需耗心耗力照顾的孩子，不宜由祖父母接手（如自闭症、脑性麻痹等）。

隔代教养不可否认地有其利弊，但当我们面临无可避免的隔代教养时，应该在利弊之间取得较佳的平衡点，以孩子的最大利益为考虑，提供孩子幸福而理想的成长环境，这是父母与祖父母可以共同携手创造的。

宝宝什么都拿来舔怎么办

不管是男孩也好女孩也好，总是有些孩子喜欢随便往嘴里塞东西。例如：在沙地里像舔糖果那样舔石子，用牙齿咬玩具车，舔帽子带，咬书，啃积木，有时还会将小珠子、玻璃弹珠等放进嘴巴里。嘴巴就像是宝宝的触觉器官一样。

常舔东西，证明宝宝的好奇心很强。宝宝第一次看见东西时，最先都会用嘴巴来确定物品的触觉。他把东西塞进口中，来判断物品的硬度、形状、质地等。好奇心愈强的小孩，愈有把东西塞进嘴巴里的倾向。虽然没有所谓的性别差异，但实际上，会在沙地里把沙子或碎石子塞满嘴的，通常以男孩子居多。遇到这种情况，不要斥责宝宝。往嘴里塞东西的时间，最久的会持续到2岁左右。

这并不是说可以让孩子随便啃咬东西，在他们将沙子或碎石等脏东西放进嘴巴之前，妈妈就应该予以遏止。母亲要注意小孩的卫生问题。

如果发现孩子把弹珠或圆形干电池放进嘴里，大人如果大声呼喊“啊，不行”，则孩子有可能因受到惊吓而将它吞下去，遇到这种情况应尽量冷静。

非危险的物品就让他舔吧。例如，积木、毛巾等既不危险又不肮脏的东西，让宝宝充分地体验其触感，以满足他的好奇心。尽量给孩子木制的玩具、纸张类的东西，可以放心地让孩子舔、啃东西，这是个非常重要的成长过程。所以只要没有危险性，就不要制止，只需在一旁看护着他就行了。

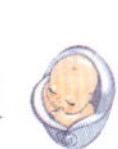

什么样的孩子发烧后会抽风

高热惊厥是儿科常见急症，什么样的孩子容易抽风呢？

1 和遗传有关。高热惊厥可遗传，父母一方或者爷爷奶奶有这个病，孩子就可能有高热惊厥。

2 和温度有关。高热惊厥一定是在体温非常高的时候，一般是在发病初期，特别是温度正常上升到最高的时候抽风。如果已经烧了三四天，一般就不会惊厥了，多是刚开始温度一升高刺激神经系统以后引起来的。

3 和孩子的年龄有关。一般情况下，1～5岁是惊厥的高发阶段，1岁以下的孩子很少有高热惊厥。1岁以下的孩子如果发生高热惊厥，也许会有其他疾病存在，例如脑发育不良等，一定要仔细检查。孩子5岁以后就很少有高热惊厥了，如果发生高热惊厥，也是会有其他问题。

高热惊厥表现为意识丧失，双眼上翻，牙关紧闭，四肢抽动。惊厥停止后，患儿也随之清醒。

孩子发生高热惊厥怎么办

高热惊厥都是在瞬间发生，时间很短，2分钟不到。这么短的时间我们要做到以下几点：

- 不要抱起孩子，要迅速让孩子平躺，头侧起来。打开衣服领子，以免抽风误吸入呕吐物，如果呕吐物吸到气管里面是很危险的。
- 孩子惊厥的时候牙关非常有劲。用筷子绑一个棉的东西放到孩子嘴里面，防止把舌头咬伤。有的孩子抽得厉害，可能发生窒息。如果孩子抽的时候一时没东西，可以把自己的手先放进去。
- 可在患儿肛门内放入退热栓。
- 孩子惊厥停止后，立即送孩子去医院。如果2～3分钟惊厥没有停止，就不要等待，带孩子尽快去医院。第一次惊厥以后，要给孩子做详细的检查。
- 孩子惊厥时，不要随便掐孩子人中，或者按摩。

孩子有过一次惊厥，以后发生的机会就更高了。一发烧就惊厥，开始抽的时候可能是39℃，以后38℃就抽了。这样的孩子一旦出现高热，要立刻降温。一般的孩子38.5℃吃退烧药，高热惊厥的孩子38℃就要给他吃药。如果已经出过两次了，应提前用一点镇定药，防止发生高热惊厥。

第10个月 男宝宝喂养

10个月宝宝这样吃

这个时期的宝宝，已经开始进入模仿大人的阶段，所以大人可以和宝宝一起吃饭并示范给孩子看。若宝宝有不爱吃的东西或吃的量改变，可换个口味，下次再尝试，千万不要过分勉强喂食，以免造成反效果。

另外要注意，不要给宝宝吃太多甜食、油炸食物或饮料。因为过多的甜食会影响宝宝正餐的食量，甚至会影响宝宝将来的反应能力，有碍健康。

辅食的添加期接近尾声了，为了宝宝的营养以及健康长大，宝宝满周岁后可以和爸妈一起用餐，并且吃一样的东西。而全素食（不吃奶、蛋）的宝宝就必须额外补充维生素B_{12}片剂。

10～12个月婴儿的食品添加表

月龄	食品来源与数量
10～12月	母乳：一天喂3～4次
	婴儿配方奶：每次210～240毫升
	果汁或果泥：1～2汤匙/天
	剁碎蔬菜：2～4汤匙/天
	粥或面条300～360克/天；或干饭300克/天；或吐司、馒头、麦糊等3次（300克）/天
	蛋黄1～1.5个；豆腐75～100克；豆浆1.5～2杯（240～360毫升）；鱼、猪肉、猪肝泥50～100克；鱼松、肉松30～40克

家长要注意的是：

1 断奶后期的食物硬度以牙床能打碎的程度为主，如一口大小的熟食。

2 硬质（坚果、玉米、硬糖、爆米花、洋芋片等）、粗纤维（芹菜、竹笋等）、黏性（口香糖）、大颗粒状（葡萄、果冻、小热狗）等食物不适合宝宝食用，以免发生窒息意外。

11～12个月可以开始进食一般成人食物，食物形态仍以易咀嚼的为主，依婴儿的能力制备食物。

影响婴幼儿发展的相关营养素

影响问题	相关营养素	食物来源
视力发展	维生素（A、C、E） DHA、B族维生素	胡萝卜、动物肝脏、豆制品、蛋、肉类、深海鱼类、牛奶、绿叶蔬菜、水果或新鲜果汁等
骨骼、牙齿	钙、磷、镁、维生素D	牛奶、奶酪、酸奶、小鱼干、蛤、豆制品等
大脑发育	DHA、铁	深海鱼类、牛肉、动物肝脏、动物血制品、谷类、豆制品、海带、海苔、葡萄等

宝宝缺锌有哪些表现

儿童缺锌主要表现为下肢骨骼发育不良，出现类似关节炎样改变，甚至引起生长发育迟滞、骨龄落后、身材矮小，还会引起脊柱异常弯曲。在青春期缺锌可导致性发育迟缓、贫血、伤口不愈、厌食、尝味能力下降等。食欲下降是儿童体内缺锌的最常见症状。锌与儿童的智力发育关系也较密切，检测分析表明，智力较高、成绩优良的儿童少年，其血锌和发锌含量相对较高。锌还是肝脏和视网膜内维生素A还原酶的组成成分，参与视黄醛的合成和变构。缺锌时酶的活力受影响，影响视黄醛的作用和维生素A代谢，导致暗适应功能失常。缺锌还可导致T细胞功能明显降低，削弱机体的防御能力。

为什么会缺锌

儿童缺锌既有先天因素，又有后天影响。母乳喂养是最科学的育婴途径，因为母乳中含有能与锌结合的小分子量配体，有利于锌的吸收，而乳制品中则缺乏这种配体。此外，膳食单一、挑食偏食、精细食物过多都会阻碍锌的吸收和利用。

另外，我国大多数人群都喜欢在菜肴中添加味精，味精（谷氨酸钠）随食物进入人体后，在肝脏中被谷氨酸丙酮酸转化，生成谷氨酸后再为人体吸收。但对于婴幼儿，过量的谷氨酸能与血液中的锌发生特异性结合，生成不能被机体利用的谷氨酸锌，随尿液排出体外，从而使婴幼儿体内的锌被逐渐带走，导致机体缺锌。

此外，谷类食物含有较多的磷酸盐，能与锌形成不溶性的复合物而阻碍锌吸收。

怎样预防缺锌

1 坚持合理的膳食。保证膳食中动物食品占一定比例是预防缺锌的重要措施。

2 纠正不良的饮食习惯。多吃富含微量元素的食物，保证每日摄入足够的热量、蛋白质和水分，做到荤素搭配、米面混合，坚持改变只吃荤菜或只吃蔬菜的偏食或挑食的坏习惯。

3 提倡母乳喂养。母乳中含有特殊促进锌吸收的结合配体，锌具有高度的生物利用率，故提倡母乳喂养对预防婴儿缺锌是十分必要的。

4 用药物补锌最好在医生指导和监测下进行，并有一定的疗程，这是因为体内锌过多也是有害无益的。最理想的补锌方法是吃含锌量较高的食物。因为食物含锌量少，食补很少出现不良反应。

动物性食物是锌的可靠来源。海牡蛎含锌最丰富，以每100克食物中的含锌量计，海牡蛎肉含锌量超过100毫克。畜、禽肉及肝脏、蛋类含锌2～5毫克，鱼及一般海产品含锌1.5毫克，奶和奶制品含锌0.3～1.5毫克，谷类和豆类含锌1.5～2.0毫克，蔬菜水果含锌少于1毫克。

含锌最多的食物有母乳、瘦肉、豆类、花生、核桃、小麦、萝卜、大白菜、牡蛎、瘦肉、动物肝、蛋、虾蟹、芝麻等。

补锌的药有锌硒宝、葡萄糖酸锌等。

词汇解读

断奶

产后10个月，母乳的分泌量及营养成分都减少了很多，而宝宝此时却需要更加丰富的营养，如果不断奶，就会患上佝偻病、贫血等营养不良性疾病。同时，妈妈喂奶的时间太久，会使子宫内膜发生萎缩，引起月经不调，还会因睡眠不好、营养消耗过多造成体力透支。因此，适时给宝宝断奶对宝宝和妈妈的健康都非常重要。断奶是指断掉母乳，而不是断掉牛奶或奶粉。此时宝宝的主食仍然是奶类，直到1岁以后，过渡到以奶类为辅、以饭菜为主。

宝宝辅食制作

番茄面片

原料：面片50克，番茄25克，鸡蛋1个（约60克），植物油少许。

做法：

1 番茄洗净，切成拇指大小的方块；鸡蛋磕入碗中打散。

2 锅里加少量植物油，放入番茄，小火翻炒至番茄变软，炒碎，加适量水，放入面片，煮至八成熟，放入鸡蛋液搅匀即可。

软饭

原料：大米20克，豆腐10克，青菜10克，另备高汤（炖鱼汤、炖鸡汤、炖排骨汤均可）适量。

做法：

1 大米淘洗干净，放入盆内，加清水，上笼蒸成软饭待用。

2 将青菜择洗干净，切成末；豆腐放入开水中焯烫片刻，捞出沥干，切成末。

3 将米饭放入锅内，加入肉汤一起煮，煮软后加入豆腐、青菜末稍煮即成。

什锦豆腐糊

原料：嫩豆腐50克，煮后切碎的胡萝卜末、绿叶菜末、肉末各1匙，调匀的鸡蛋黄、肉汤各1匙。

做法：

1 将豆腐放入开水锅中焯一下，去掉水分切成碎块。

2 将肉末放入锅内，加肉汤，再将碎豆腐和蔬菜末放锅中，用小火煮至收汤。

3 倒入调匀的鸡蛋黄，并不断地搅拌，使整个菜成糊状，盛出即可。

蒸嫩丸子

原料：肉末60克，淀粉10克。

做法：

1 肉末中加入淀粉拌匀，甩打至有弹性再分搓成一口大小的丸状；碗中放入少许淀粉，用水调匀成芡汁。

2 肉丸摆入盘中，用保鲜膜包好，中火蒸1小时至肉软烂，淋入芡汁，再蒸5分钟即可。

第10个月 男宝宝早教

进行赏识教育让男孩自信

10个月的宝宝是喜欢听好话、喜欢受表扬的宝宝。这时一方面他已能听懂你常说的赞扬话，另一方面他的言语动作和情绪也发展了。他会为家人表演游戏，如果听到喝彩、称赞，就会重复原来的语言和动作，这是他能够初次体验成功欢乐的表现。而成功的欢乐是一种巨大的情绪力量，它形成了宝宝从事智慧活动的最佳心理背景，维持着最优的脑的活动状态。它是智力发展的催化剂，它将不断地激活宝宝探索的兴趣和动机，极大地助长他形成自信的个性心理特征，而这些对于宝宝的成长来说，都是极为宝贵的。

对宝宝的每一个小小的成就，你都要随时给予鼓励。不要吝啬你的赞扬话，而要用你丰富的表情、由衷的喝彩、兴奋的拍手、竖起大拇指的动作以及一人为主、全家人一起称赞的方法，营造一个“正强化”的亲子气氛。这种“正强化”的心理学方法，会促使你的宝宝健康茁壮地成长。

男孩的运动智能

有意义的体能活动本身就是一种智慧。它包括两种主要的能力：一是善于以技巧控制自身的动作，如运动员、舞蹈家所表现出的智慧；二是善于以技巧控制自身以外的物体，如画家、雕塑家所拥有的智慧。采用体育教育手段，不仅有助于宝宝身体素质的提高，而且能够培养宝宝的心理素质和社会性素

解读男宝宝

男孩如同远古时期的小猎人，他们需要广阔的空间和自由的行动，他们依靠运动和攀爬来健康地发育他们的大脑。父母不应束缚他。你应做的，就在不干涉他的前提下尽量保护他的安全，并且相信他天生的空间判断能力。

质，包括认知、情感、意志、性格、自我意识、公德和法律法规等，对宝宝整体的身心健康方面有极大的裨益。调查结果显示，参加运动训练项目的宝宝在自知性、自觉性、合群性、交往能力竞争性以及克服困难等几方面明显优于不参加运动锻炼的宝宝。

具有身体运动智能是指宝宝举止优美而恰当，具有协调肌肉动作以及合理精确地使用他们的身体和其他物品的能力。它主要是指宝宝具有操作事物的技巧。幼儿身体运动能力的发展，就是满足幼儿对运动的欲望与兴趣，在自己感觉有趣的活动中，尽兴地玩，从活动中提高身体运动能力，促进健康。因此在父母与宝宝平时的相处嬉闹中蕴藏着许多运动能力训练的契机。

首先，要培养幼儿对身体运动的兴趣。可以有意识地开展一些生动有趣的活动来提高宝宝的兴趣，如母亲当裁判，父子俩比赛，看谁能坚持做一只独立金鸡，由此培养幼儿的平衡和协调的能力。或母子一起捡豆豆、折纸船、钉纽扣，在这一过程中既增进了母子间的感情，又发展了宝宝的手眼协调能力，锻炼了手部小肌肉群的活动能力。其次，父母在训练宝宝锻炼时要保证运动的质量，要根据宝宝的特点，从实际出发，选择适当的形式，保证适当的活动量和运动强度，真正调动每一块肌肉、每一根神经参与其中，使宝宝得到真正的锻炼。此外在运动的过程中，父母应该以身作则，养成锻炼身体的习惯，利用现身教法，感染宝宝去喜欢体育运动，并养成习惯，从而提高宝宝的身体素质及运动能力。

育儿难题 Q&A

Q 我家宝宝前几天被蚊子咬了几个包，刚开始只有红红的小点点，以为擦一擦清凉油就会没事了，没想到隔天被蚊子咬的地方竟然肿得像面包一样！赶快带他去看医生，打了消炎针又吃药才慢慢消肿。医生说如果破皮又发炎就会变成蜂窝性组织炎。什么是蜂窝性组织炎？只是被蚊子咬为何这么严重？下次若不小心被蚊子咬该怎么办呢？

A 小婴儿皮肤的皮下组织较松软，在受到蚊虫叮咬后，其反应可能不尽相同，有些只是红肿，有些会并发有水肿产生，一般并不会感到疼痛。但是常因为痒，小宝宝会去抓挠，若有伤口，会使表皮层之细菌入侵，造成皮下软组织发炎，称为蜂窝性组织炎。

蜂窝性组织炎的症状为皮肤下呈现有红、肿、热、痛之发炎表现，若不及时治疗，等到出现发烧、全身不适、淋巴结肿大等症状时，可能是细菌已经侵入血液中，严重者造成败血症，会有生命危险！若发炎情形不是很严重，可使用抗生素治疗；但若已形成脓肿，就必须由外科医生做切开引流及清创，通常7～10天可痊愈。所以当小宝宝被蚊虫叮咬时，可以先冰敷，若有伤口（即使是小伤口）则就医比较保险。

Q 我儿子10个多月了，他都习惯用左手，这样是代表他是左撇子吗？需要改变他的习惯吗？为何有人右撇子？有人左撇子？

A 人类的大脑分为左脑、右脑，各司其职，功能迥异。左脑支配右半身的活动，掌管语言、文字、计算、分析、抽象思维、逻辑推理等功能，大部分人的左脑占优势，因此左脑又称为“优势半球”，所以右撇子的人比较多。右脑支配左半身的活动，掌管想象、空间概念、情感、韵律、色彩、直觉等功能，左撇子的人则是右脑比较发达。

小宝宝早期运动之发展，约在1岁前，皆是对称性发展，并无所谓惯用左右手；一直到1岁半之后，其左右大脑逐渐分化，才会有左、右撇子之分。若在1岁前发现有惯用左手，建议先带往小儿神经科，进一步检查是否有神经性疾病。若是正常，其实左撇子与右撇子皆一样聪明，如美国总统布什亦是左撇子，或许你的小宝宝以后是个天才也说不定。

Q 如果宝宝接受了一段时间的辅食，突然间却又不肯再吃辅食，怎么办?

A 这种现象的原因不明，但是通常不会维持太久。有可能是宝宝吃腻原有的食物，可以试着更换食物再试试看，务必耐心地协助宝宝进食。

Q 我想一次制作分量多一点的辅食并冷冻起来，要吃的时候再拿出来解冻，请问这样会不会影响到食物的营养?

A 将食物冷冻之后再解冻，并不会影响到食物的营养，用电饭锅或是微波炉加热均可。目前对于以微波炉加热食物是否会影响到食物营养尚未有定论，但微波炉毕竟是非常方便的工具。而在加热过程中容易流失的维生素都可以从新鲜的水果中获得。

建议将单项的辅食分开制作，并用制冰盒做成好几个一小格的冰块后，再拿出来放到密闭的保鲜盒中冷冻到冰箱中，这样即使冷冻好几天也不会让食物沾染到冰箱中的其他味道。

断奶的进行形式表

月龄时间	断奶初期（5～6个月）	断奶中期（7～8个月）	断奶后期（9～10个月）
6时	○ ○	○ ○	○
10时	◔ ◔	◑ ◕	◕
14时	◔ ◔	○ ○	◕
18时	○ ◔	◑ ◕	◕
22时	○ ○	○ ○	○

	断奶后期（9～10个月）	断奶完成期（11个月）
早饭	●	●
10时	◠	◠
午饭	●	●
15时	◒	◒
晚饭	●	●
22时	○	○

白：配方奶，橙：辅食

PART 11

第11个月 男宝宝养育

男宝宝11个月体格发育指标

项目	年龄组	下限值	上限值
身高	11月	67.5厘米	83.6厘米
体重	11月	7.04千克	13.68千克
头围	11月	约为46.1厘米	
胸围	11月	约为46.4厘米	
牙齿	11月	长齐下中切牙、上中切牙、上侧切牙，长出下侧切牙	

第11个月 男宝宝日常保健

男孩玩小鸡鸡怎么办

有的宝宝虽然什么都不懂，却会玩弄自己的小鸡鸡，从中得到乐趣，并可以出现勃起，这使父母感到困惑。

实际上，宝宝玩弄生殖器与玩自己的手指一样，与成人或少年有意识的行为不同。宝宝是在摸玩自己时，发现了抚摩生殖器很舒服。其实男孩儿在子宫里时阴茎就能勃起了，这是一种生物反应。

对宝宝玩弄生殖器的动作，父母不必大惊小怪，也不要呵斥宝宝，使他受到抑制。可以丰富宝宝的生活，在他出现这种动作时，分散他的注意力，吸引他去做别的事。不要让他感到孤独，要给他足够的爱抚，使他不至于皮肤饥饿，也可以多跟他做一些运动性游戏，让他的精力尽量发泄。

宝宝大一些，懂得了道理，父母也不要直接批评他的这种行为，可以让他感觉到父母不希望他这样，而且让他知道这是隐私行为，不能公开做。

宝宝大便酸臭怎么办

随着代乳食品如米粥、面包等量的增加，宝宝的大便也逐渐带有“粪臭”味了，颜色也比只喝奶时变深了。用菠菜、胡萝卜代替了切碎的蔬菜，尽管母亲认为煮得很烂了，可还能从孩子的大便中看到没有消化的部分，这是很正常的。只要宝宝不腹泻，就可以继续给孩子吃。

大便的次数因孩子而异，有每日1～2次的，也有两日才便1次的。

多带宝宝到户外活动

到了11～12个月这个阶段，为了增加宝宝的社会知识，开阔眼界，促进运动机能和智力发育，带宝宝四处玩玩是很有益处的。宝宝一到外面，就会用手指着要到这边去、那边玩，很不愿意回家。大人也应该边指实物边用简单的话教宝宝，比如见了狗就教“汪汪”，见了猫就教“喵喵”等，这样，宝宝不仅会很高兴，而且很快就会记牢。

解读男宝宝

男孩通常精力过于旺盛，需要发泄出来，所以要保证他们有充足的时间和空间进行锻炼。

在外面玩够以后，宝宝就能够单独在家里长时间地玩小汽车等能动的玩具和洋娃娃等，这样，妈妈也可以轻松些。

宝宝玩的时候尽量穿得单薄些，以便能自由活动。

不要常带宝宝到马路边玩

我们提倡多带宝宝到户外玩、多晒太阳，但不赞成常抱宝宝在路边玩。

马路上车多人多，宝宝爱看，大人也爱看。有的父母认为，只要把宝宝看好，不碰着宝宝，在路边玩要很省事。其实，马路两边是污染最严重的地方，对宝宝和大人都极有害。

汽车在路上跑，汽车排放的废气中含有大量一氧化碳、碳氢化合物等有害气体，马路上含汽车尾气的污染是最严重的；马路上各种汽车鸣笛声、刹车声、发动机声等噪声影响宝宝的听力；马路上的扬尘含有各种有害物质和病菌、微生物，会损害宝宝的健康。

带宝宝玩耍，要到公园、郊外等空气新鲜的地方。

男宝宝要积极锻炼

宝宝开始积极用手扶着东西练习走路时，常常摔屁股，因此应当在房间里为宝宝创造一个能练习走路的空间。个子高的宝宝，可推着包装箱练习走路。

虽然这时宝宝还不能独自站着走，但把他带到秋千上他会紧紧抓住吊绳，缓缓荡动时，宝宝很高兴。可让宝宝在坡度平缓的滑梯上玩，也可让宝宝在草坪上投掷较大的球。让宝宝坐到宝宝车里，在外面转一圈，可以锻炼宝宝的皮肤和呼吸器官。

不让宝宝锻炼，只能培养出肥胖儿。让宝宝在室外玩，不要穿太多的衣服，穿得过多，就要出汗，所以母亲应注意让宝宝穿薄点。宝宝在外面跑时，会沾上灰尘，洗澡时应认真地洗。

宝宝从何时开始学步好

宝宝学走路不能过早，否则，对于宝宝的生理和智力发育会产生不良的影响。但是，宝宝到了1岁大的时候，父母们就要慎重考虑宝宝学步的问题了，因为这是宝宝学步的时候了。

通常情况下，宝宝在11个月至1岁8个月期间开始学习走路都属于正常年龄范围。具体到每个宝宝身上，学步时间的早晚又各不相同。下面为父母们介绍一种简单的判断方法。

宝宝想迈步的时候，一定是在支撑物的帮助下进行，支撑物可以是成人的手、床、沙发、凳子、小桌等。

当宝宝刚刚能够离开支撑物独立站立时，父母切忌急于求成地让宝宝马上独立行走，而应让他继续在支撑物的帮助下练习走步。

只有当宝宝离开支撑物，能够独立地蹲下、站起来并能保持身体平衡时，才真正到了宝宝学步的最佳时机。

具备一定的腿部力量是蹲下、站起并保持身体平衡的前提，因此，父母们应在宝宝学步前让宝宝进行腿部力量锻炼的游戏，以增强他的腿部肌肉力量。同时，要给宝宝多吃含钙食物。

对努力尝试要站起来的宝宝，你可以布置一个环境，来帮助他开始移步。如把椅子排成一列，在第一把椅子上放一个玩具，让站在椅子前的宝宝抓玩，然后再把另一个玩具放在第二把椅子上，诱使宝宝倾身向前而迈开步子。开始时，可以把每把椅子紧挨着放，等宝宝脚步较稳时，则把椅子的间距拉大些，让他渐渐少倚靠椅子。

如果宝宝累了，搂搂他，把他放在地上坐着休息一会儿。稍后可以让宝宝自己扶着硬纸板箱子，在屋里推着走。用纸箱比用有轮子的学步车安全些，不至于让宝宝“人仰马翻”，而且也不需要花钱。

感冒后警惕鼻窦炎

鼻窦炎是感冒后多见的并发症，但有时不易诊断出来，有时又会被过度诊断。鼻涕变黄不是诊断的唯一依据，因为感冒的恢复期也容易看到鼻涕由大量透明变为黄稠。

上颌窦位于鼻子的左右两边，周岁以后就有可能发炎，临床上最常见；蝶窦位于眼窝的后方，周岁以后也有可能发炎，但临床上少见；筛窦位于眼窝的中间，3～5岁以后才有可能发炎；额窦则位于眼窝的上方，6～10岁以后才有发炎的可能。这4对鼻旁窦中，以上颌窦最容易发炎了。

鼻窦炎常见症状

超过3～4天以上的持续黄脓鼻涕、鼻塞。容易导致鼻涕倒流，也会引起在晚上发作的慢性咳嗽，有时也会出现鼻音。

脸部肿胀或眼球周围水肿、牙痛、头痛等。最常见的就是位于鼻子左右两边的上颌窦发炎，所以家长若发现幼儿持续流黄脓鼻涕，可以压一压幼儿的脸，试试看按压鼻子两边会不会诱发幼儿不舒服的表现。

鼻窦炎的感染与治疗

哪些幼儿容易出现鼻窦炎呢？包括反复的感冒；有过敏体质，如过敏性鼻炎；鼻腔有小玩具等异物；鼻息肉或鼻中隔偏曲导致鼻窦开口受阻；最近齿周遭有感染；纤毛功能不良与免疫不全等。这些因素都容易导致鼻窦受到细菌、病毒或霉菌的侵犯，产生鼻窦炎。

除了由幼儿的临床表现与病史可以怀疑为鼻窦炎外，到了医院，医生也可以借着鼻窦X光甚至计算机断层摄影等方法，来辅助诊断。尤其是出现鼻窦炎的并发症，如蜂窝组织炎、脑膜炎、骨髓炎或瘘管等，所幸这些严重并发症的发生率都很低。

正确诊断鼻窦炎后，以内科治疗为先。由于鼻窦炎的首要致病因仍是细菌，所以选择适当的抗生素就很重要，且抗生素的使用时间为10～14天，要有恒心地把药物吃完，才能有效根除鼻窦中的细菌。遇到少数案例药物治疗仍无效时，需考虑手术治疗。

过敏性鼻炎让鼻窦炎难以治愈

引起鼻窦炎的原因大都是病菌感染了鼻窦黏膜，而过敏性鼻炎的病因是由于环境中的过敏原引起了鼻腔黏膜的过敏反应。这两种疾病在形成的原因上有根本的不同，但是彼此之间却互相影响。

罹患鼻窦炎时，鼻窦里面常常充满着脓性的分泌物。鼻窦炎患者在服用药物以后，鼻窦里面发炎的脓性分泌物如果能够从畅通的鼻窦开口排除，那么在经过一段时间的疗程之后，急性鼻窦炎可以完全治愈。所以在治疗鼻窦炎时，是否能够保持鼻窦开口的通畅，往往是治疗成败的关键。

然而过敏性鼻炎患者的鼻内黏膜比较肿胀，患病的时间越久，肿胀的情形越明显，浮肿的鼻黏膜容易堵塞鼻窦的开口区域。鼻黏膜肿胀的程度越大，影响的区域就越广泛，这会让鼻窦的生理功能受损。

虽然在统计上过敏性鼻炎患者不一定会增加感染鼻窦炎的机会，但是当过敏性鼻炎患者一旦患鼻窦炎时，肿胀的鼻黏膜就会使得鼻窦内的脓性分泌物不容易排出鼻窦，这不仅增加医生做出正确诊断的难度，也使得鼻窦炎的治疗效果大打折扣。

急性鼻窦炎和急性中耳炎一样，对小朋友来说是常见疾病，在平时就把过敏性鼻炎控制好，就不用担心面对得了急性鼻窦炎之后辛苦的治疗过程。

最后再提醒家长，当幼儿得了上呼吸道感染，症状持续多时，又出现鼻音与黄鼻涕，请提高警觉，找儿科医生检查，看是否得了需要抗生素治疗的鼻窦炎了。

第11个月 男宝宝喂养

婴幼儿喝饮料的学问

婴幼儿每天都需要摄入一定量的水分，尤其在炎热的夏季，出汗较多，水和维生素C、维生素B_1丢失较多，如果都用饮料补充，必然使食欲减退，糖分增加，使婴幼儿虚胖而不健康。另外，饮料中所含的人工色素和香精，也不利于婴幼儿的生长发育。

夏季天热时，父母可以给婴幼儿喝适量配方奶、豆浆和天然果汁，以补充水分和维生素，喝些凉白开水也有益无害。果汁可以选用番茄汁、西瓜汁，有利于消渴、清热、解暑。

婴幼儿更不宜喝成人饮料。成人饮料如咖啡、可乐等，这些饮料中含有咖啡因，对婴幼儿的中枢神经系统有兴奋作用，会影响脑发育。成人的酒精饮料会刺激婴幼儿胃黏膜、肠黏膜，可造成损伤，影响婴幼儿的正常消化过程。酒精对肝细胞也有损害。碳酸饮料中含有小苏打，可中和胃酸，不利消化，而且由于胃酸减少，易患胃肠道感染。碳酸饮料中还含有磷酸盐，它影响人体对铁的吸收，也容易造成贫血。

各种果汁中的水溶性维生素浓度表

维生素浓度（单位/升）	苹果汁	橙汁	白葡萄汁	红葡萄汁	混合果汁
维生素B_1（微克）	150	400～600	0	75	225～310
维生素B_2（微克）	150	230	0～240	150	150～225
维生素B_3（毫克）	0.75	2.3	0.75～3.2	0.75	0.9～3.1
维生素B_6（微克）	300	540	540	600	385～770
维生素C（毫克）	325	325	325	300	325

宝宝辅食制作

红枣山药粥

原料：红枣、山药、大米各35克。

做法：

1 红枣洗净，去核切丁；山药去皮切丁。

2 大米入锅，加适量水，大火煮开，放入红枣、山药，煮至熟烂即可。

菜泥面条

原料：面条50克，小白菜、油菜、黄瓜等新鲜蔬菜各20克，去壳净虾仁1只，植物油少许。

做法：

1 锅中倒油烧热，放葱花爆锅，再加水，煮开后放入面条。

2 将切成碎末的虾肉放入锅中煮30分钟。

3 将小白菜，油菜，黄瓜等切成菜泥放入锅中，继续煮至面条软烂即可。

羊肝疙瘩汤

原料：面粉50克，煮熟菠菜20克，羊肝10克，植物油少许。

做法：

1 在锅内放入植物油少许，大火烧至油开后，加入葱末爆锅，加水煮开。

2 面粉中加入少许水，用筷子搅成小疙瘩，倒入锅中，同时加入切成碎末的菠菜和羊肝，开锅后，中火煮20分钟即可。

番茄通心面

原料：通心面40克，番茄50克，肉汤200毫升。

做法：

1 将番茄切成小块，放入肉汤中煮20～30分钟。

2 将切碎的通心面放入锅中，中火煮至通心面变软即可。

栗子粥

原料：栗子、粳米各25克，海带清汤50毫升。

做法：

1 将栗子煮熟之后去皮，捣碎；粳米淘洗干净。

2 锅中倒入粳米、海带清汤，煮至粥熟，加捣碎栗子再煮片刻即可。

特点：栗子可增强肠胃功能，有利消化。婴儿腹泻时可食用栗子。

第11个月 男宝宝早教

给男孩独自玩耍的空间

在宝宝情绪好的时候，父母可将一些玩具放在宝宝周围，让他自己玩一会儿，训练宝宝自己玩，有利于男孩养成从小独立支配自己的好习惯。

有些父母爱子心切，只要宝宝醒着就逗他玩，长此以往，宝宝就不善于自己嬉戏，一会儿也不肯自己玩。然而父母是不可能永远守在宝宝身边的，一旦宝宝醒来，发现父母不在身边，便会哭喊。有些宝宝习惯了让人逗着玩，时时刻刻都要缠着父母，养成严重的依赖性。

由于宝宝的个性差异很大，所以究竟让宝宝自己玩多长时间要视具体情况而定。应注意不要宝宝一闹就抱，但也不要让宝宝哭得太厉害。可以有计划地逐渐延长宝宝自己玩的时间，宝宝独自玩耍时，父母应经常留心观看，确保宝宝的安全。

帮助宝宝学用工具

男孩需要从小养成自己动脑做事的好习惯，不要事事依赖父母、伸手等父母把想要的东西递到手里。在宝宝小时，当宝宝伸手拿东西拿不到时，父母可以引导他使用工具去拿。比如桌上有一块糖，宝宝够不着，很着急，父母不要替他拿，而是给他一根筷子或一个长柄勺，宝宝可用勺把糖拨到近前，但要时刻注意宝宝的安全。如果宝宝不明白，父母可以提醒他去做。

解读男宝宝

男孩应该学会一些简单的生产劳动，如修理和制作小玩具、利用废旧材料制作简单的工艺品、简单的折纸、剪纸、泥塑等。劳动不但可以培养男孩勇于实践、勇于创新、热爱劳动、热爱科学的精神，还可以通过手脑并用，发展孩子的智力和能力。

育儿难题Q&A

Q 宝宝便秘怎么办？

A 1岁以内的宝宝若出现便秘的情形，是因为宝宝的肠胃功能还很脆弱，因此不建议以药物来帮助排便。建议妈妈可以准备一支肛温计，在宝宝的肛门口擦点凡士林，然后慢慢将肛温计旋转插入再慢慢旋转拔出，借由肛表刺激，也可以达到帮助宝宝解除便秘的困扰。

Q 我的宝宝1岁了，不爱喝水怎么办？只有加蜂蜜或葡萄糖他才会喝，这样好吗？会不会养成他爱吃甜食的习惯，结果变成胖娃娃？可是不给他喝水又担心他会脱水，该怎么办呢？

A 一般婴幼儿的水分来源以奶水为主，其他的汤汁、果汁也能提供水分，若没有特别的水分丧失，孩子不会无缘无故脱水。但当宝宝出现嘴唇干燥、尿量减少，则是水分不足的征兆。口渴会想喝水其实是个反射机制，只是有选择，有人喜欢喝汽水，有人喜欢喝茶。1岁之前的宝宝不能喝蜂蜜，而葡萄糖水除了水分外，也供给了糖分，这就会像零食一样，只提供热量，让孩子觉得有饱腹感，较不会饿，但并不能提供其他的营养成分，还可能让正餐吃得较少，可谓得不偿失，所以我们并不鼓励宝宝常常喝葡萄糖水。若宝宝因生病而出现水分不足的现象，则应按照医生的指导来处理，或许这时候婴幼儿专用的口服电解质液会更适合。

Q 男宝宝比较能吃吗？

A 有些前辈妈妈表示，男宝宝通常吸食乳汁力量很强，喝配方奶的感觉很豪爽，而且男宝宝妈妈也会出现乳头破裂等情况。男宝宝胃口要好于女宝宝是因为男宝宝好动，能量消耗大，所以需要补充更多的热量。而女宝宝的视觉、嗅觉则比男宝宝灵敏，对食物更挑剔，不容易接受新口味，这是因为女宝宝比较安静，消耗能量小。这是总的来看，实际上，在食欲方面个体差异是很大的，不能一概而论。

PART 12

第12个月 男宝宝养育

男宝宝12个月体格发育指标

项目	年龄组	下限值	上限值
身高	12月	68.6厘米	85厘米
体重	12月	7.21千克	14千克
头围	12月	约为46.4厘米	
胸围	12月	约为46.8厘米	
牙齿	12月	长齐下中切牙、上中切牙、上侧切牙，长出下侧切牙	

第12个月 男宝宝日常保健

男宝宝不宜穿开裆裤

传统习惯中，父母总是让宝宝穿开裆裤，即使是寒冷的冬季也不例外，这样容易使宝宝受凉感冒。所以在冬季要给宝宝穿满裆的罩裤和满裆的棉裤，或穿带松紧带的毛裤。

穿开裆裤还很不卫生。宝宝穿开裆裤坐在地上，地表上的灰尘垃圾都可能粘在屁股上。此外，地上的昆虫或小的蠕虫也可能钻到外生殖器或肛门里，引起瘙痒，可能因此而造成感染。穿开裆裤还会使宝宝在活动时不便，如玩滑梯时便不容易滑下来，还会在摔、跌倒后容易受外伤。

穿开裆裤的另一大弊处是交叉感染蛲虫。蛲虫是生活在结肠内的一种寄生虫，在遇到温度变化时便会爬到肛门附近产卵，引起肛门瘙痒，宝宝因穿开裆裤便会情不自禁地用手直接抓抠。这样，宝宝的手指甲里便会有虫卵，吸吮手指时通过手又吃进体内，重新感染，甚至还会通过玩玩具、坐滑梯使其他小朋友受蛲虫感染。

注意宝宝的玩具卫生

玩具容易沾上许多细菌、病毒和寄生虫卵。已消过毒的玩具给宝宝玩10天后，玩具上的细菌可达几千个，有不少是大肠杆菌和痢疾杆菌。因而，应注意以下几点。

- 玩具应每周清洁、消毒一次，杀灭玩具上的细菌。可用肥皂水或清洁剂浸泡半小时后洗净，在阳光下暴晒4～6小时。
- 防止宝宝用口直接咬嚼未经消毒的玩具。
- 摆弄玩具时，不要让宝宝揉眼睛，更不能用手抓东西吃或边吃边玩。
- 宝宝玩过玩具后，要及时洗手。

男孩肥胖不利于健康成长

人们都喜欢胖娃娃，把胖作为“健康”的标志。其实宝宝过于肥胖是一种异常状态，到成年也容易产生许多疾病。

宝宝肥胖的危害

- 宝宝过于肥胖，其血压会高于一般宝宝，到成人期就易形成高血压。
- 肥胖儿总是胆固醇高，易过早地出现动脉粥样硬化，为成人冠心病留下隐患。
- 过于肥胖使呼吸肌负担加重，呼吸功能受到限制，呼吸道抵抗力降低，易出现呼吸道感染。
- 肥胖增加肝细胞脂肪含量。
- 过度肥胖妨碍运动。
- 肥胖宝宝学会走路也要晚些，而且易患膝外翻或内翻、髋内翻及扁平足。

肥胖的标准一般是体重超过同年龄、同性别小儿平均体重的10%为超重，20%为轻度肥胖，超过30%为中度肥胖，超过50%为重度肥胖，超过60%为极度肥胖。

小儿肥胖大多是单纯性肥胖，与多食及食油腻甘甜的食物有关，预防单纯性肥胖主要是加强饮食管理，控制热量摄入，使摄入热量低于身体的需要量。在限制摄入热量的同时，应使饮食多样化，并多吃些蔬菜和水果，增加充足的维生素及饱腹感，鼓励宝宝多活动。

预防肥胖的方法

- 按生长发育需要提供食物，不可超量喂养。
- 饮食要有规律，少给零食，不可用食物来逗哄宝宝。
- 多吃蔬菜、水果，不吃多奶油食物，少吃糖。
- 锻炼身体，多活动。

预防宝宝“八字脚”

所谓“八字脚”，就是指在走路时两脚分开像“八”字。“八字脚”走路时步态难看，姿势不正，步态不稳，步子迈不开，给体力劳动和运动带来不便。通常将“八字脚”分为“内八字”和“外八字”。“内八字”的人走路时足尖相对，足底朝外；“外八字”的人走路时则相反。宝宝从小形成“八字脚”，成年后很难纠正。因此，父母要经常注意观察宝宝的走路姿势，若发现宝宝走路有“八字脚”倾向，应及时进行纠正。

对宝宝可能形成“八字脚”，要做到早预防，其主要的预防方法有：

1 穿布鞋。在宝宝初学走路时，应给宝宝穿布鞋或胶底鞋，不要给宝宝过早地穿硬质皮鞋。

2 鞋应合脚。宝宝不要穿过大的鞋，也不能穿挤脚的小鞋，应穿合脚的鞋。宝宝的脚长得快，买鞋时，买大一号就可以了。宝宝的鞋子一旦挤脚，就必须更换，不能凑合穿。

3 不过早走路。不要让宝宝过早学走路，同时给予宝宝充足的含蛋白质、钙质和维生素D丰富的食物，并让宝宝多晒太阳。

总之，只要注意上述各点，就可以有效地预防宝宝形成“八字脚”。

预防宝宝铅中毒的措施

通常铅尘被人们吸入后附在呼吸道黏膜上，成人可以通过吐痰排出去大部分，而宝宝由于发育不成熟，形不成这种反应，就全吸收了。宝宝有较多的手口动作，也会导致铅从口入。宝宝对食物和氧的需求量大，铅摄入多。80%以上的铅流动在离地面1米以下，这正好是宝宝的生活圈。

- 注意宝宝的卫生。勤洗手，勤剪指甲。
- 经常清洗宝宝的玩具和可能被宝宝放到口中的物品。
- 燃煤的家庭应尽量多开窗通风；临街多尘的居室，要经常用湿布抹去灰尘；食品和奶瓶的奶嘴上面要加罩。
- 不要带小孩到汽车流量大的马路和铅作业工厂附近逗留。
- 从事铅作业的人必须在洗澡、更换清洁衣物后才能接触宝宝。
- 应定时进食，空腹时铅在肠道吸收增加。少食含铅较高的食物，如普通皮蛋、爆米花等。补充足够的钙、铁和锌。
- 每日早上用自来水时，将可能被铅污染的前段水丢弃，不可用以烹食和为小孩调制奶粉。

第12个月 男宝宝喂养

宝宝的健脑食品

豆类

对于大脑发育来说，豆类富含人体不可缺少的植物蛋白质，黄豆、豌豆等都有很高的营养价值。

糙米杂粮

糙米的营养成分比精白米多，标准面粉比精白面粉的营养价值高，这是因为在细加工的过程中，很大一部分营养成分损失掉了。要给宝宝多吃杂粮，包括糯米、玉米、小米、红小豆、绿豆等，这些杂粮的营养成分适合身体发育的需要，食用能使宝宝得到全面的营养，有利于大脑的发育。

动物内脏

动物的肝、肾、脑、肚等内脏补血又健脑，是宝宝很好的营养品。

鱼虾类及其他

鱼、虾、蛋黄等食品中含有一种胆碱物质，这种物质进入人体后，能被大脑从血液中直接吸收，在脑中转化为乙酰胆碱，可提高脑细胞的活力。尤其是蛋黄，含卵磷脂较多，被分解后能产生较多的胆碱，所以宝宝最好每日吃点儿蛋黄和鱼肉等食品。

如何给宝宝吃蔬菜

蔬菜种类很多，可交替给宝宝食用。如胡萝卜、土豆、红薯等，可将它们洗净，用锅蒸熟或用水煮软，研成细泥喂宝宝。菜类可选用白菜心、油菜、菠菜等，把菜洗净后，切成细末，再用少许植物油炒熟即可食用。

应该注意的是，菠菜中含草酸较多，草酸容易与钙质结合形成草酸钙，不能被人体所吸收。所以在制作菠菜时，要先将洗净的菠菜用开水焯一下，再放入冷水中浸泡15分钟，切成末，放在炉火上继续煮2～3分钟才可食用。这样便可去掉菠菜中大部分草酸，减少草酸与人体中钙的结合。

不管给宝宝食用何种蔬菜，都要注意既要新鲜，又要多样。初始时要少量，从一小匙开始，逐渐增多，同时注意观察宝宝身体是否适应，如出现呕吐和腹泻的情况，要立即停止食用，并找出原因。

在各种蔬菜中，胡萝卜是小儿最理想的食物。胡萝卜营养丰富，是合成人体内维生素A的主要来源。要知道，人体如缺了维生素A，眼睛发育会出现障碍，易患夜盲症并伴有皮肤粗糙等病变。

便秘的家庭防治

有的宝宝经常排便困难，严重时几天解不出大便，有时虽解出来却使肛门破裂出血，甚至引发痔疮。要预防便秘，可以从以下几方面着手：

1 改善饮食。在饮食中适当加入粗粮，如玉米面、红薯。适当吃一些粗纤维食品，如芹菜、水果。要多饮水，使肠道不至于因过分缺水而蠕动缓慢。同时可以适当增强宝宝的食欲，使排便次数增多。

2 定时排便。每天定时排便。最好养成早上排便的习惯，因为晚上肠胃把一天的食物已经消化吸收好，早上排便可以将残留物尽快排出体外，避免粪便在肠内停留时间过长，否则肠道会遭受毒素的侵害。

便秘的一般处理方法包括：

1 宝宝便秘时，应鼓励他不要害怕，将开塞露剪开，润滑后插入宝宝的肛门，挤入药水，可起润滑作用。上药后鼓励宝宝多憋一会儿，然后去排便。

2 如没有开塞露，也可将肥皂头切成长条，使表面光滑，湿润后（用水泡一下）放入肛门。肥皂的刺激也可引起排便。

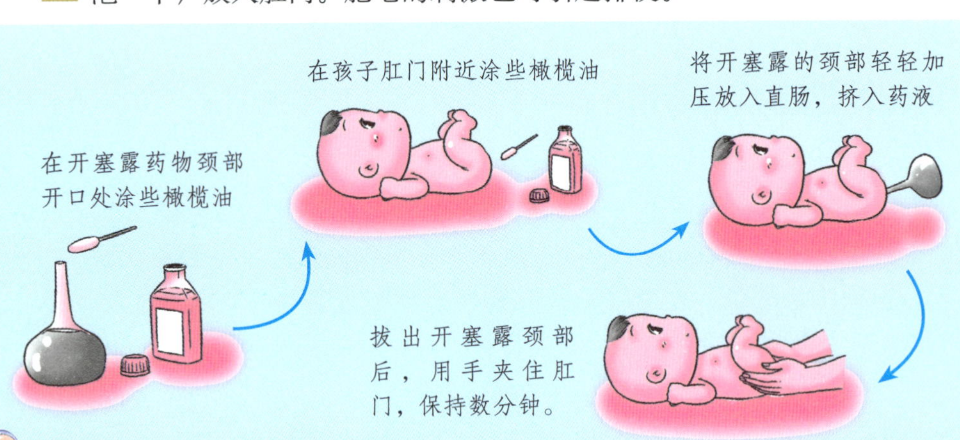

宝宝辅食制作

肉松软饭

原料： 软米饭75克，鸡肉20克，胡萝卜20克。

做法：

1 将鸡肉洗净，剁成极细的末，放入锅内煮熟，捞出放在米饭上面一起焖熟。

2 饭熟后盛入小碗内，切一片花形胡萝卜作为装饰，可起刺激婴儿食欲的作用。

特点： 鸡肉含有丰富的蛋白质、维生素B_1、维生素B_2、烟酸、维生素E及铁、钙、磷、钾等多种营养素，脂肪含量很低，和米饭一同煮食，营养更加全面，能促进婴幼儿生长发育。

鸡肉香菇蛋卷

原料： 鸡蛋2个（约120克），鸡胸肉、水发香菇各30克。

做法：

1 鸡蛋取蛋黄，入碗中打匀，下锅摊成蛋皮；鸡胸肉洗净，入锅煮熟，捞出放凉，剁碎；水发香菇洗净，切碎。

2 将蛋皮切成长条，放上鸡肉末、香菇末。

3 将蛋皮卷成蛋卷，放入盘内，在沸水锅中蒸5分钟即可。

特点： 香菇含大量B族维生素和香菇多糖，能增强宝宝抵抗力。

圣女果猪肝蒸米饭

原料： 圣女果20克，猪肝、大米各适量。

做法：

1 将猪肝剁碎，大米淘净，取饭碗先装大米，放适量水。

2 猪肝放锅内蒸至九成熟，放切成丁的圣女果，蒸熟即食。

特点： 补充铁、蛋白质、维生素、碳水化合物。

番茄饭卷

原料： 软米饭50克，切碎的胡萝卜末、番茄丁各30克，鸡蛋1个（约60克），面粉20克，葱末、植物油各适量。

做法：

1 把鸡蛋和面调匀后放在平底锅内摊成薄鸡蛋饼。

2 将胡萝卜末。葱末用植物油炒软，再加上米饭和番茄丁翻炒片刻并拌匀。

3 将炒后的米饭平摊在蛋皮上然后卷成卷，切成小段即可。

第12个月 男宝宝早教

启发宝宝的自我意识

宝宝1岁以后，能把自己的动作和动作的对象区分开来，把主体和客观区分开来。如开始知道由于自己摇动了挂着的铃铛玩具，铃铛就会发出声音，并从中认识到自己跟事物的关系。有的父母常常发现宝宝把床上的各种玩具一件件地抓起来扔到床外，一边扔还一边“咿咿呀呀”地说个不停，这是因为宝宝发现通过自己的小手可以让玩具“响了”、“跑了”、“飞了”，他们开始意识到自己的威力，感受到自己的存在和力量，这就是自我意识的最初表现。这种现象的出现，在宝宝的自我发展过程中具有重要意义。

如何启发宝宝的自我意识呢？首先，家长在与宝宝玩耍时，要有意识地让宝宝知道他所在空间的位置，比如让宝宝知道他自己和父母之间的位置关系。其次，还可以发挥宝宝手的碰触作用，让他们抓抓奶瓶、摸摸小娃娃，同时热情地鼓励宝宝，激发他们的欢快情绪，促进他们自我意识的形成。

你的宝宝敏感吗

皮肤、鼻子、气管、牙齿等部位的敏感都是耳熟能详的体质敏感性问题，除了这些看得见的器官或组织可能存在着过敏问题外，看不见的感觉系统（如触觉、前庭觉、听觉、视觉等）也潜藏着敏感的可能性，且容易被忽视。

器官或组织的过敏大多会产生一些明显的症状，例如，皮肤过敏可能会产生红肿、发痒，鼻子过敏可能会打喷嚏，流鼻涕，牙齿敏感的人喝冰水的时候会酸痛等。然而，感觉系统出现敏感问题时，不易通过外部症状判断。

观察孩子是否有感觉敏感的问题

以下我们将就容易发生敏感问题的感觉系统提供一些在日常生活中可以观察到的表征，来协助家长判断孩子是否有感觉敏感的问题存在。

解读男宝宝

对于刚会走路的3岁以下的男孩来说，由细心的亲人或者有责任心的保姆看护远比进托儿所强。不管是谁看护孩子，重要的是有一个或两个主要的看护人爱护孩子，在这几年里，要以孩子为中心。这样，孩子就会在内心深处感到安全，他的大脑会得到充分发育，从而获得与人亲密交流的技巧。同时，这样的孩子热爱学习，也更喜欢与人合作。

触觉过度敏感

不喜欢被拥抱，拥抱时会有逃脱、哭闹的情形出现。

会刻意躲开需与他人肢体接触的游戏（须先排除有人际互动退缩的情形）。

只喜欢穿特定材质的衣服，或不喜欢接触特定的材质。

触摸头、鼻、口、耳等部位时会出现抗拒或明显的情绪反应，甚至会有攻击的行为。

不喜欢赤脚走路，尤其是踩在草地、地毯上，或站在特定材质的地面上会出现踮脚或用脚后跟走路、脚趾或脚踝不断扭动的情形。

讨厌洗澡、洗头、洗脸、剪指甲、剪头发、涂抹乳液或保养品、刷牙等日常生活活动。

不喜欢吃硬的或粗糙的食物，或偏爱软的或流质的食物（口腔敏感）。

前庭觉过度敏感

走路小心翼翼，不喜欢大动作的移动（如跨步、快跑），对突如其来的外力感到害怕。

异常怕高，即使是只有十几厘米的高度。

不喜欢走在摇晃的平面（如吊桥、平衡板）或无法预测平稳度的平面（如草地、沙滩）上。

当头部突然改变位置与动作时（特别是往后或往下），例如将小朋友抱起往下俯冲的游戏，会拒绝或害怕。

对于搭电梯、走楼梯、爬梯等活动感到焦虑，例如迟迟不进电梯或看到爬梯会哭闹。

抗拒大动作的游戏，尤其是需要大量改变姿势的游戏。

不喜欢不平稳的动作，如单脚站、跳弹簧床等。

听觉过度敏感

即使是很微小的声音都会产生情绪反应，如生气、烦躁等。

对于特定声音感到特别敏感而害怕不安，例如摩擦声、翻报纸声、吸尘器的声音。

害怕爆竹、气球等爆破声，严重者可能连看到气球都会感到不安。

对于突如其来的巨大声响产生过度惊吓，例如在安静的环境下突然听到妈妈大声呼唤。

容易受声音干扰而分心，即使是很微小的声音；或做事情时无法忍受周遭存在不相关的声音，如电视机的声音。

常用手捂住自己的耳朵。

视觉过度敏感

对于光线过度敏感，例如在一般光线下过度眨眼或眯眼，因此喜欢在光线较暗的空间里。

白天出门坚持要戴帽子，如脱下帽子会有用手遮眼或不停眨眼的情形出现，严重者可能会拒绝在白天出门。

不喜欢玩声光玩具，或玩声光玩具时只听声音眼睛却刻意逃避光线。

不喜欢色彩鲜艳的玩具或图画，画图时亦可能只选择较暗的色系。

较难适应亮光，即使同样环境下的其他人都已经适应。

如果各位家长在检视后发现小朋友有上述的问题出现时，不代表一定有过度敏感的问题存在，而是存在着相对较高的危险因子，建议寻求专业治疗师的协助，做更加缜密的评估。如果真的有感觉过度敏感的情形出现，只要妥善按照专业治疗师所提供的感觉统合介入，将对症状改善有莫大的帮助。

教宝宝和小朋友们打招呼

宝宝同小朋友们打招呼会用三种动作表示——笑、招手和叫，有时还会点头或鼓掌。当看到小朋友摔跤或有什么大动作时会大声叫喊，希望大人也去帮助他们。这时父母最好扶着宝宝在旁边站立，或让宝宝在学步车内随意行走，也可一手扶着宝宝，逐渐走近小朋友的队伍。

如果宝宝不会同小朋友们打招呼，主要是因为没有机会同小朋友接

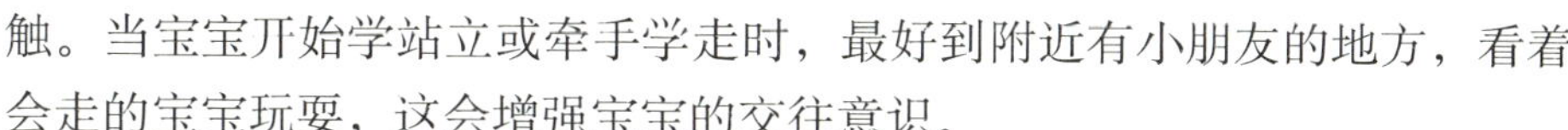

触。当宝宝开始学站立或牵手学走时，最好到附近有小朋友的地方，看着会走的宝宝玩耍，这会增强宝宝的交往意识。

宝宝已学会用姿势来表达思想，说明宝宝语言前的交往能力良好。还可进一步让宝宝学习面部表情和身体的表达，使语言前的表达更加丰富。

宝宝的表达方式不多，是由于大人未做榜样，或者对宝宝照料太周到，不必表达就什么都有了。父母可注意在外出之前先指指衣服，宝宝要吃东西时指指东西再指嘴巴，这些都是姿势表达的需要，可随遇随学。

宝宝为什么爱乱扔东西

1岁左右的宝宝喜欢故意扔东西玩，他们一本正经地把一件一件玩具、一块一块食品或其他东西扔出去，扔完了就要大人帮着捡起来，然后他又把它们统统扔掉。许多父母对此很反感，认为给自己带来了很多麻烦。然而，他们不知道，对宝宝来说，这是一件很有意义的事情。首先，这标志着宝宝已初步有意识地控制自己的手了，这是大脑、骨骼、肌肉以及手眼协调活动的结果。反复扔物，对于训练宝宝眼和手活动的协调大有好处，对于听觉、触觉的发展以及手腕、上臂、肩部肌肉的发展也有促进作用。其次，通过扔东西，可使宝宝看到自己的动作能够影响其他物体，使之发生位置或形态上的变化。由此可见，扔物是宝宝身心发展正常的需要，父母不应极力制止、限制宝宝扔物，而要允许宝宝扔物。当然，给宝宝扔的物品应是不怕摔碰的东西，如塑料玩具、积木、皮球等，不能扔的东西应该放到宝宝拿不到的地方。还要注意不能让宝宝扔吃的东西，发现宝宝扔吃的，应该马上把食物拿走，并告诉宝宝“这是吃的东西，不能扔”等，但不要骂宝宝。

男女宝宝的智力有差别吗

许多家长认为男孩比女孩聪明，或者说小时候女孩可能比男孩聪明，但长大以后，女孩就不行了。对此，许多专家进行了反复研究讨论，认为虽然男女儿童在身体结构、体质等方面有一定的差异，但性别的差异并不影响人的智力。就整体而言，男女儿童之间并不存在智力差异。

人的智力活动是有其物质基础的，这就是大脑结构与其机能，它们在男女之间都是相同的。既然进行智力活动的物质基础是相同的，男女之间的智力也就不会有必然的明显差异。男女儿童在智力的某些方面有不同的特点，主要表现在以下几个方面：

1 男孩、女孩智力分布情况稍有差异。从整体上看，女孩智力分布比较集中，而男孩的智力差异稍大些。也就是说，在男孩群体中不同的孩子智力水平悬殊较大，而女孩智力比较平均。

2 在智力活动的某些方面，男女儿童各有所长。一般女孩的触觉、痛觉及听觉分辨能力比较敏锐，尤其是手指尖的感觉发展较快，能较早地学会做比较精细的动作，而男孩以视觉分辨及视觉空间能力见长。女孩的语言表达能力常优于男孩，一般女孩说话早，词汇比较丰富，语言缺陷较少，口吃患者以男孩多见，而男孩的判断推理能力以及摆弄拆装物体的能力常胜于女孩。另外，女孩的形象思维比较好，考虑问题周到、细致，男孩的抽象思维和创造性思维则较强。

3 男女儿童之间存在特殊才能的差异。一般来说，女孩表演才能占优势，而男孩操作和运动方面的才能占优势。

虽然男女儿童智力各有特点，但对每个具体的人来说又能出现各种不同的情况，因此每个家长要针对自己孩子的才能扬长避短，发挥优势，使孩子的潜能充分发挥出来。

挫折也是一种成长

大多数人的一生挫折坎坷比平坦之路更多。从小不让男孩经历一些挫折，他长大后可能就难以适应复杂多变的社会。学会面对挫折的人，会成为人生路上不断前行的勇者。

当遇到挫折时，父母要鼓励孩子冷静分析，沉着应对，找到解决的有效办法。平常可以和孩子一起探索战胜挫折、克服消极心理的有效方法，帮助孩子进行自我排解、自我疏导，增添战胜挫折的勇气。

育儿难题Q&A

Q 我的宝宝刚满1岁，生气的时候爱抓别人，爱拉别人的头发，还会瞪人（我生气的时候会瞪他），打他小手他现在也会还手。我发现他开始模仿大人，但讲道理他又不明白，到底该怎么教他呢？真不知如何是好！

A 这种年纪的小儿不懂得什么道理，他就是爱模仿，有样学样。但他们的学习行为会从大人们的反应里得到正反馈或是负反馈。得到正反馈，如大人的惊叹、微笑、赞赏等，他就会倾向重复同样的行为；相反的，若得到了负反馈，如大人的责骂、怒目、责打等，他就会倾向避免同样行为的出现。

但是，很重要的一点是，大人们的生气及责备需要明确的表达，才不会让小儿误以为是在跟他玩，否则负反馈反而当成了正反馈，当然就会强化了小儿的不当行为。

Q 宝宝腹泻，可以吃什么呢？

A 宝宝若有腹泻情形，首先是以补充电解质为优先。如果宝宝处于开始尝试辅食的阶段，在烹调辅食上要降低油脂的比例，可以让宝宝喝点稀饭上层的米汤水，或是表面烤得微黄的吐司或白馒头，因为烤过的吐司或白馒头的纤维较脆，比较方便宝宝咀嚼消化。

Q 熬煮给宝宝吃的软稀饭，可以用大骨汤或鸡骨、香菇熬煮的汤头吗？

A 原则上可以利用鱼汤、肉汤、鸡汤来熬煮稀饭，不过需注意的是，在事先炖煮高汤的时候，并不用再添加盐。因为对宝宝来说，这时候正处于味觉探索的时刻，食物的原味就已经足够，并不需要再添加盐或其他调味料。

Q 辅食可以用微波加热吗?

A 按照道理来说，无论是大人吃的料理或是宝宝吃的辅食，都不适合一直重复解冻和冷冻。若要利用微波炉加温辅食，妈妈要注意尽量将食物平铺在微波炉专用盘中，让食物均匀受热；微波加热后，妈妈也要先尝尝看食材是否都均匀受热，部分食物会不会还是冷冷的，会不会太烫口。一切确定无误之后，才能让宝宝享用大餐!

Q 老辈人说宝宝早学会走路，表示宝宝聪明，是这样吗?

A 并不是这样的。为了婴儿的健康成长，不要过早地学走路。因为婴儿时期的生理特点，骨骼中的胶质多，钙质少，骨骼柔软，容易变形，而且下肢肌肉和保持足弓的小肌肉群发育还不完善。如果过早地让宝宝学走路，身体的重量必然会加重脊柱和下肢的负担，时间长了容易使脊柱和下肢变形，形成驼背、X形腿和O形腿，影响体形的健美，还容易形成扁平足。所以父母一定要根据婴儿的生长发育规律和发育情况，适当掌握宝宝的走路时间，切不要操之过急。

Q 宝宝当众露出小屁屁怎么办?

A 在众人面前露出屁股的行为对于孩子来说也是一种幽默。露个屁股，不但可以引起小朋友发笑，而且孩子觉得在大人阻止之前，匆忙地露一下是件有趣的事。日子一久，等他身边的小朋友长大一点，他若是还没改掉这个行为，大家就不会觉得可乐，而是责备“你还做那种事啊?”到时候他自己就会觉得不好意思，自然会改掉这些不雅的动作。但是，如果孩子在大家进餐时，说出大便之类的脏话，对身旁的人就是不礼貌，必须告诉他：“说那些让人听了不舒服的话是不对的。”

PART 13

第13~14个月 男宝宝养育

男宝宝13～14个月体格发育指标

项目	年龄组	下限值	上限值
身高	13～14个月	69.5厘米	87.6厘米
体重	13～14个月	7.37千克	14.59千克
头围	13～14个月	约为46.8厘米	
胸围	13～14个月	约为47.1厘米	
牙齿	13～14个月	可长出8颗乳牙	

第13～14个月 男宝宝日常保健

培养男孩的独立生活能力

随着动作技能和自我意识的发展，宝宝开始有了学习自理并为家人服务的愿望和兴趣。例如，宝宝一旦学会了走，他就乐意走来走去，帮大人拿东西；一旦学会了将勺子凹面装上食物，他就乐此不疲地练习自己刚刚掌握的这一技能。这正是培养宝宝独立生活能力的契机。及时鼓励和培养宝宝有规律、有条理的生活卫生习惯和能力，不仅能促进宝宝动作技能的发展，提高健康水平，还能增强宝宝的独立性、自信心，使宝宝保持愉快的心情。宝宝一旦形成了良好的生活卫生习惯和能力，将会受益终生。

解读男宝宝

日本教育家铃木镇一曾说："孩子自己能做的事，就让他自己去做，千万别替他去做。这是一个很重要的准则。"家长要给孩子更多做事的机会。

生活卫生习惯和能力主要包括饮食、睡眠、大小便、穿衣以及其他卫生习惯和能力。宝宝独立生活习惯和能力的养成，关键在于父母能根据宝宝的生长发育特点，把握宝宝学习的最佳时期，这样才能事半功倍。

1～2岁宝宝应具备的独立生活能力表

独立生活能力	开始教育时间	多数人学会时间
学拿勺子凹面向上装上食物（但吃不到嘴里）	300天	12个月
成人为他穿衣服时懂得配合（穿衣时会伸手入袖，穿裤时自己抬腿）	300天	13个月
大便前会叫"嗯"	330天	13个月
开饭时知道食物烫需安静等待，不动手打翻食物	345天	14个月
会抓帽子放在头顶上	12个月	14个月
会自己用勺盛食物放入口内	12个月	14.5个月

注意保护宝宝的视力

要注意保护宝宝的视力。最近，有科学家对宝宝进行了视力差异试验，发现较强的光线会削弱宝宝的视力。这位研究者对宝宝室的两组宝宝用不同的吊灯，一组用60瓦吊灯，另一组用25瓦吊灯。结果发现两组宝宝的眼睛血管有所不同，受60瓦吊灯照射的宝宝视力发生了变化，受25瓦吊灯照射的宝宝视力明显优于前者。科学家认为，这是由于未成熟血管易受光线影响，其细胞的新陈代谢和发育受到影响的缘故。

宝宝视觉发育阶段表

时间	视觉发育
孕期30周	瞳孔已有光觉反应
出生后1个月	眼位稳定，但只能看清楚20～30厘米以内的东西
出生后1～3个月	1.视线能够跟随着物体缓慢地移动；2.将物体靠近宝宝的脸，宝宝的眼睛将会出现会聚反射；3.已能看出厚薄、前后、深浅等视觉上的立体感
出生后3～5个月	1.能够固视；2.可看出物体形状以及较鲜艳的颜色；3.喜欢看亮灯，且有东西靠近时会眨眼；4.手眼协调，会试着伸手触碰所见事物
出生后5～7个月	1.立体感发育完成；2.可正确地控制眼球运作；3.可持续性地固视；4.看得到远方或是较小的物体；5.已有缩瞳反应及眼球内聚现象；6.眼睛可看远近调聚（睫状肌调适），黄斑部发育成熟；7.宝宝若有斜视现象，约在6个月大时可被发现，妈妈可多加留意，发现异状就尽早治疗，避免影响日后视觉发展
出生后7～8个月	1.视线能持续性地跟随着物体移动；2.视力约为0.1；3.已能判断大概的距离位置；4.可清楚分辨物体的位置、形状与大小
出生后9个月～2岁	1.对比敏感度发育完成；2.视神经（髓鞘）发育完成；3.视力开始逐渐增加；4.视力与捏、抓等精细动作越来越协调；5.视线可稳定跟随移动速度快的物体；6.已可区分物体的远近，并且可自行拿取或闪避

第13～14个月 男宝宝喂养

1岁幼儿每日吃多少食物

幼儿应该吃的食物量是由其所需的营养素来决定的，而周岁幼儿所需的营养素可参考我国营养学会推荐的不同年龄每日膳食中热量与营养素的供给量标准。

周岁幼儿所需要的食物

根据我国营养学会的推荐，周岁幼儿每日所需热量4605千焦，蛋白质35克，钙600毫克，铁10毫克，锌10毫克以及各种维生素。

上述热量与营养素可从下面列出的食物中得到（全部以生食计算，做成熟食时要考虑幼儿胃容量和消化能力）：粮食包括粗、细粮约100克，肉、蛋、鱼类食物80～100克，配方奶250毫升，蔬菜类约150克，每日一个水果，再吃适当的植物油及砂糖。蔬菜中有1/2～2/3是绿叶菜及橙黄色菜（如胡萝卜、南瓜等）。

幼儿食物要注意调配

据生理学家研究表明，周岁幼儿的胃容量为200～300毫升，个体之间略有差异。每日进餐次数以4次为宜。

为了使幼儿获得充足的营养，父母应注意食物的合理调配。如早餐除喝奶外还要配一些馒头、面包等干食。这些食物容积不大，但可以提高热量。中餐或晚餐要吃肉、蛋、鱼及蔬菜类，主食可做成软米饭等。

幼儿需要多少蛋白质

一般来说，年龄越小，对蛋白质的需要量就越多。1岁以内的婴儿，母乳喂养者每日每千克体重需供给蛋白质2.0～2.5克，配方奶供养者需供3～4克。1岁以上的幼儿每日大约需要蛋白质35克，其中至少应有50%是动物性蛋白质。具体地说，一岁半的幼儿每日最好吃250～300毫升牛奶、1个鸡蛋、30克瘦肉和一些豆制品，有条件时再吃一些动物肝、鱼，这样就基本能够满足幼儿生长发育所需的蛋白质了。

保证宝宝的饮食合理

一般来说，此时宝宝每天的食量为：40多克的肉类，配方奶或豆浆250毫升，豆制品为30～40克，鸡蛋1个（约60克），蔬菜、水果200克左右，油10克左右，糖10克左右。

让宝宝多吃菜，以副食为主。此时为宝宝准备菜时要烧得烂一些，太硬和过生的蔬菜不易被宝宝消化和吸收。花样品种应尽量丰富些，可以有蔬菜、水果、海藻类等。

宝宝三餐若没吃好，妈妈可以给他吃点儿点心，吃点心的时间也要尽量固定。点心可以由牛奶、水果或妈妈做的食物充当。

1岁之后过敏儿饮食注意事项

1 较易导致过敏的食物尽量少吃。以下食物的成分有较高的抗原性，理论上较易引起过敏，应少吃。

异种蛋白质类：包括蛋白以及有壳的海鲜类，如虾、螃蟹、蛤、牡蛎、干贝等，不新鲜的鱼贝类也不可吃。

蔬果类：荔枝、芒果、草莓、柑橘类等。

核果类：核桃、腰果等。

豆类：花生、黄豆、豌豆等。

2 奶类、蛋白、面粉、鱼类可以吃。并非所有的海鲜都会诱发过敏，有壳的海鲜才容易引起过敏。鱼类对宝宝而言是很好的营养品，不应限制这类食物。虽然奶类、蛋白、面粉较易引起过敏，但这些食物遍布于各种食物中，减少摄取容易导致营养不良。因此，除非由医生判断这些食物会引起宝宝的过敏，否则1岁之后不应限制这些食物。

3 勿吃冰冷的食物及饮料：冰冷的食物、饮料会引起神经及内分泌系统过度反应，导致咳嗽、打喷嚏、流鼻涕等过敏症状。

4 勿吃高热量或油炸的食物：这些食物会让体内的炎性因子增加，加重过敏症状。

5 避免刺激性食物：太刺激、太咸、添加人工添加剂的食物要避免，饮食宜清淡。因为刺激性食物（如芥末、姜、胡椒、辣椒等）会刺激气管、鼻腔，使过敏症状加重。含人工添加剂的食物包括蜜饯、加工过的金针菇和某些糖果，都应尽量少吃。

6 多吃可减少自由基的食物：包括绿色蔬菜、水果、深海鱼油等。空气污染、油炸类食物等会导致体内自由基增加，引起体内炎症反应。绿色蔬菜及水果富含维生素C、胡萝卜素，可消除体内自由基，深海鱼油也有类似作用。

家长需要注意的是，导致过敏疾病发生及恶化的原因很多，包括遗传、吸入性过敏原、空气污染、情绪压力及食物等因素。治疗及防范过敏疾病，需从接受治疗、做好环境控制、减轻情绪压力及饮食控制等各方面着手。单纯注意饮食而忽略其他因素，是无法完全预防或改善过敏疾病的。

词汇解读

自由基

自由基（free radical）是指带有不成对（奇数）电子的分子、原子或离子，它很不稳定，很容易从其他分子抢夺一个电子来稳定自身结构。自由基之所以有害，是因为它活泼的化学特性，会和体内的细胞组织产生化学反应，使细胞组织失去功能而遭到破坏。此外，自由基也会和细胞内的DNA发生反应，因而破坏DNA、加速老化并增加致癌概率。

不适合婴幼儿食用的食物

一般生硬、带壳、粗糙、过于油腻及刺激性的食物对宝宝都不适宜。有的食物需要加工后才能给宝宝食用。

刺激性食品如酒、咖啡、辣椒、胡椒等应避免给宝宝食用。

鱼类、虾蟹、排骨肉都要认真检查是否有刺和骨渣后方可加工食用。

豆类不能直接食用，如花生米、黄豆等。另外杏仁、核桃仁等这一类的食品应磨碎或制熟后再给宝宝食用。

含粗纤维的蔬菜，如芹菜、金针菜等，因2岁以下小儿乳牙未长齐，咀嚼力差，不宜食用。

易产气的蔬菜，像洋葱、生萝卜、豆类等，宜少食用。

不吃变质、腐烂的水果、蔬菜等食物。袋装食品食用前首先要看是否过期、变味，已有哈喇味的食物和含油量大的点心不能让宝宝吃，否则会引起胃肠道疾病或食物中毒。

不要吃剩菜、剩饭。饭菜宜现炒现吃。营养丰富的剩饭菜细菌极易繁殖，吃后易出现恶心、呕吐、腹泻等急性肠道症状。如食用剩饭菜，首先要检查食物有无异味，同时需加热到100℃，持续20分钟左右。

不要给宝宝选用熟肉制品、腌渍品。熟肉制品如火腿肠、红肠、粉肠、肉罐头、袋装烤鸡、袋装烤鸭等。这些食物加入了一定的防腐剂和色素，且细菌易繁殖，必须高度警惕。而腌渍品，如鸭蛋、松花蛋经长期腌渍，内部含有大量亚硝酸盐，食入会造成中毒。

解读男宝宝

男孩很容易对做饭产生兴趣。他们喜欢吃东西，喜欢食物散发出的香味。妈妈可以让婴儿坐在厨房的地板上摆弄橘子等蔬果，刚会走路的孩子可以玩彩泥，但一定不要吃到嘴里。

第13～14个月 男宝宝早教

让宝宝早识字好吗

如果宝宝能在父母的正确引导下对识字有极大的兴趣，而且是在轻松愉快和各种各样的游戏活动中学习的，那么，让他在学龄前学会识字、阅读就并非是一件坏事。我国的汉字实质上是一个个的图形，如果宝宝已经能辨认生、熟人的面孔——最复杂的几何图形，并有一定的专注力，就说明宝宝已经具备识字的基本条件了。这时的“识字”，只是一个视觉刺激信号而已，和认一幅图并没有什么两样。而结合宝宝爱吃的食物、爱玩的玩具、认得的亲人以及日常家具、物品等进行无意识的学习，对宝宝来说并不是一件困难的事。目前在我国，早期学会识字、阅读已不是什么特别新鲜的事了。宝宝早期识字，只能作为一种记忆游戏，家长功利心不能太强，如果宝宝不喜欢这种游戏则不要勉强。

让宝宝拥有快乐

尽管宝宝已经掌握了几个常用的词汇，但是语言能力的发展还处在萌芽阶段，很多重要的日常话语还不会说，口齿也不清晰，因而还不能流畅地表达很多内心的需求和愿望，这样的宝宝有时就只能用哭闹、发脾气、乱抓乱打来表达内心的挫折。面对宝宝的不安，做父母的一定要冷静，你可以发挥自己的智慧和想象力来猜测宝宝到底想要些什么，可以尝试用不同的活动

来满足宝宝。好在这时的宝宝注意力比较容易转移，只要给他一些新鲜有趣的东西，他就会高兴地玩起来，也会忘掉自己原先想要的东西。你也可以改变一下周围的环境，将宝宝带到另一间屋子，或将他举高，或将他抱起来一起“跳舞”，他会忘掉刚刚经历的挫折，变得轻松起来。

解读男宝宝

只要母亲有兴趣教男孩知识并且乐于与之交流，就会很好地促进孩子大脑的发育及完善，使孩子获得更多的讲话技巧，从而使他在以后的生活中能更好地适应社会。

让宝宝有轻松愉快的情绪，对宝宝和大人都很重要。处于发怒和不安之中的宝宝就失去了探索、学习和交流的乐趣，大人也会为“对付”宝宝而心神不宁，从而影响教育宝宝的情绪和耐心，也影响整个家庭气氛。

为了让宝宝处于安宁愉快的状态，你应该对宝宝不舒适的表示及时做出反应，让宝宝感到随时处于你的关照之中，这样宝宝才会产生对环境的安全感和对他人的信任感。

要保持与宝宝面对面的“交谈”、嬉戏，保证身体健康方面的护理，不要担心这样会把宝宝宠坏。宝宝从你的关照中得到的安抚和愉快，是他探索和学习的基础。

男孩头大就一定聪明吗

宝宝头的大小与颅骨的发育和脑子的重量有关。正常宝宝出生时头围大约34厘米，到1岁时增加到约46厘米，2岁时约为48厘米，5岁时达50厘米左右，大约到15岁时便接近成人，一般为54～58厘米。一般来说，宝宝头部的大小常受遗传因素的影响，即如果父母的头比较大，则宝宝的头也比较大。但脑子的大小和重量与智力没有明显的关系。俄国著名的作家屠格涅夫的大脑重2014克，而同样著名的作家法朗士的大脑仅重1017克。所以头大的宝宝不一定就聪明，而头小的宝宝也不一定就不聪明。当然宝宝的头围过小，应怀疑是否脑发育不全，需引起重视。

另外，宝宝的头特别大常常是由某些疾病引起的，如佝偻病、脑积水等。如患脑积水的宝宝，其智力的发育常常受到影响。因此发现宝宝的头特别大，不要盲目乐观，若有可疑之处，需到医院进行检查。

怎样使男孩既勇敢又活泼

由于男孩长大成人之后必须负担社会与家庭的责任，因此大多数的妈妈都希望宝宝是个勇敢、健壮、个性活泼的孩子。如何才能使宝宝成为活泼开朗的孩子呢?要培养男孩活泼勇敢的性格，就不能在宝宝尚未尝试各种新奇事物前，就抢先遏止他所想做的事。例如，有些妈妈看到宝宝要爬上楼梯时，就立刻告诫："那里很高，怕怕!""危险，不行!"以阻止他的行动；或者当宝宝到了2岁左右，开始调皮地拉抽屉、开柜门时，就吓唬他"老狼会从里面跑出来"等。遏止孩子的行动欲望，便会压抑孩子的好奇心，如此一来，男孩会变得不活泼、胆小、怯懦。

特别是做事一板一眼、爱操心、抑郁的妈妈，她们总担心儿子"万一受伤怎么办"，遇到这种情况，还是要缓解焦虑的心情，让宝宝按照自己的意愿尝试。如果你不放心，只要随时在宝宝身后以防万一就行了。另一种情况是，如果妈妈是个活泼又热情的人，很容易强迫自己的宝宝尝试。例如，看到别的孩子玩滑梯，就对还不会玩滑梯的儿子说："你也去试试看吧！很好玩的。"然后强行把宝宝抱上滑梯，迫使宝宝尝试。这样会增加宝宝的恐惧感。每个宝宝随着长大，自然而然就会做某些动作了，所以做父母的千万不可以太心急。妈妈本身个性积极、太活泼，会给宝宝的学习造成压力。让宝宝自由发挥，能够使他成为一个活泼的男孩子。

PART 14

第15~16个月 男宝宝养育

男宝宝15～16个月体格发育指标

项目	年龄组	下限值	上限值
身高	15～16个月	71.2厘米	90.1厘米
体重	15～16个月	7.68千克	15.17千克
头围	15～16个月	约为47.2厘米	
胸围	15～16个月	约为47.9厘米	
牙齿	15～16个月	出牙9～11颗	
囟门	15～16个月	大部分宝宝的囟门已经闭合，少数还未闭合	

第15～16个月 男宝宝日常保健

怎样给宝宝洗冷水浴

1～3岁的宝宝，除了进行户外活动、开窗睡眠、做操及进行空气浴、日光浴以外，用冷水锻炼身体，也是增强体质、防病抗病的好方法。

冷水洗手、洗脸、洗脚：宝宝身体的局部受寒冷刺激，会反射性地引起全身一系列复杂的反应，能有效地增强宝宝的耐寒能力，少得感冒，水温以20℃～30℃为宜。但晚上盥洗时仍要用32℃～40℃的温水，避免刺激宝宝神经兴奋，影响睡眠。

冷水擦身时以室温为宜，夏季可随自然温度用冷水擦身。具体方法是，先把毛巾在冷水中浸透，稍稍拧干，先擦宝宝的四肢，再依次擦颈、胸、腹、背部，擦过的和未擦过的部位都要用干的浴巾盖好。用湿毛巾擦完后，再用干毛巾擦。

父母可以斥责宝宝吗

对于1岁多一点的宝宝来说，父母的斥责应该只限于专门制止宝宝的瞬间行为的目的。如果想让宝宝做父母所期待的事，比起斥责，最好是夸奖宝宝。大多数人都是受到表扬时非常高兴，所谓的记忆快乐、忘却烦恼是人之常情。所以，让某人做某件事时，与愉快结合起来就容易做得成。

宝宝不能按父母的意愿做事而被斥责，在这个年龄段中往往都是因为父母对宝宝的期望过高，宝宝还不能从头到尾都做得很好。如果宝宝不能告诉父母要小便，就是斥责宝宝也没有用，因为这个年龄的宝宝还不能很出色地做好这些事。父母在批评斥责宝宝之前首先应该考虑一下宝宝为什么要那样做。

宝宝在这个年龄段，惩罚他是没有意义的。因为宝宝还不能将自己的行为与惩罚联系在一起来记忆，宝宝只能记得被父母惩罚过。当然，想制止宝宝玩打火机时，可以打宝宝的手，这是因为宝宝玩打火机的行为与被父母打了手的疼痛记忆联系在一起。

让宝宝养成漱口的习惯

幼儿的乳牙应当受到精心的保护，宝宝从1岁开始就应接受早晚漱口的训练，并逐渐养成这个良好的习惯。

需要注意的是，幼儿漱口要用温开水（夏天可用凉白开水）。这是因为宝宝在开始学习时不可能马上学会漱口动作，漱不好就可能把水吞咽下去，所以刚开始的一段时间最好用温开水。训练时先为宝宝准备好杯子，父母在前几次可为宝宝做示范动作，把一口水含在嘴里做漱口动作，而后吐出，反复几次，宝宝很快就学会了。

在训练过程中，父母注意不要让宝宝仰着头漱口，这样很容易呛着宝宝，甚至发生意外。另外，父母要不断地督促宝宝漱口，每日早晚坚持不懈，这样日子一长就能养成好习惯。

5岁以下宝宝胳膊拉不得

有时家长给孩子穿衣服，拉了一下孩子的胳膊，他就开始哭闹，胳膊不能动了；有的妈妈陪孩子玩耍时，拉了一下孩子胳膊，他就吵胳膊疼；还有的家长拉着小孩上街，小孩的上肢上举，家长的手突然提拉小孩的手后，小孩出现肘部疼痛，不肯用该手取物和活动肘部，不让人触碰。如果孩子不会说话，家长就会更加不知所措。这是由于牵拉导致孩子的肘部关节脱位（桡骨小头半脱位）。

桡骨小头半脱位只发生于5岁以下的小孩。0～5岁的小孩，桡骨小头还没有完全发育成形，包绕它周围的韧带只是一片薄膜，较软又

无力，所以未发育好的桡骨小头很容易从韧带中滑出，然后将韧带卡压在关节内。5岁以上的孩子及成人，桡骨小头已经发育成形，而且环状韧带增厚，力量加强，就不再容易因为牵拉而发生脱位了。

治疗肘部关节脱位不需要麻醉，直接手法复位，复位后也不必固定。但若再次牵拉，会再次复发，若多次复发，韧带会变得更加松弛，从而导致习惯性脱位。所以，家长们切记小孩的胳膊拉不得。

保护幼儿的肝脏

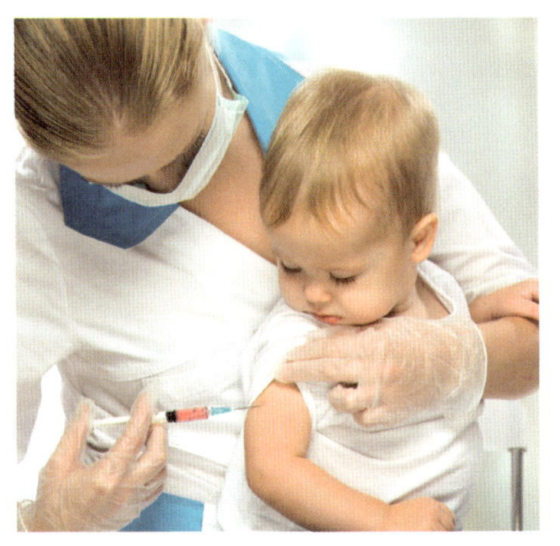

肝脏是人体的重要器官，如果在孩子幼小时不注重对其肝脏的保护，会给孩子以后的生活埋下隐患。那么，幼儿时期该如何来保护孩子的肝脏呢？

- 注意饮食卫生，预防肝炎。按时注射乙肝疫苗，预防乙肝。
- 注意饮食安全，避免吃有农药残留的蔬果损害幼儿的肝脏。
- 不要给孩子吃过多的橘子或橘子汁。
- 避免食品添加剂，如防腐剂、色素等，不要购买颜色、香味过重的饮料糕点。
- 不要给幼儿吃腌渍、熏制的食物，如火腿、熏肉、咸鱼等。
- 避免吃含激素的食品，否则会加重幼儿的肝脏、肾脏负担。
- 不要给孩子吃生鱼片、炝虾、糟蟹等生、冷海鲜。
- 霉变的花生、红薯、土豆，过期的食品，隔夜的剩菜不能给宝宝吃。
- 不要把水果、蔬菜霉烂部分切除后食用其他部分。
- 谨慎用药。不要给孩子服用成人用药，防止滥用抗生素，不要给幼儿吃成人的退烧药，激素类药物不要长时间使用，不能给宝宝服用过期药品。
- 家中少用樟脑丸。慎用风油精、白花油等含樟脑成分的药物，樟脑可能会造成肝脏伤害。
- 尽量不用或少用塑料用品及软胶玩具。

第15~16个月 男宝宝喂养

给宝宝良好的就餐环境

为了增进宝宝的食欲、促进消化吸收、保证身体健康，应该为宝宝提供一个良好的就餐环境和就餐气氛。

1 不要在宝宝吃饭的时候批评他，影响他的就餐情绪。在宝宝情绪不好时，大脑皮层对外界环境反应的兴奋度降低，使胃肠分泌的消化液减少，胃肠蠕动减弱，从而降低对食物的消化吸收功能。这样就使食物在胃中停留的时间延长，使人没有饥饿感，吃不下饭，即使勉强吃下去，也常感到肚子不舒服。

2 不要过分要求宝宝吃饭速度，提倡细嚼慢咽。宝宝的胃肠道发育还不完善，胃蠕动能力较差，腺体的数量较少，分泌胃液的质和量均不如成人。如果在进食时充分咀嚼，在口腔中就能将食物充分地研磨和初步消化，就可以减轻下一步胃肠道消化食物的负担，提高宝宝对食物的消化吸收能力，保护胃肠道，促进营养素的充分吸收和利用。

3 不要让宝宝边听故事边吃饭、边看电视边吃饭。这样做分散了宝宝的注意力，宝宝吃饭心不在焉，会减少胃肠道的血液供给及消化系统消化液的分泌，进而影响宝宝对食物中营养的消化吸收，而造成宝宝食欲不好、消化不良等。应该给宝宝固定就餐位置，大人也不要一边看电视一边吃饭，要引导宝宝养成良好就餐习惯。

给宝宝吃水果要适度

水果多性寒、凉，而小儿“脾常不足”，一旦饮食失节，可致脾胃功能紊乱。橘子性热燥，吃多了会上火，令口舌发燥，过量食用会导致皮肤与小便发黄及便秘等；又如柿子，若空腹时吃得过多，易导致柿石症，症状为腹痛、腹胀、呕吐；还如荔枝，吃多可导致四肢冰凉、多汗、无力等；菠萝多吃易发生过敏反应，出现头晕、腹痛。

宝宝只吃奶不吃饭怎么办

有的父母非常发愁，宝宝为什么总爱吃奶不爱吃饭。这该怎么办呢?出现这种情况的原因主要是由于父母没有根据幼儿的生长需要及时添加辅食，使幼儿出现了只爱吃长期吃惯了的奶，而不愿吃其他食物的毛病。

出现这种情况时，父母应该立即予以纠正，不可等闲视之。

因为随着幼儿的生长，光靠吃奶已不能满足其生长需要，必须靠补充其他食物才能供给幼儿丰富的营养，否则就会出现营养缺乏症。所以要早发现早纠正，对幼儿的生长才有好处。

在纠正幼儿只吃奶不吃饭的毛病时，父母应该注意以下几点：

1 首先应该减少幼儿吃奶的次数。在幼儿有饥饿表现时，给他吃些米粥、软饭、面条类的辅食，要注意把饭做得软、味道香，这样才能吸引幼儿。

2 由于幼儿长期已习惯了吃奶这样的流食，所以在刚开始时要让幼儿适应吃稀软的食物，并且每日都要坚持喂几次，食物也要不断更新换样。时间一长，宝宝也就慢慢地不会只想吃奶，而会逐渐喜欢吃其他食物。

3 要纠正幼儿只吃奶不吃饭的毛病，父母一定要每日坚持，不能怕幼儿饥饿或因幼儿的哭闹而动摇决心。有的父母禁不起幼儿的哭闹，一看幼儿不爱吃米粥等就马上换上奶。虽然幼儿立即得到了满足，但只吃奶不吃饭的毛病却更难纠正。

只有每日坚持纠正，小儿吃奶的次数才能逐渐减少，吃饭的次数才能逐渐增加，不用多长时间幼儿就会改掉这个毛病的。

第15~16个月 男宝宝早教

让宝宝满心欢喜地涂鸦

科学家做过这样的实验：把纸和绘画的工具给一个15~18个月的宝宝，结果宝宝便乱涂起来。他们发现这个宝宝只要一看到他自己在纸上画的东西时，就咿呀学语、哈哈大笑起来，一边还会继续画画。但是当他手中的笔在纸上没有留下痕迹时，他就停下来了，这一现象很明显地说明绘画时，宝宝的视觉因素与语言表达有密切关系。画画的活动足以刺激宝宝的语言表达，特别是对那些说话能力差或语言发展较缓慢的小儿更是如此。

语言文字是用来表达人的思想的一种形式，而图画则是另一种更为直截了当的形式。人们常常用符号来表示图表，如航线、山川、道路，不同语言的人都能一目了然。宝宝们的涂鸦也一样，当他们兴致勃勃地涂着画着时，小小的脑瓜中一定有些只有他们自己才知道的幼稚、离奇的想法，如果他边画边讲边叫，一定是思维极为兴奋、在积极活动着，要表达出来，他发出的各种声音就是他表达的语言形式，只是大人们尚不了解或不完全了解。这种活动及表达方式，能促进小儿左、右脑的发育。

在宝宝涂鸦期，父母要为宝宝准备些书及涂写的工具，在宝宝高兴时，让他随心所欲地涂涂画画，并且父母也应参与到这种有趣的活动中来，要用语言鼓励他，不懂他画什么时，也要高高兴兴地同他讲话。注意帮助他养成画好一张图就仔细看看、讲讲的好习惯，这对培养宝宝的口语表达能力和今后的阅读能力有着直接的好处。

不要忽视男孩语言表达能力

当宝宝用手指着玩具时，父母大都知道这是宝宝想玩玩具了，于是“好心”地给宝宝拿过来。事实上，父母的这种做法会使宝宝的语言能力发展减慢。因为宝宝不用说话，成人就能明白他的意图，他的要求就已经达到了，因此宝宝失去了说话的机会。当宝宝有某种需求时，你可以引导他说，或者拿另一个东西，逼着他说，甚至憋得他说出哪怕一个字，也是他语言发育不小的进步，因为他懂得用语言表达自己的要求了。

解读男宝宝

美国教育家杰姆·特米要求父母从孩子很小的时候就养成为孩子朗读的习惯，每天20分钟，持之以恒。他认为孩子坚持听读可以使注意力集中，有利于扩大孩子的词汇量，并能激发想象，拓宽视野，丰富孩子的情感。

男孩子要有幽默感

具有幽默感的孩子大多开朗活泼，讨人喜欢，人际关系也要比不具幽默感的孩子好得多。

1～2岁：美国许多父母在婴儿刚出生6周时便开始了独特的“早期幽默感训练”。如孩子学步摔倒时，父母可以冲他做鬼脸以示安抚，引得孩子破涕为笑。

3～4岁：3岁幼儿的智力已发展到能认识不和谐中潜藏的幽默感。如当妈妈故意在头上戴花时，孩子见了会大笑；爸爸装模作样地手持拐杖、步履蹒跚，他会边模仿边大笑。

宝宝不愿见陌生人怎么办

一般来说，8～9个月的宝宝开始认生，1岁多的宝宝在陌生人面前有点拘谨是正常的，随着年龄的增加和社会交往的增加，宝宝会逐渐变得大方起来。但宝宝见到陌生人就特别紧张，一提起要见陌生人，宝宝怎么也不肯去，这就算是一种缺点了。父母要帮助宝宝克服怕生的缺点，帮助他形成热情爽朗的性格，提高交际能力，以便能适应未来的社会。

当宝宝1～2岁时，父母就应有意识地抱宝宝出去走走，让生人抱一抱、逗一逗，使宝宝习惯于见到陌生人的脸孔。到了适合送幼儿园的年龄和条件时，应该将宝宝送到幼儿园，去过集体生活，这对宝宝是大有好处的。在家里也可经常鼓励宝宝和邻居、亲友的孩子们一起玩，经常带宝宝到朋友家串串门，或者到公园等地方玩一玩，以便增加见识，开阔宝宝的视野。

如发现宝宝已经存在怕生情况，不要强迫或用训斥等方法来改正，应该逐步地为宝宝创造条件，帮助他克服。如果采取强制手段逼着宝宝去见陌生人，只能增加宝宝的恐惧心理，对其身心健康是有害无益的。

给男孩子一张大纸

孩子用的图画纸通常为16开到8开大小，对于男孩子而言，或许太小了。他们经常会画到纸外，弄脏了地板。画画时孩子会希望把心里体验到的、感受到的东西画在纸上。特别是男孩子，他会将自己感受到的力量与速度表现出来，因此需要一张大纸，让他尽情地发挥。

玩拼图好处多

拼图对宝宝具有吸引力，除了每片都有鲜艳颜色外，各式各样的有趣形状也是其特色之一。拼图对宝宝智力启发和发展很有帮助。当孩子能将每一块拼图找到正确的放置地方，不仅是锻炼其手眼的协调能力，还可提高其动作技能，培养孩子对形状认知的能力；而这些能力，都是孩子将来在学习阅读时必须拥有的技能。

好处一：透彻了解喜好的领域

孩子透过拼图的游戏，因为用手触摸到拼图的形状，可以了解各种形状的区别；透过眼睛看到不同的颜色和图像，借以认识有关动物、水果、花草等知识。随着年龄的增长，孩子可以玩的拼图类型也会变得越来越多样，但是认知的发展会越来越好。喜欢花草的孩子开始了解各种花草的样子，喜欢小狗的孩子可以认识更多种类的狗狗，并说出不同。

好处二：增加图像思考能力

所谓的直觉图像是由德国的爱尔里·希伊恩休教授于1909年命名而来。这种能力主要是来自于右脑，最常出现在0～6岁的孩童中。当右脑机能处于优势时，其所拥有的能力（图像）就得以显露。右脑被称作是“印象的脑”，它拥有卓越的造型能力和敏感听觉，所以它有绝对的音感，因此右脑亦被称为“艺术的脑”。右脑运作能力强的人，往往会有很非凡的成就。倘若孩子也能幸运地保留右脑的直觉图像思考，对于未来读书和求知都有很大的帮助。因为直观方法更能将事物深刻铭记于心，而几何学、实验、音乐、美术等皆可刺激右脑的开发；但遗憾的是，人类习惯左脑教育，导致右脑的能力渐渐萎缩。而拼图就是训练右脑的好方法，因其融合了图像和形状的能力。

好处三：提高与人合作的能力

拼图是一种老少皆宜的益智活动，小从1岁多孩子玩的形状配对教具，大至成人的千片拼图或是3D立体拼图的类型多样。因为一张拼图可以多人同玩，所以拼图还可以视为家庭活动。一开始要教导孩子如何操作跟拼排的时候，可以让他成为助手，找出一些相关的联结和蛛丝马迹。

渐渐的，爸爸妈妈就可以退居幕后，让孩子学会完全靠自己拼排；适时地给予提示，再分享其完成后的自豪和成就。拼图的好处还在于若家中不只有一个孩子时，拼图会让他们团结互助并和平相处（跟以往两人总是争抢一个玩具的情形大相径庭）。

好处四：训练手眼协调能力

拼图需要孩子耐心地操作，能够锻炼手眼协调能力，是加强视觉能力及少许手部精细动作能力的好方法。毕竟，若是手眼有其一发生不协调，就不能将色块放在正确的位置上。但一开始不会的孩子，只要多练习还是可以慢慢进入状态。

首先，最重要的就是必须从一堆拼图中找出真正需要的那一片，就必须用眼睛去寻找，眼睛这时就会产生许多刺激（颜色、形状），渐渐发展成较完整的视觉。其次，各式的拼图都剪裁成不同的形状，孩子通过拼图可以了解各式的几何图形，对于形状的敏感度增加。

知道将某一片拼图放置在哪个部分和角落，也是视觉完形的训练；能区辨目标物和背景的差别，例如：能在一大堆各种形状的拼图中，找到要拿的圆形拼图，这是主题背景的训练。

PART 15

第17~18个月
男宝宝养育

男宝宝17～18个月体格发育指标

项目	年龄组	下限值	上限值
身高	17～18个月	72.8厘米	92.4厘米
体重	17～18个月	7.98千克	15.75千克
头围	18个月	约为47.6厘米	
胸围	18个月	约为48.4厘米	
牙齿	18个月	出牙10～12颗	
囟门	18～30个月	闭合	

第17~18个月 男宝宝日常保健

此时训练宝宝大小便比较好

训练宝宝大小便，通常在宝宝1岁6个月到2岁之间可以开始进行，选择气候较好时，不穿裤子也不会冷的室温下来训练较为合适，如春末、夏天或秋初。

父母要先做好心理准备，了解每个宝宝的身心发展速度不一，理解能力也不同，因此宝宝需花多少时间才能学会自己大小便也当然不同。

如何训练宝宝大小便

首先，准备属于宝宝自己的儿童马桶，放置在明显且方便取得之处，如小宝宝的房间或最近的厕所等处。

接下来要谈的是，如何开始训练。

1 刚开始训练时，先让宝宝习惯坐儿童马桶。此时期让他穿着衣服坐着即可，不用脱裤子坐，主要是告诉小宝宝并让他熟悉马桶的用途及何时使用。

2 宝宝熟悉自己的儿童马桶之后，可以尝试将尿布拿掉坐在上面。要注意儿童马桶须稳固且让小宝宝双脚能完全着力，因为这对排便运动相当重要。然后可以逐渐增加坐儿童马桶的次数，使之成为宝宝生活的一部分。

3 宝宝习惯且没有压力之后，如果来不及到马桶就已经尿下去或大便了，可以将脏尿片丢在马桶内，然后告诉小宝宝这是排泄物该去的地方。

4 接下来在没有垫尿布的情形下，可以在指定地点提醒他是否要去尿尿或解便，此时可以穿一些训练用的裤子。

5 夜间的训练通常是在白天没问题之后才开始，记得宝宝睡前及醒来时应马上带他去上厕所。夜晚小便训练有可能要到3~5岁才能完成。

训练宝宝大小便，男女宝宝有无差异

根据目前临床上的研究及统计数据，都显示出女宝宝能比男宝宝较早学会控制大小便，训练期间也较短。一般而言，宝宝刚开始不太能区分大小便，然而女宝宝完成大便训练后，比较会区分大小便的不同。女孩由母亲教较为合适，因为女宝宝除了在大人的协助指示下自己学习外，也可经由模仿女性长辈上厕所的历程，累积经验，由于照顾者多是女性，自然学得比男宝宝来得快。男孩则由父亲教，尿尿也可逐渐由坐着变成站着。

训练宝宝大小便要有耐心

每一个孩子都有其各自的发展脚步，平均1岁6个月到2岁之间可开始训练大小便，而学习的快慢和宝宝的发展成熟度有关。在这个发展过程中，父母扮演了重要的角色，对于宝宝如厕训练的达成，应给予正向鼓励，即使只是简单奖励或一句赞美的话，也能使他们的表现更好。千万不可表现出不耐烦、惩罚、怒骂，如此不但没有帮助，反而会使小宝宝产生不愉悦的经验，甚至害怕退缩。教导及训练宝宝如何自我控制大小便，这是必经的过程，父母需要有耐心与爱心，不要给孩子太大的压力。每个孩子的人格特质有相当大的差异，千万不可拿来相互比较，否则会有反效果出现。

早训练宝宝大小便好吗

有一些父母为了向别人炫耀或证明自己的孩子有多厉害，会过早进行孩子的大小便训练；另外，有些压力可能来自孩子的爷爷或奶奶，因为他们通常会较急于训练孙子孙女大小便；或有些幼儿学校希望宝宝已训练好大小便才准予入学。在训练初期，难免会碰上一些问题，有可能是时机未到，或宝宝身心发展还不到一定程度，太早训练只会徒劳无功。目前许多研究经

验告诉我们，如果在1岁6个月以前训练大小便，反而会让时间拉长至4岁才完成；相反的，如果在2岁以后开始进行大小便训练，则平均在2岁6个月左右便可完成大小便的训练。

有些幼儿因为便秘造成排便困难或肛门疼痛而不愿上厕所，碰到这种情况，不要责骂或惩罚宝宝，以免孩子因害怕而心生恐惧，只会更加排斥。若是因便秘所引起的，只要给予适当治疗，问题便能解决；若宝宝还未准备好，再给他一些时间，操之过急或态度严厉只会造成反效果；若宝宝不喜欢与便盆直接接触，可以暂时让他先包着尿布，坐在便盆上解便。

大小便是一种自然的生理需求与本能，当小宝宝有某方面的成熟度，准备好了才开始训练如厕，比较有效，而不是以父母的认知来决定何时开始训练大小便。研究认为，愈早训练宝宝大小便，则训练期反而愈长！

如厕训练是小宝宝发展的一个重要阶段，和他们本身的器官发育成熟度与心智发展有较大的关联。好好地陪小宝宝经历这段过程，常常拍拍手并且说“好棒喔”，除了自信与成就感的喜悦，更能增进亲子间的互动。

当然，如果你的宝宝到4足岁白天仍未能脱离尿布时，就要怀疑可能是先天泌尿系统异常造成（像尿道下裂，就容易造成长期遗尿），必须去看小儿科医生作进一步的检查与治疗。

专家主张

训练大小便的最佳时机

以下是家长观察何时较适合开始训练宝宝大小便的时机。

1. 每天排便的时间已较有规则性。在直肠括约肌发育得比较完全，能让大便在直肠中停留较长的时间以后。
2. 尿布能保持2～3小时以上的干爽。表示膀胱已发育得较为成熟，可以膀胱括约肌的力量来控制。
3. 听得懂父母的指示。当宝宝认知能力逐渐进步，能了解某些单字或语句之后，才能听得懂父母或照顾者对他所提出的口语指令。
4. 能够出现想上厕所的表情或动作。经由语言或脸上表情或改变身体姿势或在游戏中忽然停下来，摸着自己的肚子，或已能感觉出便意或尿意，来要求你带他去厕所。
5. 能够自己表达想上厕所的意愿。在宝宝感受到膀胱胀尿或下腹胀想上厕所时，能立即向大人表达。
6. 可以自己走到便盆前、脱下裤子、坐上便盆等。

父母应放手让男孩活动

宝宝走得稳了，活动范围扩大了，随之而来的是开始有了独立性的萌芽。你也会明显地感到，能自由活动的宝宝更接近于一个完整意义上的人了。

对待初步独立的宝宝，你的态度开始发生改变，宝宝不再完全地依赖你了，所以，这时的你要弄清楚宝宝能做些什么，不能做什么，要让宝宝有适当的独立活动的机会和自由。

这时的宝宝对一切都充满好奇心，有一种喜欢活动、喜欢探索的冲动。你对他的温情和爱抚在他的眼中已经不如以前重要了，你的关照有时可能变成了一种限制，宝宝甚至不愿接受。所以，你不妨适当地放开手，一块安全的空地、秋千、木马等，对喜爱摇晃、跳跃的宝宝是很有用的。

宝宝已不容易长时间安静地坐着了，他喜欢大人带他出去散步、兜风。一个在家里不安分的宝宝一旦外出，往往把全部兴趣都指向外部环境，能够安静地在娃娃车上让你推很长时间。因此要善于利用你的观察，找出宝宝喜好的活动。

日常起居时间的安排，也要尽可能地富于弹性。如果宝宝不喜欢某项作息时间，不妨暂时停止执行，等宝宝已经忘记反抗了，再继续试行。这样会省去很多纠缠时间。

催促会对孩子产生负面影响

不经意脱口而出的催促却可能造成孩子的学习危机！对于正在学习各种事物的孩子来说，赞美是他们建立自信心的重要基石，然而你的催促、不满意，极可能让孩子出现以下的负面表现。

1 不专心。因为他过去经常在专心学习时被人打扰、被人催促，造成他有随时随地会被人中断的危机感，因此不容易专心去做事情，会经常表现出分心或三心二意。

2 不持续。因为不专心，就不会在做事的过程中发掘趣味，因此变得对事物没有耐心，做什么事情都有不容易持续的问题。

解读男宝宝

父母对孩子不满意，孩子会用逆反来“抗压”，但孩子的承受能力毕竟有限，如果压力过大又找不到释放渠道，孩子心理就容易出问题。因此父母应该注意，首先应降低对孩子的要求标准。父母可以把自己的标准分为几个层次，分阶段让孩子去达到。这个标准一定要合理，让孩子能看到成功。其次留心观察孩子。父母碰到孩子干得漂亮的时候，就要及时地提出表扬。他的每个进步妈妈都看在眼里。

3 不独立。催促的语言经常伴随着不满意的成分，敏感的孩子往往更加没有自信，久而久之，他会习惯等大人来帮他完成事情，以免多做多错，也会比较没有责任感。

4 不主动。当父母急习惯了，通常会变成自己来比较快的结果。于是父母决定了孩子起床、出门、洗澡的时间，因为反正到时候有人会像闹钟般地准时催促他，孩子因此逐渐丧失自动自发的能力。

你是急父母吗

- □ 孩子玩具收得慢，会忍不住过去帮忙收。
- □ 孩子吃饭拖拖拉拉，会认为妈妈来喂比较快。
- □ 每天都在对孩子说“赶快”“快一点”！
- □ 孩子自己穿衣或穿鞋的过程，经常让你等得很不耐烦。
- □ 不论吃什么、穿什么、买什么，总是主动帮孩子做决定。

你打了几个钩？超过3个钩，请妈妈思考一下，你留给孩子的时间是否总是太短、太急促！

孩子老是慢吞吞的原因

在谈解决办法之前，家长必须先了解孩子拖延的原因。其实孩子大部分是无意的，但有意拖延的因素也占一小部分。

1 天生慢吞吞型。天生气质属于适应度比较低的孩子，他们接收到一个新事物或新指令时，都需要时间调适一下才能进入状态。

2 注意力分散度较低。注意力分散度较低的孩子，因为专注于前一件事，无法在接获一个新指令时马上回神来处理，也会给人慢半拍的感觉。

3 感觉动作失调。由于社会的变迁，目前感觉动作失调的孩子比例不低，情况较轻者常见手脚笨拙，做起事来会有慢吞吞、杂乱无章的现象。

4 缺乏时间观念和次序感。5足岁以下的孩子还没有明确的时间观念，如果家长经常用“限你10分钟内做完”这类指令来要求孩子，孩子不明白10分钟到底有多长，因而会让家长觉得他们爱拖延。

5 缺乏生活自理经验。大人保护过度及父母过度代劳，这类型的孩子因为实做经验少，一旦要独立做事时，就容易显得笨手笨脚、慢吞吞。

此外，父母个性太急而主观认定孩子拖拖拉拉；从小让孩子过度自由，孩子习惯不动手不动脑做事，造成凡事懒散、拖延的不良习惯；或者孩子对该做的事缺乏兴趣或觉得困难，只要遇到没兴趣的事就用拖来逃避情况则属于有意拖延，这些均会表现为做事慢吞吞。

你家有慢孩子吗

□ 我的孩子生活大小事，凡事要人催。

□ 家中宝贝缺乏实际的生活自理经验。

□ 对于大人的催赶，经常是嘴巴回说“好”，却没有实际付诸行动。

□ 面对较困难、不擅长或不好玩的事会出现逃避、不想做的反应。

□ 在接收到新事物或新指令时，都需要时间调适一下才能进入状态。

一共有几个钩？若超过3个钩，面对家中的慢孩子，妈妈要多体谅并配合，通过适当的沟通与教养，亲子关系会更和谐。

急性子父母必修慢教学

解读男宝宝

妈妈要尊重儿子，要温柔地对待他，要和孩子一起玩，而不是想控制他或者主宰他的世界。

中国台湾学者游乾桂在《嬉游记——用玩乐启发孩子的大智慧》一书中提到："我发现孩子身上一直遗留着父母的特质，不论好坏照单全收，而看见的多数是坏的，比方说叫嚷着快快快的孩子，一定有着急惊风的父母，他们的生活不优雅，犹如快速部队。老了之后我们将发现快的坏处。当我们以慢为师时，儿女也许会在你进入他的车子时，不耐烦地对你喊快快快。"

你也是一天当中多次说着"快一点"这类催促语言的父母吗？请你想一想，为什么会催促孩子？催促往往是时间紧迫的意思，是孩子的时间不够，还是大人的时间不够？而且孩子有因为你的催促而快一点，或者更快学会一件事了吗？如果没有，为何还要不厌其烦地继续催赶呢？

换句话对孩子说吧！"慢慢来，我等你"这句话说起来不难，也请家长实际试着这么做。放慢你的思绪与脚步，给孩子多一点学习与玩乐的时间，多花一点时间陪伴孩子做他想做的事，让我们和孩子一起学习与实践慢工出细活的道理，并从中获得宝贵的经验及无价的快乐。

第17~18个月 男宝宝喂养

宝宝吃得太少怎么办

男孩的母亲一般是这样想："男孩子一定要长得高大一点，强壮一点。"期盼儿子长大后拥有健硕的外表，因此体检后总觉得与其他同龄的小娃娃排在一起时，自家的宝贝好像比别家的小孩小，就会立即加强喂养的行动。其实，就算是大人，也有些人胃口较大，有些人胃口较小；宝宝也是一样，每个小孩都有自己的食量。如果勉强让他多吃，总超出食量，他会伤脾停食。

"儿子的胃怎么这么小?"其实，胃的大小并不会在婴儿时期固定下来。母亲的精神不好会影响孩子，使孩子食欲大减。即使孩子的体重、身高都在标准值以下，也不要紧张。孩子的食量会慢慢增加，只要他身体状态良好，就没什么大碍了。通常只要发育曲线往右上方上升，就算在标准曲线下方，都无须操心。其实每个小孩的成长时期都不尽相同，有些是会走路后开始有明显的成长，有些则是进入幼儿园之后突然长高了。

男孩不要过量进食

人们总以为吃得多身体才会健壮，实际上进食过量对宝宝是不利的。主要有以下几方面的害处：

1 增加胃肠道负担。过量进食后，胃肠道要分泌更多的消化液和增加蠕动，如果超过宝宝的消化能力，就会引起功能紊乱，发生呕吐、腹泻。

2 造成肥胖症。长期过量进食，造成宝宝营养过剩，体内脂肪堆积，成为肥胖症。

3 影响智能发育导致“脂肪脑”。因摄入的热能过多，糖可转变为脂肪沉积在体内，也沉积在脑组织，使脑沟变浅，沟回减少，神经网络发育欠佳，使智能下降。过食可引起脑血流量减少，因为饱餐后，血液相对地集中于消化器官的时间较长，使脑部血流量减少的时间也延长，经常过食，使脑经常处于相对缺血状态，势必影响宝宝脑部发育。过食可使宝宝大脑的语言、记忆、思维能力下降。由于过食后大脑负责消化吸收的中枢高度兴奋，而抑制了其他中枢，故影响智能的发育。总之，宝宝进食不是多多益善，而是必须养成适量进食的习惯。

另外，更不应该提倡睡前吃得过饱。晚餐进食太多，睡觉易做噩梦，影响消化吸收，本来睡眠状态下胃肠道消化功能应减少，因过食就会增加胃肠道负担，易导致消化紊乱性疾病，造成夜间磨牙，发生遗尿，造成宝宝睡眠惊醒、烦躁不安等。

哪些食物含钙多

对于宝宝来说，奶类是其补充钙的最好来源，每500毫升母乳中含钙170毫克，每500毫升牛奶含钙600毫克，每500毫升羊奶含钙700毫克，且奶中的钙容易被消化吸收。蔬菜中含钙质高的是绿叶菜，如大家熟悉的菠菜、油菜、雪里蕻、空心菜等，食后吸收也比较好。给宝宝食用绿叶菜，最好洗净后用开水烫一下，这样可以去掉大部分的草酸，有利于钙的吸收。豆类含钙也比较丰富，每100克黄豆中含360毫克的钙质，每100克豆皮中含钙284毫克，每天给孩子吃50克豆制品也是不错的选择。含钙特别高的食品还有海带、虾皮、紫菜、芝麻酱、骨髓酱等，不过虽然含钙高，但是吃的量是有限的。

钙含量丰富的食物表（以100克可食部分计算）

食物名称	含量（毫克）	食物名称	含量（毫克）
石螺	2458	白芝麻	620
牛乳粉	1797	鲮鱼（罐头）	598
芝麻酱	1170	奶豆腐	597
田螺	1030	虾米（海米）	555
豆腐干	1019	脱水菠菜	411
虾皮	991	草虾、白米虾	403
榛子（炒）	815	羊奶酪	363
黑芝麻	780	芸豆（杂、带皮）	349
奶酪干	730	海带（干）	348
虾脑酱	667	河虾	325
荠菜	656	千张	319

资料来源：杨月欣《营养配餐和膳食评价实用指导》北京：人民卫生出版社

给宝宝适当吃些硬食

给宝宝吃些细软的食物，有利于消化和吸收。但宝宝若长期吃得过于细软，则会影响牙齿及上下颌骨的发育。因为宝宝咀嚼细软食物时费力小，咀嚼时间也短，可引起咀嚼肌的发育不良，结果上下颌骨都不能得到充分的发育，而此时牙齿仍然在生长，会出现牙齿拥挤、排列不齐及其他类型的牙颌畸形。

若常吃些粗糙耐嚼的食物，可提高宝宝的咀嚼功能，乳牙的咀嚼是一种功能性刺激，有利于颌骨的发育和恒牙的萌出，对于保证乳牙排列的形态完整和功能完整很重要。宝宝平时宜吃的一些粗糙耐嚼的食物有红薯干、肉干、生黄瓜、水果、萝卜等。

宝宝生病怎样调整饮食

宝宝一旦生病，消化功能难免会受到影响，引起食欲减退。作为父母千万不可操之过急，而应合理调整宝宝饮食，例如：

1 对于持续高热、胃肠功能紊乱的患儿，考虑给其喂食流质食物，如米汤、牛奶、藕粉之类。

2 病情好转则应由流质食物改为半流质食物，除煮烂的面条、蒸蛋外，还可酌情增加少量饼干或面包之类。

3 倘若患儿疾病已经康复，但消化能力还未恢复，表现为食欲欠佳或咀嚼能力较弱时，则可提供易消化而富于营养的软饭、菜肴。

第17~18个月 男宝宝早教

男孩要从小有时间概念

1岁半的宝宝的时间概念是借助于生活中具体事情或周围的现象作为指标的，比如早晨是起床时间，晚上是上床睡觉时间。待宝宝长到5岁左右，才能根据天气变化理解时间。时间概念教育主要是让男孩养成不拖拖拉拉的生活习惯。

1 从小就应该让宝宝养成规律的生活习惯。让宝宝知道早上要穿好衣服出门，晚上等爸爸或妈妈下班。虽不必让宝宝知道确切时间，但可经常使用“吃完午饭后”“等爸爸回来后”“睡醒觉后”等话作为时间的概念传达给宝宝，而且让宝宝等到应诺的时间。

2 充分利用钟表。宝宝虽然认识钟表所代表的含义，但还得要宝宝明白表走到几点就可以干哪些事情了。比如用形象化的语言告诉宝宝“看，那是表，那两个长棍棍合在一起就是12点了，我们就吃午饭了……”给宝宝在手上画个手表，问：“宝宝几点了？我们该干什么了？”不断地这样问宝宝，让宝宝有看表的意识。

3 父母要以身作则，答应宝宝的事一定要在说好的时间内做到，这样才能在宝宝心目中树立守时的观念。要培养宝宝节约时间的习惯，父母先要为宝宝树立榜样，不拖拉，可以常常在讲故事、做游戏等时间里告诉宝宝要抓紧时间，不能浪费时间。

解读男宝宝

如果可能，男孩3岁之前应该待在家里，由父亲或母亲照顾。幼儿园并不适合3岁以下的男孩，这是由他们的本性决定的。男孩对于与妈妈的分离更感到焦虑和烦躁。同样，入学太早对男孩也不利，小男孩与占优势的女孩比，会有失败感，以致对学习失去兴趣。

为宝宝建立数的抽象概念

为了让宝宝在游戏中学会数的知识，父母可以用以下几种方法教宝宝：

1 按实物数数桌上放几个桃子。数1时，手指第1个桃子；数2时，手指第2个桃子；依次类推……

2 利用幼儿熟悉的事物形象比喻数数。1像小棍，2像小鸭子，3像耳朵，4像小红旗，5像秤钩，6像哨子，7像镰刀，8像葫芦，9像勺子，10像棍子和鸡蛋。

3 利用儿歌学会数的知识。你拍一，我拍一，一个娃娃开飞机；你拍二，我拍二，两个娃娃打电话；你拍三，我拍三，三个娃娃吃饼干；你拍四，我拍四，四个娃娃写大字；你拍五，我拍五，五个娃娃敲锣鼓；你拍六，我拍六，六个娃娃摘石榴；你拍七，我拍七，七个娃娃抱公鸡；你拍八，我拍八，八个娃娃吹喇叭；你拍九，我拍九，九个娃娃拍皮球；你拍十，我拍十，十个娃娃十双手。

男孩语言发育迟缓的原因

小儿到了18个月仍不会说话，或者在3岁半时说不出整句句子，一般属于语言发育迟缓。那么，是哪些因素造成幼儿语言发育迟缓呢？

1 听觉问题。听觉的问题大致有3种：失聪、环境太宁静及环境太嘈杂。失聪的宝宝可能完全听不到声音，或者听不到某些音频的声音，这样或多或少影响了宝宝接收外界声音的能力，也妨碍了发展语言的能力。环境太宁静会减慢宝宝的语言能力发展，而且是十分常见的原因。父母往往忙于工作，抽不出时间跟宝宝沟通，宝宝身处这样的环境下，缺乏外来的启发，要学会说话自然较慢。环境太嘈杂对宝宝的语言能力发展同样没有好处。例如家里的电视机声音十分大，宝宝根本听不清楚外界的声音，谈不上可以吸收外界的说话信息。

2 脑部问题。如果宝宝的智力发展迟缓，说话能力通常会受影响。

3 发声器官问题。例如宝宝出生时已经有舌头或咽喉肌肉动作不协调，这些缺陷可以令宝宝较难发展语言能力。

4 遗传方面问题。假如父母幼年时都较迟才会说话，他们的子女亦有较大机会步父母的后尘。

让宝宝尽早学会说话，最重要的还是让宝宝接受适量的外界刺激，要让宝宝多听说话及声音，才可以刺激他们的语言能力发展。父母要与宝宝多说话、多沟通。

怎样做孩子的数学启蒙老师

- 吃水果的时候，告诉宝宝大的重、小的轻。
- 给宝宝喝水的时候，用不同大小或不同形状的杯子装。
- 切蛋糕的时候，告诉宝宝一个蛋糕可以切成许多块。
- 吃糖把糖纸留下，叠成小人，让宝宝按花色分类。
- 吃饭的时候，让宝宝分发碗筷，知道一个人要两根筷子、一个碗。
- 带宝宝出门，和宝宝一起数数楼梯。
- 带宝宝上街，教宝宝看橱窗。
- 吃饼干的时候，问问他喜欢方的还是圆的。
- 和宝宝一起数数，从沙发走到厨房要走多少步。
- 买玩具时，注意买和数学学习有关的玩具，比如天平、拼图等。

PART 16

第19~20个月 男宝宝养育

男宝宝19～20个月体格发育指标

项目	年龄组	下限值	上限值
身高	19～20个月	74.4厘米	94.7厘米
体重	19～20个月	8.29千克	16.36千克
头围	20个月	约为47.8厘米	
胸围	20个月	约为48.6厘米	
牙齿	19～20个月	出牙11～13颗	

第19~20个月 男宝宝日常保健

不要忽视生活中的小事情

日常生活中有一些小事，往往容易被人忽视，但忽视了它们，就有可能影响到宝宝的健康。

有些父母买回水果用水冲洗后，还习惯用布擦一下才给宝宝吃，殊不知抹布很容易沾染致病微生物。

宝宝皮肤瘙痒时，父母少不了帮助搔抓止痒，但父母手指甲缝内的细菌很容易在搔抓时通过宝宝破损的皮肤而引起皮肤感染。

有的父母为宝宝脱衣服方便，喜欢给宝宝穿腰间勒松紧带的衣服。需要注意的是，松紧带勒得太紧，会影响宝宝胃肠蠕动和血液循环，甚至影响胸部的正常发育。

大多数父母因爱宝宝而喜欢搂着他睡觉，但这种做法却是不卫生的。因为父母呼出的二氧化碳会被宝宝再吸进去，从而会影响宝宝的健康，造成宝宝缺氧，呼吸困难。

是药三分毒，不管是什么药，都要谨慎，别轻易给宝宝服用。

有些父母用报纸为宝宝包食物或擦屁股，这也很不卫生。报纸是用油墨印成的，加之经众人使用，会染上许多细菌，易使宝宝患病。

此外，有的家长一边哄宝宝一边抽烟，像这样的“小事”都是对宝宝的健康不利的。

教宝宝正确地擤鼻涕

感冒是小儿最常见的疾病之一。小儿受凉后容易感冒，感冒时鼻黏膜发炎，鼻涕增多，并含有大量病菌，造成鼻子堵塞，呼吸不畅。这个年龄的小儿生活自理能力还很差，对流出的鼻涕不知如何处理，有的宝宝就用衣服袖子一抹，弄得到处都是；有的宝宝鼻涕多了不擤，而是使劲一吸，咽到肚子里，这是很不卫生的，影响身体健康，同时也会将病菌通过污染的空气、玩具传染给别人。因此教会宝宝正确的擤鼻涕方法是很有必要的。

在日常生活中，最常见的一种错误擤鼻涕方法就是捏住两个鼻孔用力擤，因为感冒容易鼻塞，宝宝希望通过擤鼻涕让鼻子通气。这样做不卫生，容易把带有细菌的鼻涕通过咽鼓管（鼻耳之间的通道）弄到中耳腔内，引起中耳炎，使宝宝听力减退，严重时由中耳炎引起脑脓肿而危及生命。因此父母一定要纠正宝宝这种不正确的擤鼻涕方法。

正确的擤鼻涕方法是要教宝宝用手绢或卫生纸盖住鼻孔，两个鼻孔分别轻轻地擤，即先按住一侧鼻翼，擤另一侧鼻腔里的鼻涕，然后再用同样的方法擤另一侧鼻孔。用卫生纸擤鼻涕时，要多用几层纸，以免宝宝没经验，把纸弄破，搞得满手都是鼻涕，再在身上乱擦，极不卫生。

宝宝为什么会恋物

你的宝宝有从不离手的心爱玩具吗？当你把宝宝的玩具抢走，他会大哭大闹甚至不吃不喝吗？更有甚者，宝宝除了心爱玩具，对任何其他的人和事都不会表现得如此依恋。同时，他好像很难适应新的环境，闷闷不乐，少言寡语。面对这样的宝宝，父母就要当心，他可能恋物成瘾了。

宝宝的恋物现象大多与情绪和环境有关。在婴幼儿期，宝宝会对妈妈形成一种依恋，例如，他会喜欢偎依在妈妈的怀抱里，这是一种积极的、充满情感的依恋。一般来

说，宝宝从6个月起，就出现了依恋。2～3岁是建立宝宝与父母之间依恋感的关键时期，在这个时期，父母需要多花一些时间来与宝宝相处，建立良好的亲子互动。

如果宝宝经常与父母分离，或是因为疾病、恐惧，没有游戏、玩具及正常的人际交往等，便不能形成良好的依恋关系。于是，宝宝在情感发展过程中往往会出于情感需要而与某些物品建立起一种亲密的联系，将依恋转移到物品上。当感觉孤独、焦虑和恐惧时，他会紧紧地抱住物品，试图产生一种安全感，这就是宝宝恋物的原因。

近年来，随着生活节奏的变快、竞争压力的增加，父母更强调对孩子的教育，而忽略了亲情的互动，导致有恋物癖的宝宝越来越多。恋物癖其实是一种轻微的孤独症。

1岁半还不会走路怎么办

1岁半的宝宝还不会走路，属于发育落后。其原因很多，首先应考虑宝宝大脑的发育有没有问题，腿的关节、肌肉有没有病；其次，父母有没有训练过宝宝走路，宝宝是否爬过，站得好不好，是否用屁股坐在地上蹭行过，是否过早地用了学步车，这些因素都会影响宝宝学会走路的时间。一般弱智儿在大运动方面也都表现出发育落后。

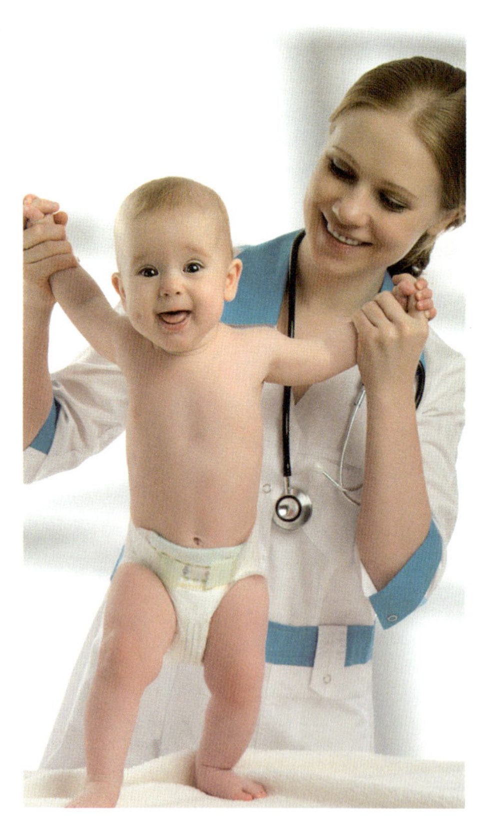

宝宝一般在1岁左右就会走了，如果到了1岁还不能站稳，可以看看他的脚弓是不是扁平足。父母可以帮他按摩按摩，并帮他站站跳跳。有的宝宝是脚部肌肉无力，无法支撑全身重量，大人要帮他增加肌肉力量。如果宝宝到了1岁半还不会走路，最好请医生检查一下，对症治疗。

第19~20个月 男宝宝喂养

怎样给宝宝选择零食

零食占儿童每天食物的20%左右，因此，妈妈要正确地给宝宝选择零食。色香味十足的市售儿童食品对宝宝来说难以抗拒，但把握尺度的还是妈妈。

谷类零食

1 可经常食用：煮玉米、无糖或低糖燕麦片、全麦饼干、无糖或低糖全麦面包等。这些都属于低脂、低盐、低糖的食品。

2 适当食用：蛋糕及甜点。甜食宝宝可以适当吃一些，但不可过量，因为其中添加了中等量的脂肪、盐和糖。

3 限制食用：膨化食品、巧克力派、奶油夹心饼、方便面、奶油蛋糕等。这类食品最好不吃，因为含有较高脂肪、盐及糖。长期大量食用会造成营养不足和脂肪积累。如果在饭前吃，还易造成饱胀感，影响正常进餐，而其中含有的铅还会影响儿童生长发育。

薯类零食

1 可经常食用：蒸煮烤制的红薯、土豆等。薯类食物营养价值高，蒸煮是最好的烹饪方法，最益于人体健康。

2 适当食用：添加盐、糖的甘薯球、红薯干等。这类食品是经过加工的，含有添加剂，不要经常给宝宝吃。

3 限制食用：炸薯片和炸薯条。这类食品的加工方式导致食物中含有很高的油脂、盐、糖和味精，长期摄取会导致肥胖或相关疾病，如糖尿病、冠心病和高脂血症等。

坚果类零食

1 可经常食用：花生米、核桃仁、瓜子、大杏仁、松子、榛子等。坚果富含多种维生素和矿物质，富含的卵磷脂对儿童、青少年有补脑健脑作用。孩子小时可以压碎食用，大了才可以整粒食用。

2 适当食用：琥珀核桃仁、鱼皮花生、盐焗腰果等。这些食物经过加工，已穿上糖或盐的外衣，给宝宝吃要适量。

饮料类零食

1 可经常食用：不加糖的鲜榨橙汁、西瓜汁、胡萝卜汁等。这类食物最好是家中自制，现榨现吃，新鲜蔬菜瓜果榨汁是最好的饮料。

2 适当食用：加了糖，并且果汁含量超过30%的果（蔬）饮料，如山楂饮料、杏仁露、乳酸饮料等。购买这类食品，妈妈要仔细阅读说明。

3 限制食用：加鲜艳色素或高糖分的汽水或可乐等碳酸饮料。

奶及奶制品

1 可经常食用：酸奶、奶粉等奶制品。这类食品营养丰富，富含蛋白质、钙、铁、锌等元素，有益健康。

2 适当食用：奶酪、奶片等奶制品。

3 限制食用：全脂或低脂炼乳。炼乳含糖量太高。

蔬菜水果类零食

1 可经常食用：香蕉、苹果、柑橘、西瓜、番茄、黄瓜等新鲜、天然 食物。

2 适当食用：海苔片、苹果干、葡萄干、香蕉干等。这类已用糖或盐加工的果蔬干，虽挂水果名，但营养已大打折扣。

3 限制食用：水果罐头、果脯、枣脯等。在制作糖渍食品时，会损失原料的部分营养，而且蜜饯等通常含糖量较高，有些产品还会加入较多食盐或大量甜味剂、防腐剂和色素等，因此这类食品最好不吃。

肉类、蛋类零食

1 可经常食用：水煮蛋。这一类零食低脂、低盐、低糖，天然又极少加工。

2 适当食用：牛肉干、松花蛋、火腿肠、肉脯、卤蛋、鱼片等。这些零食虽然也有营养，但多数都是熏制及酱卤出来的，含有大量食用油、盐、糖、酱油、味精等调味品，并在制作中损失了很多营养成分，还添加了少量亚硝酸钠作为防腐剂和增色剂，因此过量或长期食用会对人体造成伤害。

3 限制食用：炸鸡块、鸡翅，烤鸡等。这类食品主要成分为高脂肪和高盐，缺乏人体所需其他营养素，尽量少给孩子这类零食，以免增加肥胖、高血压及其他慢性病风险。

豆及豆制品零食

1 可经常食用：豆浆、烤黄豆等。豆制品营养丰富，蛋白质含量高，对人体补充钙成分有极大的好处。

2 适当食用：经过加工的豆腐卷、怪味蚕豆、卤豆干等。

糖果类零食

1 适当食用：黑巧克力、牛奶纯巧克力等。巧克力营养素含量相对丰富，却含有一定脂肪、添加糖，只能适当食用。

2 限制食用：棉花糖、奶糖、糖豆、软糖、水果糖及话梅糖等。吃糖太多不仅对牙齿不好，还会影响食欲，导致发胖。

冷饮类零食

1 适当食用：质量好的鲜奶冰激凌、水果冰激凌等。这类冷饮不太甜，以鲜奶和水果为主。

2 限制食用：那些特别甜、色彩很鲜艳的雪糕、冰激凌等。过多摄入冷饮会引起小儿胃肠道疾病，也会伤害牙齿。

第19～20个月 男宝宝早教

从9种气质了解你的儿子

每个宝宝出生时就伴随有天生独特的个性，一般称其为“气质”。宝宝天生对外在或内在的刺激具有独特的反应方式，这些天生反应的方式（包含行为、情绪、人际互动等方面）都有个别的差异，而这些差异也让每个人是独一无二的。若是能先了解孩子专属的特有气质，就能找出合适的教养方式，进而建立良好的亲子关系。

活动力

孩子在活动中，其动作节奏的快慢及活动频率的高低有别。可以看到的是，有些孩子喜欢冲来撞去；有些孩子则是安静地坐着，即便是婴儿时期也都喜欢乖乖地躺着。这些其实就是很好的观察指标。

活动力较强的孩子，相对较不怕生，愿意与人打成一片；而活动力较弱的孩子，因为安静时候居多，所以也就内向和容易被忽视。

规律性

指孩子反复性的生理机能，如睡眠、清醒的时间、饥饿和食量等是否有规律，而这个向度的表现，在婴儿时期最为显著。有些孩子很容易养成早睡早起、三餐定时的习惯；有些孩子就必须仰赖父母的帮忙，如上学、吃饭等。

缺乏规律性的孩子，其情绪平稳度不高且易怒，相对影响孩子的

社交活动。大家都喜欢跟脾气好且好相处的人来往，所以养成孩子的规律性很重要，可从后天慢慢培养矫正。

> **解读男宝宝**
>
> 对于男孩来说，最重要的一课是学会和照顾他人，保持亲密的关系，信任那个人，学会重要的这一课，男孩就能够感受到周围的温暖并理解别人的善意。

注意力

指孩子是否容易受外界刺激（如声光、环境、人事物等）的影响，而改变或妨碍正在进行的活动。妈妈要帮宝宝换尿布时，都会拿玩具转移其注意力（宝宝都不喜欢被换尿布），而这样的转移方式是否有效，即可看出孩子的注意力。

注意力是会影响孩子在慢慢长大和就学时是否容易分心或可以专注的指标。而专注性较高的孩子可以在融入团体后专心地一起游戏；专注力容易分散的孩子，则对于新的人、事、物都只有三分钟热度，对人处事上也比较容易分心。

坚持度

指当孩子进行工作或是想要做某件事时，若遭到困难或挫折，仍然能继续原活动的意愿或是行动。学步期之前较不容易观察出坚持度的高低，一旦进入学步期，父母就可以看出孩子的坚持度如何。走路对孩子而言是一个极为重要的里程碑，因为孩子可以不靠成人的力量，自己独立探索身边的世界了。

当孩子正在学走路时，是爸爸妈妈最头痛的时期，因为永远来不及阻止孩子的好奇心。但这是开启孩子好奇心的开始，也可以让孩子接触更多更新的人事和物。因此，坚持度的高低会影响孩子认识新事物。

趋近性

指当孩子第一次接触人、事、物、场所和情况等新刺激时，表现接受或拒绝的态度。趋近性高的孩子，表现出大方的态度，当处于新环境或是面对新朋友时，可以马上融入和大家玩成一片；而趋近性低的孩子，因为内向害羞所以需要长时间的观察和适应，才能勇敢迈出第一步。爸爸妈妈还可以借由宝宝面对新保姆的适应、换不同牌子奶粉的反应等来观察孩子的趋近性。随着孩子年龄的增加，爸爸妈妈可从其尝试新的食物、对新朋友的反应等来观察。

此外，面对亲友来家里拜访，趋近性低的孩子总是躲在爸爸妈妈背后，或是黏着照顾者行动，表示需要比别人更多的时间适应新环境。所以，要让这类孩子大方起来，除了多接触新事物外，爸爸妈妈的陪伴与安全感的建立也是极为重要的。

适应性

指孩子适应新的人、事、物、场所和情况的难易度和时间的长短。适应性可以说是孩子在趋近性的表现后，需要花多长时间去适应新的人、事、物。有些孩子趋近性较低（害羞内向），但是有好的适应能力，那么只要短时间一样可以在新环境中自处，融入团体生活；但有些孩子不但趋近性低，适应力也低，那就需要一段时间的调适，才能比较大方地接受新事物。

观察孩子与不熟的小朋友玩耍时的情况：拥有较强适应力的孩子，其实很快就可以和小朋友玩成一片。如果孩子放长假回到老家或亲戚家住上一阵子，会作息大乱，甚至吃不好、睡不好，就属于适应性低，若可以很快回复到正常作息就算适应性强的孩子。

情绪度

指孩子在一天中行为表现的愉快感、友善程度的比例。形容一个孩子笑眯眯或是气呼呼，就是在说一个孩子的情绪本质。通常见人就会笑的孩子比较受人欢迎，看起来也总是心情愉快；但有些孩子则容易表现出生气或是不开心的模样，好像很难逗他开心，这就是情绪本质的不同。

爸爸妈妈可以观察孩子与小朋友玩游戏时，是否很容易生气地跑来告状；身体不舒服时，可以马上被安抚还是不停安抚仍持续哭闹。

敏感度

指引起孩子反应所需要的刺激量。敏感度高的孩子在感官上就会特别敏感。过于敏感的孩子很难与人相处，也很容易有回避亲友到访的现象。而敏感度低的孩子，比较容易与人亲近，没有设限。

当宝宝的尿布湿了，就会表现非常不舒服的样子或是有点声音就睡不着觉等，这类孩子就属于敏感度高的；愿意大方分享的孩子，敏感度较低，其与人相处就比较直爽也大度。

反应度

指孩子对内在和外在刺激所产生反应的激烈程度。反应强度高的孩子在行为上非常明显，如遇到不喜欢的长辈，显得很没礼貌；讨厌吃的东西

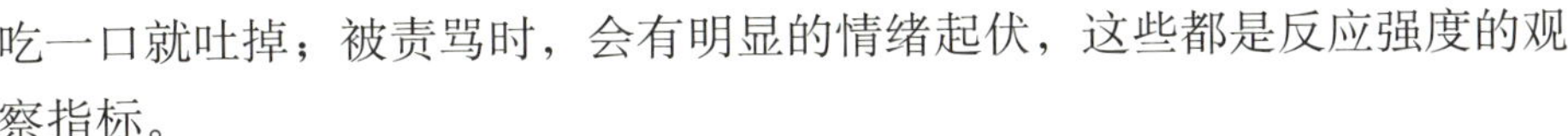

吃一口就吐掉；被责骂时，会有明显的情绪起伏，这些都是反应强度的观察指标。

而有些孩子对于别人的欺负，则是选择默不作声；或是当身体不舒服时，会选择隐忍或啜泣。因此在爸爸妈妈眼中，反应度低的孩子比较乖巧听话，个性内向较不大方，也常常容易被忽略。

当然，孩子的气质并不是单一的，往往是几种气质的混杂，这需要家长仔细观察辨别。

手指运动有利宝宝健脑

手指运动对脑力的影响已日益受到专家们的重视。一位对手脑关系作过多年研究的日本学者曾经说过："如果想培养出智力发达、头脑聪明的宝宝，那就必须让他锻炼手指的活动能力，因为手指的活动会刺激脑髓的手指运动中枢，能使智力提高。"有的学者为了发展幼儿的大脑而提倡翻花、叠纸等复杂的手指游戏。宝宝们为了准确无误地完成游戏，对每一个动作都不轻易放过，思想也会高度集中。这种复杂的手指训练，还培养了宝宝的集中力和耐心。

凡是能使用手指的活动，如泥工、折纸、剪纸都有助于发展智力。所以，父母在开发宝宝智力的时候，应该重视宝宝的手指运动，以此促进宝宝健脑。

儿歌学数数

一张桌子两杯茶，

三只羊边四匹马，

五本书旁六幅画，

七条鱼和八只鸭，

九棵大树十朵花。

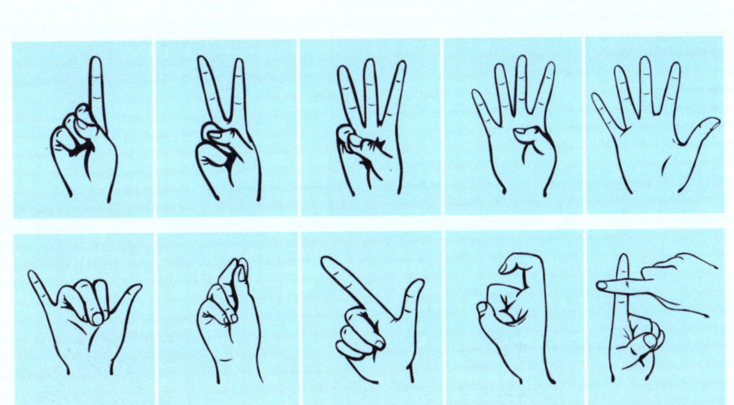

教会宝宝最简单的手指比画数字之后，家长还可以教宝宝其他手势，搭配儿歌，宝宝会学得更快。

让男孩学会表达情感

以前，宝宝只是通过哭闹来表达自己的感情，现在已经能够用各种各样的表情、动作来表现喜怒哀乐了。

在不认识的人面前，他会害羞，还会嫉妒，表现出从未有过的复杂感。在这一时期的宝宝，一方面什么都想自己去做，另一方面又总想依赖大人（特别是妈妈）。因而，这一时期，父母要注意引导宝宝的情绪。比如，当宝宝发现别的小朋友在玩一种游戏或一种玩具，而自己却不能参与或拥有时，他会表现出一种极强的破坏欲，他会把别人搭的积木弄翻，会把别人的拼图打乱。当宝宝有这样的情绪表现时，父母应先让宝宝意识到他所造成的糟糕局面——造成别的宝宝哭或游戏不能进行等，然后再帮助他们重新开始，并安慰宝宝别着急，可以先看小朋友怎么玩。在帮助宝宝与其他小朋友的沟通中，要让其自然地加入其中，使宝宝的情绪得以转换。

别为淘气男孩的行为抓狂

宝宝让父母们抓狂的行为

有一些父母会大呼：“我家的宝宝简直是小恶魔，不断在挑战我们夫妻的耐性！”每一个孩子都有个体差异，表现出来的行为也不尽相同。

- 喜欢玩马桶中的水，并且用手下去搅拌，乐在其中，有时还会把整个头伸进去，甚至于喝马桶水。
- 喜欢上上下下爬楼梯，钻柜子，经常摔得鼻青脸肿。
- 不论什么玩具或东西都往嘴里塞。
- 喜欢爬上小板凳或者矮桌子，攀着窗户往外眺望。

- 生病了，不管大人怎么哄骗或抓着灌药，都无法喂药。
- 白天睡觉，晚上不睡觉，还要父母陪着玩，日夜颠倒。
- 在桌上、床上、沙发上爬来爬去，经常磕破摔伤。
- 在公共场所大哭大闹或躺在地上打滚。
- 自己抢着吃饭，却吃得桌上、地上一团糟。
- 喜欢玩垃圾桶里的垃圾，有时还会撒出来满地玩。
- 看到喜欢的玩具或零食非买不可，否则就要赖、哭闹。
- 吃饭慢吞吞，一餐饭吃完接着又是下一餐饭。
- 爱哭，动不动就哭，一哭就呕吐满地。
- 喜欢咬人、抓人。
- 黏着妈妈不放，否则就又哭又闹。
- 拿了笔就在墙上、桌上、地上乱涂抹。
- 伸手去拔电插头，或者用手指头玩插座。

和宝宝沟通的5项技巧

要和宝宝相处沟通确实有一些困难，不过，可以运用下列5种技巧，以避免不必要的生气。

1 事前预防法。2岁以下的孩子非常缺乏克制力，所以，要把一些危险的东西、药品、工具尽量往高处或者抽屉中放，可以减少危险的情况发生。此外，在孩子容易摔倒的地方，尽量铺设软垫子，避免孩子碰撞、跌伤。厕所的门平时能关就关着，可以防止孩子进去玩马桶。

2 转移注意力法。为了达到最好的效果，不要和孩子正面冲突，若能转移注意力才是最好的方法。例如，当孩子在公共场所要赖时，父母可以用转移注意力的方法，带领孩子去看别的东西或者到别的地方，转移他的注意力，以减少正面冲突。

3 鼓励和惩罚并用法。当孩子今天外出表现很棒时，父母要给予口头或实质的鼓励。同样，当孩子表现出危险的动作或者咬人、抓人的行为时，父母则需要明确地给予惩罚，例如取消一次外出游玩的资格，或罚站、罚坐两分钟等。

解读男宝宝

男性对视觉和光线有很强的依赖性，视觉往往是男性获取资讯最为发达的方式。因此，与其把想要传授给男孩的知识或道理说给他听，不如展示给他看。对男宝宝来说，这样的方式v更能让他印象深刻。

4 规律的作息。对2岁以下的孩子来说，规律的作息是很重要的，父母若能养成孩子白天游戏、晚上睡觉的习惯，才能带得轻松自如。

5 让孩子知道你生气了。2岁以下的孩子可能不太会讲话，但大致上能听懂大人在说什么。就算听不懂，孩子也会通过肢体语言来知道爸爸妈妈生气了，父母可以在孩子表现出不适当行为时，做适度生气的表现，让孩子知道父母生气了！

给父母的提醒

为了能让你和孩子相处得更加愉悦，遵循以下的提醒，对你和宝宝的相处将有莫大的助益。

如果事情很重要，请不要让孩子自己选择。

避免提出可以用“不”回答的问题。

避免因为孩子的要求和顽固而情绪激动。

听了孩子说的“不”或者“我不要”的反抗话语，请不要吃惊或激动。

告诉自己：宝宝正在经历这个阶段，长大一点就会好了！

为19～20个月宝宝选玩具

宝宝发展

试误观念发展得更好，能够进一步为较复杂的图形配对，例如三角形、圆形、正方形之外的图形，或是阿拉伯数字、英文字母等。

开始能玩有模仿或是需要假扮和想象的玩具或游戏，他想象的事情通常都是他在日常生活中经常接触的事情，常见的就是扮过家家、切各种食物、煮东西、洗衣服等。

约满一岁的宝宝对空间或物体的完整概念发展得更好，可尝试将切割的物体回复为完整的模样。

宝宝已经知道镜中的人像是自己了。

建议玩具

较复杂的图形配对玩具。

角色扮演或是模仿日常生活的活动。例如学医生问诊、打电话与人聊天、切水果、煮东西、洗衣服等。

再给他镜子玩，他会有不同的乐趣。

PART 17

第21~22个月 男宝宝养育

男宝宝21～22个月体格发育指标

项目	年龄组	下限值	上限值
身高	21～22个月	76.0厘米	97.1厘米
体重	21～22个月	8.61千克	16.95千克
头围	22个月	约为48.1厘米	
胸围	22个月	约为49.2厘米	
牙齿	21～22个月	出牙13～15颗	

第21～22个月 男宝宝日常保健

不要给男宝宝穿拉链裤

有些父母为了图方便，喜欢让宝宝穿拉链裤。男宝宝穿拉链裤是非常危险的。男宝宝在小便后自己拉动拉链时容易把生殖器的皮肉嵌到拉链中去，这时拉链上也上不去，下也下不得，稍一拉动，宝宝就痛得哇哇直叫，使宝宝遭受皮肉之苦。因此父母在为男宝宝选购衣服时，不仅要考虑方便、美观，更应考虑的是安全及符合卫生要求。

如何让宝宝别尿床

小儿经常夜间尿床是一件让父母感到非常头疼的事，但并非不可避免。小儿夜间尿床是因为这个年龄的宝宝在熟睡时不能察觉到体内发生的信号。父母要为宝宝制订合适的生活制度，尽量避免能够导致宝宝夜间尿床的因素，如晚餐不能太稀，少喝汤水，入睡前一小时不要让宝宝喝水，上床前要让宝宝排尽大小便，入睡后父母要定时叫醒宝宝排尿。一般宝宝隔3小时左右需排一次尿，也有些宝宝晚上可以不排尿，父母要掌握好宝宝排尿的规律。夜间排尿时，一定要等宝宝清醒后让其坐盆排尿，很多5～6岁甚至更大些的宝宝尿床，都是由于幼儿时夜间经常在蒙眬状态下排尿而形成的习惯。一般宝宝通过以上办法都可以成功地避免尿床。也有些宝宝刚开始可能不配合，一叫醒他就哭闹，不肯排尿，这时父母一定要有

解读男宝宝

有些男孩喜欢玩自己的小鸡鸡，对待这一问题，家长不必太着急。鸡鸡也是他身体的一部分，小孩子对自己的身体某一部分感到新鲜、好玩，在他幼小的心里并没有任何用意。我们应该让孩子熟悉自己身体上的每一个部分，学会正确引导。

耐心，注意观察宝宝排尿时间、规律，在宝宝排尿之前叫醒他，时间长了，形成习惯，宝宝就不会尿床了。即使偶尔宝宝的被褥尿湿了，父母也不要责备宝宝，以免伤害宝宝的自尊心，造成宝宝心理紧张，使得症状加重。

男孩的头发稀疏怎么办

男孩头发少，到了半岁，头发丝毫没有长长的迹象；到快周岁时，也只有几根刚长出的细毛，这时妈妈只要一想到孩子的爸爸以及爷爷的头顶就会心里发毛。

实际上，人的毛囊数是与生俱来的。宝宝长大后，毛发量是否会增加呢?不会的。成年后的毛发量与婴儿时的毛发量是相同的，毛囊的数量不会改变，所以头发数量并不会增加。不过，婴儿时期多数已存在的毛囊还没有长出头发，在孩子2岁左右时，头发差不多就会全长出来了。

很多人小时候那头看来又少又黄又细的头发，长大之后，都会变成一头又粗又黑又硬的头发，看起来发量也会变多。头发好像森林，树木稀少，就长得粗壮，树木密就会长得细弱。

还有人说发量乃是隔代遗传，事实上，未继承该遗传基因的例子也不算少，所以担心也是没有必要的。

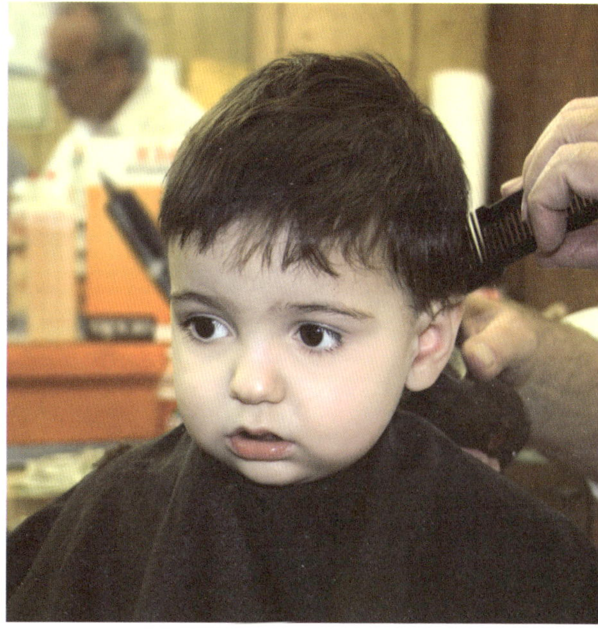

宝宝的手总生倒刺怎么办

1 长倒刺的原因。宝宝活泼好动，经常用手抓玩具、啃咬指甲，或者小手与其他物体有过多的摩擦，使得他们娇嫩的皮肤长出倒刺。皮肤干燥，指甲下面的皮肤得不到油脂滋润，容易长出倒刺。有些宝宝缺少维生素C或其他微量元素，会通过皮肤表现出来。

2 去除倒刺的正确方法。先用温水浸泡有倒刺的手，使指甲及周围的皮肤变柔软；然后剪掉倒刺，用含维生素E的营养油按摩指甲四周及指关节。也可在去除倒刺后，把宝宝的手浸泡在加果汁（如柠檬、苹果、西柚）的温水中浸泡10～15分钟，让宝宝的皮肤更加水嫩。

3 预防的方法。经常剪指甲，保持卫生，教育宝宝不要啃咬指甲。多喝水、多吃水果，每天涂抹无刺激的护肤霜。如果缺少维生素或微量元素，最好去医院检查一下。

把宝宝的小手洗干净，将橄榄油涂在小手上，并进行按摩，既营养皮肤，又可以防止倒刺的生成。

宝宝特别缠人怎么办

有的宝宝总想靠近妈妈，待在妈妈跟前，跟妈妈依偎在一起撒娇。

这一类宝宝的心理状态也许是他渴望着母爱，热烈地寻求着母爱。所以妈妈让他到旁边玩去，他会感到妈妈太无情了。

不理解宝宝这种心理的妈妈，始终在考虑如何赶走宝宝，说一些冷淡疏远的话或做出推开宝宝的举动。这样一来，宝宝觉得他对妈妈的感情遭到了拒绝，越发增强了执拗的性格。

妈妈越想推开宝宝，宝宝就越想接近妈妈，恰好产生了相反的效果。这时候，妈妈就应该想一想："这个宝宝真可怜。我上班没有很多时间照顾他，所以应该加倍地爱抚他，让他相信妈妈对他的爱。"

当宝宝陷入这种状态的时候，妈妈的温情就显得特别重要，抚爱是必要的。对于形影不离、紧紧缠着妈妈不放的宝宝，除了给他极大的满足之外，别无他法。

男孩比女孩说话晚吗

男孩的妈妈最伤脑筋的问题之一就是说话。听到小女孩流畅地说话，妈妈更是担心了。总的来说，男孩在学习说话方面确实比女孩来得迟。实际上，这个阶段话说得流利的孩子，并不等于将来他就会比较聪明。在小学入学前，不管孩子早说话晚说话，孩子在语言方面的发展几乎都是一样的。较迟学说话的孩子其实是在累积语汇。当语汇累积到某个程度，孩子说的话语就像洪水般涌出来。

有人认为男孩大多沉默寡言，可能是因为女孩子的兴趣比较贴近生活，会模仿妈妈讲话，而男孩子的兴趣却比较趋于外面。

就算孩子学话晚也没有必要作任何训练，只要多对他说话就行了。多听、多讲，这样能使宝宝的语汇更广泛。读故事书也是一种培养语言表现能力的好方法。其实言语的语汇并不是着重于数量的多寡，重点在于能否表达出心中的感受与想法。

去除宝宝口腔异味的方法

当宝宝出现口臭，家长应该先找出口臭原因，再对症治疗，如果确认非其他部位疾病所引起，则可透过养成日常良好习惯的方式改善宝宝口腔内的难闻气息。

1 餐后清洁。刷牙、漱口、喝水都有助于清除口内残留食物，减少微生物繁殖，家长应该从宝宝出生起就让其保持良好的口腔清洁习惯，每次喝完奶后用纱布沾水彻底清洁宝宝口腔，大一点的宝宝则改以漱口或喝水的方式，冲去停留在口中的食物。

2 保持良好饮食。多吃新鲜蔬果及高含水食物，可帮助身体获得大量膳食纤维，大一点的宝宝则可进食部分粗粮，以此促进肠道蠕动，减少便秘发生；此外家长应养成宝宝不偏食、不暴食的良好饮食习惯。

3 增加水量摄取。从小养成宝宝多喝水的好习惯，保持口腔湿润，减少口腔疾病发生。

4 不与宝宝共食。有些家长喜欢和宝宝共食，或使用同一套餐具，这样的行为将可能把成人口中的细菌传染给宝宝，造成宝宝发生蛀牙。

5 定期检查牙齿。即使乳牙也要妥善照护，以免将蛀牙情况延续至恒齿，家长应定期带宝宝检查牙齿，了解牙齿保养状况，在牙齿上涂抹氟剂也有助于降低蛀牙发生率。

第21~22个月 男宝宝喂养

细心把握宝宝脂肪摄入量

目前，人们谈脂色变，唯恐摄入脂肪多了，会影响身体健康。但对于处在生长发育阶段的宝宝，机体新陈代谢旺盛，所需各种营养素相对较成人多，故脂肪也不可缺少。否则，易造成以下不良影响。

1 热能不足。每克脂肪在体内氧化后，可产生热量37.6千焦，为同量糖类和蛋白质产生热量的2倍多，若饮食中含脂肪太少，就会使蛋白质转而供给热能，势必影响体内组织的建造和修补。

2 影响脑髓发育。脂肪中的不饱和脂肪酸是合成磷脂的必需物质，而磷脂又是神经发育的重要原料，因此，脂肪摄入不足，就会影响宝宝大脑的发育。

3 可使体内组织受损。脂肪在体内广泛分布于各组织间，宝宝各组织器官娇嫩，发育未致完善，更需脂肪庇护。若体脂不足，就会造成体重下降，抵御能力低下，机体各器官受伤害机会增多。

4 减弱溶剂作用。脂肪是脂溶性维生素的溶剂，宝宝生长发育和必需的脂溶性维生素A、维生素D、维生素E、维生素K，必须经脂肪溶解后才能为人体吸收利用。因此，饮食中缺乏脂肪，即可导致脂溶性维生素缺乏。

脂肪是人的一种营养素，饮食中有适量脂肪是必需的。脂肪能够使人增加食欲，如果膳食中缺乏脂肪，小儿往往食欲缺乏，体重增长减慢或不增长，皮肤干燥、脱屑，易患感染性疾病，甚至发生脂溶性维生素缺乏症；但是脂肪摄入过多，小儿易发生肥胖症。因此，小儿膳食中脂肪摄入要适量。

宝宝挑食、偏食怎么办

宝宝1岁左右已会挑选他自己喜欢吃的食物了，如果处理不好，很容易造成宝宝挑食、偏食的习惯。如偏爱甜食；偏爱吃肉、鱼，不吃蔬菜；偏爱咸辣等。长期挑食、偏食很容易造成营养失调，影响宝宝正常生长发育和身体健康。怎样使宝宝不挑食、偏食呢？

1 引起兴趣。宝宝一般习惯于吃熟悉的食物，因此对宝宝开始出现偏食现象时父母不必急躁、紧张和责骂，应采用多种方法引起宝宝对各种食物的兴趣，如对偏爱吃肉不吃蔬菜的宝宝可以告诉他："小白兔最爱吃蔬菜。"以引起宝宝的兴趣。

2 以身作则。宝宝的饮食习惯受父母的影响非常大，所以父母要为宝宝做出榜样，不要在宝宝面前议论哪种菜好吃，哪种菜不好吃；不要说自己爱吃什么，不爱吃什么；更不能因自己不喜欢吃某种食物，就不让宝宝吃，或不买、少买。为了宝宝的健康，父母应改变和调整自己的饮食习惯，努力让宝宝吃到各种各样的食品，以保证宝宝生长发育所需的营养素。

3 食物品种、烹调方法的多样化。每餐菜种类不一定多，2～3种即可，但要尽量使宝宝吃到各种各样的食物。对宝宝不喜欢的食物，可在烹调上下功夫，如宝宝不吃胡萝卜，可把胡萝卜掺在他喜欢的肉内，做成丸子或做成饺子馅，逐渐让宝宝适应。

4 不要轻易放弃。切不可发现宝宝不吃某种食物，以后就不再做。一定要想适当办法逐渐予以纠正。除上述方法外，还可以在宝宝饥饿时增加少量新食物，以后逐渐增多，使宝宝慢慢适应。

5 不要强迫进食。如果想尽办法，宝宝仍不愿吃某种食物，也不必着急，可用与这种食物营养成分相似的食品代替，或过一段时间再让他吃。切记不能强迫宝宝进食，或者大声责骂他。

6 要正确对待宝宝的食欲、食量。宝宝不可能每餐饭胃口都很好，因此，不可强迫宝宝进食。如违背宝宝的意愿强迫宝宝进食，会引起宝宝对食物的厌恶和产生反抗心理，造成神经性厌食。

培养宝宝良好的饮食习惯

1 定时进餐。如果宝宝正玩得高兴，不宜立刻打断他，而应提前几分钟告诉他“快要吃饭了”；如果到时他仍迷恋手中的玩具，可让宝宝协助成人摆放碗筷，转移注意力，做到按时就餐。

2 愉快进餐。饭前半小时要让宝宝保持安静而愉快的情绪，不能过度兴奋或疲劳，不要责骂宝宝。培养宝宝对食物的兴趣爱好，引起宝宝的食欲。

3 专心进餐。吃饭时不说笑，不玩玩具，不看电视，保持环境安静。

4 定量进餐。根据宝宝一日营养的需求安排饮食量，如宝宝偶尔进食量较少，不要强迫进食，以免造成厌食。还要合理安排零食，饭前1小时内不要吃零食，以免影响正餐。不可过多进食冷饮和凉食。

5 进餐习惯。尽可能根据当地情况和季节选用多种食物，经常变换饭菜花样，引起宝宝的食欲。培养宝宝不偏食、不挑食的习惯。进餐时间不要太长，也不要过短。不要催促宝宝，培养宝宝细嚼慢咽的习惯。饭桌上特别可口的食物应根据进餐人数适当分配，培养宝宝关心他人、不独自享用的好习惯。培养宝宝正确使用餐具和独立吃饭的能力。可在宝宝碗中装小半碗饭菜，要求宝宝一手扶碗，一手拿勺吃饭。可以逐渐教宝宝学习使用筷子。

边吃边玩是一种很坏的饮食习惯。因为在正常情况下，进餐期间，血液聚集到胃，以加强对食物的消化和吸收功能。边吃边玩，就会使一部分血液供应到身体的其他部位，从而减少了胃的血流量，使消化功能减弱，继而引起食欲缺乏。而且宝宝此时好动，吃几口，玩一会儿，延长了进餐时间，饭菜就会变凉，总吃凉的饭菜对身体极其不利。这样不但损害了宝宝的身体健康，也养成了做事不认真的坏习惯，等宝宝长大后精力不易集中。

进餐卫生。注意桌面清洁，餐具卫生，为宝宝准备一条干净的餐巾，让他随时擦嘴，保持进餐卫生。

第21~22个月 男宝宝早教

多让男孩接触大自然

幼儿阶段宝宝所处的生活空间是十分有限的，大多数家庭的宝宝是在家中度过的。室外可活动的空间越来越狭窄，限制了宝宝与自然、社会接触的机会。宝宝整天只玩一些玩具，无论从视野、亲身体验，还是从思维空间的广度和深度来讲都十分缺乏，这就抹杀了男宝宝许多天赋。

曾有一对父母带宝宝到郊外的草地上玩，一段时间后，他们发现宝宝没有离开自己身旁2~3米远，无论怎样鼓励都没有效果，这是为什么？他们思索很长时间之后才恍然大悟，那个范围刚好是宝宝的游戏空间。千篇一律的生活环境，使宝宝绘画、语言都呈现贫乏的状态。大部分宝宝认识动物、外面的世界都依靠一些图片，而图片都是一些“死”的东西。

父母要经常改变宝宝的生活空间，让宝宝从生活环境中获得不同的信息，增长智慧。能否让宝宝时时都有好奇心，这对头脑的好坏起着决定影响。父母要创造条件让男孩直接接触外面的世界，亲眼看见鸟儿在天空中飞翔，鱼儿在水中游弋，大树、小草、虫子都是什么样的，听听自然界的声音，使宝宝对外界的事物有主观的认识，让他通过自己的观察去了解周围的事物。

男孩教养建议

对年龄较小的男孩说话，应尽量用简单的语言。因为男孩的语言能力发展比较慢，对于复杂的词汇男孩不太容易理解。

多为男孩创造练习语言的环境。教他唱唱歌、背背儿歌，经常给他念念故事都是不错的方法，即使他听得不十分专心。

多给男孩使用铅笔的机会。鼓励男孩学习画画。

对男孩的要求应该直截了当，不要对男孩使用暗示的方法。

男孩需要运动

男孩的天性决定了他必须与运动相伴终生。没有运动就没有男子汉。没有运动的男孩是问题男孩。

运动可以强身健体，可以成为儿童社会化最有效的途径。运动是讲规则和团队精神的，运动中可以养成遵守规则、顽强拼搏、密切合作、崇尚荣誉等良好习惯。

在男孩小时候，游戏是运动的一种方式，随着男孩的长大，运动的强度和难度要相应增加，在运动中每个男孩都是健康的、快乐的、向上的。

绘画激发创造性思维

孩子是世界上最可爱的精灵。在绘画的过程中，宝宝们的思想不但能够得到充分的表达，宝宝独特的个性、丰富的想象力、敏锐的观察力和感受力以及创造性思维都能得到长足的发展。绘画是开启宝宝心智、培养宝宝创造性思维的最佳手段之一。

在宝宝脑海中储存丰富的形象

妈妈要在生活中有意识地启发宝宝，让宝宝多观察生活，多接触丰富多彩的大自然，使宝宝的头脑中积累起丰富的生活经验和生活感受。

春天，妈妈可以带宝宝到野外郊游，让宝宝看一看绿茵茵的草地、五颜六色的花朵、各种各样的小动物；夏天，妈妈可以带宝宝到游泳池戏水，让宝宝感受一下水的神奇，观察一下人们在游泳时的各种姿态；秋天，妈妈可以带宝宝去秋游，让宝宝欣赏一下色彩斑斓的落叶和挂满了果实的树林；冬天，妈妈还可以带着宝宝去堆雪人、打雪仗，尽情享受大雪给人们带来的种种快乐。

鼓励宝宝大胆地画

在宝宝绘画的过程中，根据自己的想象大胆地进行表达是宝宝创造性思维培养的关键，这就要求妈妈一定要注意尊重宝宝，不要轻易否定宝宝，反而要鼓励宝宝大胆地打破常规，画出与众不同的东西来。

例如，宝宝画了一个绿色的太阳，如果妈妈从自己的认识出发批评宝宝："太阳是红色的，这样画不对。"宝宝可能就会因为妈妈的批评而放弃了自己原来的想法，从此以后只画红色的太阳，不敢再做其他尝试。如果妈妈对宝宝说："好奇怪啊，宝宝画了一个绿色的太阳，能给妈妈讲一讲为什么吗？"宝宝就可能把他画绿色太阳时的想法对妈妈讲出来，这时候妈妈再对宝宝进行引导，不但肯定了宝宝的创造，还可能从中发现宝宝思想中的闪光点。

男孩属于大器晚成型

男孩子比较淘气，好像各方面比女孩差一些，但这并不代表孩子会一直维持现状。现在孩子虽然比较孩子气，但是随着孩子成长，渐渐地就能发挥出他的能力。他会开始在意老师与周围的朋友对他的看法，为了让自己受人瞩目，便会努力。妈妈或许无法理解儿子不上进的举动，常常有一股想责备他的冲动。实际上，男孩子不细心，也代表着他不太在意别人的评价，并不全然是不好的事。妈妈必须了解他与你小时候是不同的。若与早熟的女孩子一比较，男孩子的确显得比较晚熟，但是他也不会一直停留在这个状态，我们做父母的不妨以长远的眼光来看他。

男孩女孩学习能力不一样吗

男孩和女孩的学习方法和思维方式是截然不同的。男女两性在智商上没有什么高下，没有哪一种性别更聪明，但这并不意味着用相同的方法对男孩和女孩子进行早期教育。一般来说，女孩子的生理和心理的发育较男孩子早。男孩子的空间想象能力和运动能力等强于女孩子；女孩子一般开口说话较早，阅读和书写、画画、粘贴方面会超过男孩子。

怎样给男孩选择才艺班

游泳、足球、围棋……究竟哪一种最适合儿子?

现在将近八成的孩童都在学某些才艺，其中最受男孩子欢迎的是电脑班，其次是游泳、英语、音乐、围棋等，有些孩子同时学了三四项。孩子学习才艺，没有早晚的问题，一定得考虑孩子的兴趣，让孩子乐在其中才行。较受男孩欢迎的首先是运动方面的才艺，因为男孩子比较喜欢活动身体的游戏，特别是游泳。

学习才艺，妈妈目的要单纯。如果妈妈愈来愈在意晋级，因此而责备孩子，老是拿其他孩子的成绩来比较，这样做会加重孩子的压力。

祖父母对孙子过度期待怎么办

从宝宝呱呱坠地的那天起，有不少妈妈就有“宝宝并不是只属于夫妇俩”的感受。如果丈夫是长子，家里又经营企业，那么生下的男孩就是家里的继承人。祖父母往往对育儿过度干涉。妈妈要体谅祖父母疼爱孙子的心情，不妨与长辈们一起去选购玩具、婴儿用品等，并可以直接告诉他们你的想法。也可以让热衷育孙的祖父母为孩子念故事书。男孩子喜爱有图的书籍，祖父母一定也很愿意和孩子互动。对孩子的教育，夫妻俩要先决定好孩子的教育方针。当父母的教育方针与祖父母的主张不同时，夫妻俩应该事先相互沟通，将基本原则制订出来。由于夫妻俩成长的背景不同，有时也会产生意见上的冲突。当你认为祖父母的主张不妥时，若是夫妻俩都很坚持的话，在说服长辈调整教养方针时，由丈夫出面就比较具有说服力。但虚心倾听祖父母的意见也很重要。

PART 18

第23~24个月 男宝宝养育

男宝宝23～24个月体格发育指标

项目	年龄组	下限值	上限值
身高	23～24个月	77.5厘米	99.5厘米
体重	23～24个月	8.91千克	17.54千克
头围	24个月	约为48.4厘米	
胸围	24个月	约为49.8厘米	
牙齿	23～24个月	出牙15～17颗	

第23~24个月 男宝宝日常保健

男宝宝如厕要爸爸言传身教

什么时候开始给宝宝做如厕训练呢？这是许多爸爸妈妈头疼的难题。

其实，太早与太晚的如厕训练对宝宝来说一样糟糕。宝宝太小，如厕训练会给他造成莫大的压力和挫折感，甚至出现便秘、拒绝排便及上厕所退缩等反应；而宝宝到了2岁半还在白天兜着尿布的话，这会让他感到自卑，也会由于同伴的笑话而产生精神压力。

其实，家长们只要抓住宝宝日常生活中的一些小线索，就能判断出宝宝的如厕训练是否要开始了。

1 宝宝在大小便前会通过语言、动作或者其他方式表示他需要大小便，如：可能突然涨红脸，两腿夹住不动；在需要排便的时候会先通过声音报告。

2 宝宝在小便后感到尿布或纸尿裤潮了后，做拉扯尿布或扭来扭去的动作，会通过语言或动作表达不舒服的感觉。

3 宝宝能在短时间内憋住大小便，如：在短时间睡眠时能保持不尿，可以保持尿片干燥达2小时以上，能够定时、可预见地排便。

4 宝宝对成人如厕感兴趣，乐于模仿父母的行为并听得懂简单的指令，如：喜欢跟着父母到卫生间去，模仿父母如厕时的行为习惯，要求穿内裤。

5 宝宝能简单脱穿自己的裤子或可以将衣服拉下或拉起。

6 宝宝能理解“便盆”的含义，并乐于经常坐在上面。在大小便之前能够行走，并准备好坐在便盆上。

对于男孩而言，模仿很重要，所以如厕应由爸爸来言传身教。男孩淘气，爸爸应给予准确的示范，教他如何“瞄准”便盆，可以在便盆中放一张有颜色的纸，让他瞄准纸片撒尿。对于男孩来说，有时小便就像在玩游戏，同时也增加了他上厕所的积极性，能够更快地摆脱尿布。有时男孩可能在大便时想要站起来撒尿，这是因为排便过程往往伴随着撒尿，所以对这种情况而言，一开始的时候就让宝宝使用便盆可能会更容易一些。

当宝宝稍大些后，需要教授排泄后的卫生程序：排泄—擦屁股—看看确认—冲水—穿内裤—洗手。

总之，家长在让宝宝接受如厕训练时，不要过于着急。如果他总是出现反复，那就先停下来，再用几个星期的尿布，等到更稳定的时期再开始如厕训练吧。

男孩告别尿片也不容易

有人说男孩小便的间隔比较短，这种说法没有根据，小便的间隔男女没有差异。当孩子在想要尿尿时，出现用手按住小鸡鸡，或者双脚踏步等前兆时，就可以开始训练他上厕所了。如果宝宝害怕进厕所，可以制造厕所的愉快气氛，然后让他习惯马桶。宝宝只要成功地上过一次厕所，大多都能够顺利进行。但是这个第一次也并不容易。有时裤子才脱到一半，宝宝就尿了，有时待了半天都没滴出一滴尿来。等宝宝会抓着自己的小鸡鸡，控制小便的方向时，上厕所的训练才算真正结束。

解读男宝宝

男孩会模仿父亲对待母亲的方式，因此，一定要尊重妻子。他会采取你的态度。此外，只有你流露出自己的感情，儿子才知道如何表露自己的内心感受。父亲应该和母亲一起为怎样教育孩子出谋划策，监督孩子完成作业，教孩子做力所能及的家务，制定明确的规则让孩子遵守。千万不能打孩子，尽管他是那么调皮，不断地给你制造麻烦。

为什么男孩有不理智的行为

2岁的宝宝语言能力刚刚发展，掌握的那几个有限的词汇不足以帮助他们很好地表达自己的感受和要求，与外界交流主要是通过动作，不像大一些的宝宝可以使用语言。如宝宝生气时打自己的头、用头撞墙撞门、揪你的衣服或打别人等，都是在用动作来表达自己的愤怒，这是这个年龄阶段宝宝的特点。宝宝个性越强，表现得就越充分一些。这些动作往往不是伤害自己，就是伤害别人，任其发展下去，会给宝宝的心理造成伤害。

选择这些动作作为表达愤怒的方式并不是宝宝的过错，宝宝没有能力去鉴别哪些动作是有害的，哪些又是无害的，更不会知道这样的动作可能给自己带来什么样的危险。这些是非对错的判别需要成年人去教给宝宝，只是教的方式要符合宝宝的接受能力。宝宝也有喜怒哀乐，生气时也要有发泄的渠道和方式。既然不允许宝宝打自己，也不能打别人，那我们就应该教给宝宝合适的方式。不能简单地不许宝宝这样或那样，要告诉宝宝应该怎样说出自己的不满。

让爸爸帮儿子洗澡吧

只要时间允许，在平时不妨请爸爸帮儿子洗洗澡。父子俩可利用莲蓬头相互喷水、玩水枪、吹出肥皂泡泡等，使用一些小道具就可以玩各种游戏，培养亲子关系。

爸爸与儿子完全赤裸相对，宝宝更能够体验到与爸爸相处的愉快。此外，这也是能够让宝宝认识爸爸那宽阔的臂膀、强壮的手臂以及有力的双脚等，认识爸爸是何等具有安全感的好机会。所以，爸爸不妨利用帮宝宝洗澡的时间，好好地与儿子享受父子同乐的机会。

教宝宝学会正确地刷牙

正确的刷牙方法对预防龋齿相当重要，横刷法不易清除食物残渣，而易刷伤牙龈和牙齿，会使口腔黏膜受伤。正确的方法是竖刷法，如同洗梳子时应当顺着梳齿的方向才能将齿缝中不洁之物清除掉。将牙刷的毛束放在牙龈与齿冠萌出处，轻轻压着牙齿向牙冠尖端刷，刷上牙床由上向下，刷下牙床由下向上，反复刷6～10下。动作勿太快，要将牙齿里外上下都刷到。父母良好的示范是宝宝学习的榜样。

每次用完甩去水，毛束朝上放在通风处风干，不要放在杯内或盒子里，否则细菌易于在潮湿的毛束上滋生。

宝宝用的牙膏应选用含氟化钠或氟化锶的防龋牙膏。氟能增强牙齿的抗龋功能。

晚上刷过牙之后就不宜再吃东西了，尤其不能吃糖或含糖的食物，所以应在吃过最后一次食物之后才将牙齿刷干净。

为宝宝选择好牙膏、牙刷

从口腔卫生保健的角度来讲，父母应为小儿选择宝宝保健牙刷和含氟防龋齿的牙膏。适合3岁小儿使用的牙刷是2排毛束，每排6～7束，毛质较软，牙刷头和牙刷把的长度均适合小儿使用。另外还要注意定期更换牙刷，一般以3个月为宜。牙膏是刷牙的辅助用品，目前牙膏品种较多，但总的来说含氟牙膏是预防龋齿比较好的药物牙膏。它的作用机理是，利用牙膏中的活性氟促进牙齿的再钙化，增强牙齿的抗病能力，有利于牙齿保健。同时应注意不要长期固定使用同种牙膏，应经常更换，这样才能避免因常用一种牙膏而产生的耐药性。

第23～24个月 男宝宝喂养

宝宝的饮食指导

2岁以后的宝宝，应该逐渐增加食物的品种，使其适应更多的食物。应摄入充足的含碘食物，如海带、紫菜等。2岁的宝宝乳牙刚出齐或未完全出齐，咀嚼功能仍然很弱。据我国婴幼儿营养专家研究，6岁时的咀嚼效率才达到成人的40%，10岁时达75%。因此，在制作幼儿膳食及各种肉、菜时，均要细碎、炖烂才易于幼儿咀嚼。

饮食配备的目的是为了改善食物的形态，增进食欲，促进消化吸收。由于幼儿消化能力尚差，应该注意选择纤维较少的食物，食物要求软、易咀嚼、易消化。不用刺激性食物，食物要少带骨，不带刺，蔬菜要切碎、做熟。烹调时要注意色、香、味，要多样化。

幼儿机体处于不断生长发育阶段，新陈代谢旺盛，需要的营养素也多，再加上消化机能尚不健全，所以烹调方法和技术相当重要。精心的烹调能促进幼儿的胃口，满足营养的需要，保证宝宝健康成长。

另外，要注意给宝宝吃点粗粮。粗粮含有大量的蛋白质、脂肪、铁、磷、钙、维生素、纤维素等，都是幼儿生长发育所必需的营养物质。2岁的宝宝可以吃些玉米面粥、窝头片等。

对宝宝长高有益的食品

目前，国家有关部门还没有批准过任何一种增高保健品的生产。因此，要谨慎购买市场上所售的增高保健品。只有通过科学的饮食才能帮助宝宝长高。

奶，被称为“全能食品”，对骨骼生长极为重要。

沙丁鱼，是蛋白质的宝库，如条件所限，可以吃鲫鱼或鱼松。

菠菜，是维生素的宝库。

胡萝卜，宝宝每天吃100克，很有益处。

柑橘，维生素A、B族维生素、维生素C和钙的含量比苹果中的含量还要多。

此外，还有小米、荞麦、鹌鹑蛋、毛豆、扁豆、蚕豆、南瓜子、核桃、芝麻、花生米、油菜、青椒、韭菜、芹菜、番茄、草莓、柿子、葡萄、淡红小虾、鳝鱼、动物肝脏、鸡肉、羊肉、海带、紫菜、蜂蜜等。

宝宝为什么会厌食

宝宝正常的食欲很难用进食量的多少来衡量。如果进食后基本饱足，能保证宝宝正常的生长发育和体力活动，就意味着食欲正常。食量大小的个体差异很大，所以不能强求同龄宝宝要有相同的进食量。如果进食量明显地较平日减少时就说明宝宝已经厌食。

导致厌食的原因很多，几乎所有的疾病都可能引起不同程度的厌食。所以宝宝如果厌食，首先，应仔细观察有无患病的表现。另外，喂养护理不当及不良的精神、心理因素也是重要的原因。如过多地吃甜食、油腻食物及单调的食物，或在宝宝进食时，采用引逗、哄骗甚至威吓打骂等不正确的手段，都将影响宝宝进食的情绪，会形成条件反射性厌食。

如果是因疾病因素引起的厌食，必须治疗疾病。另外，要做到从小培养良好的饮食习惯，宝宝期要按时添加辅食；做到食物多样化，保持宝宝进食时有愉快的情绪。如果父母厌食，自己要先纠正。

第23～24个月 男宝宝早教

内心敏感的男孩易受伤

自尊心越强的孩子就越容易受伤。当孩子受到挫折时，会让他丧失斗志，闷闷不乐。大人们总认为男孩应既坚强又活泼，因此批评起来一句接一句地说。事实上男孩比女孩还要敏感，那种说孩子能力差的话，会抹杀掉孩子的斗志，要尽量避免不说。

爸爸不要滥用惩罚来教育儿子

爸爸在教育儿子的过程中，一般都缺乏耐心，一旦宝宝哭闹不止，爸爸就会发脾气，不假思索地训斥或打宝宝。苏联教育家讲过："惩罚是一种不无危险的教育手段。"父母愤怒地斥责，剥夺宝宝的正当权利，会造成宝宝的身心痛苦。

心理学家认为，对宝宝的惩罚在短期内有一定的效应，却没有长期效果。惩罚会形成宝宝对立、愤怒、非顺从的性格，而这些强加给宝宝的东西，对于宝宝来讲，是很有震撼力和影响力的。因为宝宝有自尊心，有是否公平的敏锐感受，所以一个不公平的惩罚会让宝宝感到万分委屈，进而改变对外界的一些看法，最终将改变他对自身的评价。有时宝宝不是故意不听话，哭闹肯定事出有因，所以父母要仔细观察和体会宝宝的感受，有针对性地进行疏导；应该认真地考虑一下，是什么原因促使宝宝干这样、那样的事，把自己放在宝宝的位置上考虑问题。

解读男宝宝

男孩会模仿父亲对待母亲的方式，因此，一定要尊重妻子。此外，只有你流露出自己的感情，儿子才知道如何表露自己的内心感受。

给男孩探索环境的机会

宝宝获得关于事物本质和规律的认识有两种途径：一是通过语言传递，由成人教给知识，继承前人已经获得的认识；二是依靠亲身实践，在成人指导下实际地摆弄、操作物体，以获得直接经验。2岁后的男孩开始发展探索兴趣，父母应有意识地给宝宝一些粗细、软硬、轻重不同的物品让宝宝体验，比如粗细不同的线绳、软硬不同的布、薄厚硬度不一的纸等。

宝宝摆弄物品时，难免会把东西打翻、弄破。这时，父母千万不要轻易地发火、斥责，这样会使宝宝变得缩手缩脚，抑制宝宝学习的兴趣。

可以和宝宝一起去摆弄。宝宝的创造力，许多时候就是在和父母一起玩欢乐的游戏时，一点点地发展的。

开发宝宝左脑的方式

大家知道，左右半球的结构和功能是相互影响的。结构决定功能，功能影响结构。要开发左脑半球，主要是从发展左脑半球的功能着手的。

锻炼宝宝的语言能力

锻炼宝宝语言能力的主要方法是多听、多说、多读。可以多给宝宝讲一些神话故事、寓言、诗词、童话故事等。

多听可以积累词汇、领会语义、熟悉语境。父母也可以经常给宝宝讲故事，让宝宝编故事、续故事、复述故事。编、续和复述故事除了能够锻炼宝宝的语言能力外，还能够锻炼宝宝的逻辑能力和想象能力。因为故事的先后展开，都有内在的逻辑。适度地让宝宝早一点认识汉字，及时地打开宝宝自己获取知识的大门，让他提早阅读，这对锻炼语言能力、广泛接受知识很有好处。总之，要给宝宝丰富的语言环境，让他多接收口头的、书面的语言，多进行语言的交流和训练，这对开发左脑是很有好处的。

进行数学、逻辑的训练

父母对宝宝进行数学、逻辑的训练，可以提高宝宝的抽象思维能力，达到开发左脑的目的。不过，数学是比较抽象的，包括数数、计数、分类、判断、推理等。宝宝的形象思维能力发展较早，抽象思维能力发展相对较迟，因此，抽象思维的训练要采用形象、具体的教育方法。比如说，不要一开始就数1、2、3、4，而是让宝宝数苹果、数鞋子等。学会了数数，再学计算，学习计算也要与具体的事物结合起来。

等到宝宝掌握了一定的数学知识后，父母就可以着手训练宝宝的分类、推理能力。用硬纸卡做4～5种颜色的圆形、正方形、三角形、菱形4种形状的卡片,每种做5个。游戏时将卡片混放，和宝宝一起用各种方式排列组合，是训练宝宝思维的简单有效的方法。

生活中经常会遇到各种各样的问题，需要推理，需要判断。要鼓励宝宝经常思考，一定能激发宝宝的兴趣，培养他们的推理能力，这对开发左脑半球的功能是很有好处的。

尊重孩子的先天气质与个别差异

每个孩子与生俱来有他自己独特的特质，我们称之为“气质”。每个父母都应该培养对孩子的敏感度，要从细微处去观察孩子，发现孩子的先天气质。如果孩子做每一件事都是没有理由的慢，那很可能他先天就是所谓的“慢郎中”。其原因或许是他的大脑思考比别人要多一些时间，或许他在思考时会比别人想得更多，或许他需要一定程度的喘息才能做出反应，这些都需要父母的了解与包容。

此外，孩子有个别差异，发展快慢各有不同，而根据0～6岁儿童发展历程来看孩子，在2岁前后，是独立自主性最强的时期。这时期的孩子比较自我，会很想自己把事情做好，例如想自己穿鞋、穿衣服等，此时父母若不给机会或是足够的时间让孩子学习与练习，那么孩子日后可能会干脆要你帮他穿，因为你总是嫌他做得慢、做得不好。

事有轻重缓急，若是在有时间要求的情况下，像是上学、看表演等事情，就要事先提醒他避免迟到；而若非紧急事件，如吃饭、洗澡等，不妨就让孩子自在轻松些，父母可以不用催促他，让他自己选择完成的时间。家长和孩子之间尽量维持良好的互动，不要让亲子关系因催赶、怒骂变得紧张兮兮。

PART 19

第25~27个月
男宝宝养育

男宝宝25～27个月体格发育指标

项目	年龄组	下限值	上限值
身高	25～27个月	79.1厘米	102.5厘米
体重	25～27个月	9.20千克	18.36千克
头围	27个月	约为48.8厘米	
胸围	27个月	约为50.3厘米	
牙齿	25～30个月	出牙18～20颗	

第25～27个月 男宝宝日常保健

宝宝新的起点

“宝宝满2岁了！”这让你感到一种安慰和兴奋。再仔细观察宝宝，他在很多方面确实长大了。

他似乎不再像过去那样冲动、莽撞，不再那样只顾自己、东跑西撞，不再需要你的处处保护，也不再需要你随时随地告诉他什么是危险。2岁的宝宝也不再像以前那样畏缩、害怕。他已不那么难舍难分地依赖着你，而能够比较独立地自由活动了。他的情绪多数时间都安定而满足，他很会用亲昵的动作和声音靠近你，你们亲子之间建立了一种充满乐趣的给予和获得。他会用自己的名字来称呼自己，他的行动更加利落，在家庭成员中成为一个更加积极主动的小伙伴了。

他热衷于观察和探索世界，如各种各样的瓶瓶罐罐都是他探究的好对象。你可以给他一些大小不同的容器，再给他一些可以放进容器的物品，他会从中学会很多物理关系。宝宝这时行动灵活，但你还不能任他满屋子自由行动，否则，他不是乱涂乱撒弄得屋子一塌糊涂，就是登高冒险，让你大吃一惊。这时他要打开门出去，独自上下楼梯，或去卫生间，都还少不了你的注意。玩水尤其能吸引这时的宝宝。每次洗澡都是他的一次节日。只要气温允许，不妨让他多有几次在小盆中摆弄毛巾或玩具的机会。

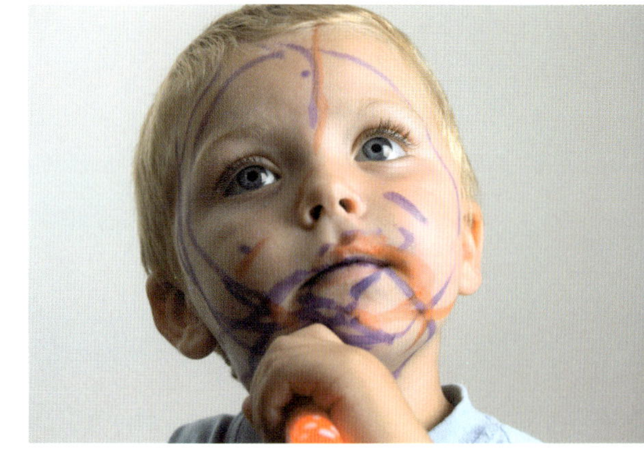

这时的宝宝喜欢重复，开始对规律和顺序有了最初的体验。在玩具摆放、家庭物品布置、生活规律等方面，都可开始对宝宝进行有意识的培养。

让爸爸告诉孩子什么是男孩

宝宝一到2～3岁，就该爸爸出来表现了。假日时，爸爸可以陪孩子玩游戏、玩球、骑车外出，让男孩子能够充分地体验活动身体、流汗运动。父子俩外出散步，对孩子而言，感觉绝对与跟妈妈出去不同。孩子需要从父亲那里学会男人间的交际方式。

男宝宝居家安全守则

家里真的安全吗

根据儿童居家事故统计数据中显示，有65%以上的事故伤害，都是发生在居家环境中！环境因素影响事故伤害发生的比例高达70%！许多家长认为，对孩子而言，家是最安全的处所，殊不知，居家环境也潜藏许多危害小宝宝安全的危险因子。

生活习惯和观念决定着家长对于危险环境的认知，如室内设计、家具的挑选和摆放、室内布置的陈设，是否有注意避免相关危险；此外，物品使用完毕后是否马上收好？钱币、纽扣、螺丝钉等小物品是否有收纳在盒子里？只要平常保持良好的生活习惯，自然就能降低事故伤害的发生率。

如果家中婴幼儿的先天气质特别好动，或是有发展迟缓的状况，家长更要特别注意让他们远离危险伤害。

跌倒坠落占事故比例约47%

根据调查统计，幼儿意外跌落占幼儿意外事故伤害的47%。其中，0～4岁儿童的跌落意外，有80%以上在家里发生。幼儿的体型容易头重脚轻，加上认知不足，幼儿跌倒坠落几乎成为事故伤害中的最主要原因。

8～9个月的婴幼儿，正在学习爬行的阶段，家长应特别注意家具的摆设安全，譬如窗户或是洗衣机、浴缸旁边，应避免摆放小凳子或是小柜子，预防幼儿好奇爬上而跌落。如果婴幼儿在沙发、床铺上玩耍，旁边一定要有大人陪伴，保证安全。此外，阳台、窗口旁边应设置栏杆，避免婴幼儿由阳台或窗口坠落。

容易跌倒坠落的地方

第一名 桌椅

第二名 阶梯、斜坡

第三名 床铺

第四名 浴室

如何避免跌落意外？

- 窗户加装一定高度的栏杆。
- 窗户、浴缸、洗衣机旁不摆放小凳子。
- 台阶、转角处要有充足的灯光照明。
- 地面保持干燥。
- 浴室加装扶手、防滑垫。

刺伤、割伤、夹伤、砸伤占事故比例约31%

除了跌落意外事故之外，刺、割、夹、砸伤排行幼儿意外事故原因第二名。婴幼儿因好奇拉扯直式立灯而遭压伤的案例层出不穷，被桌椅、抽屉夹伤者更不在少数！有时候，家长稍不注意幼儿在身旁，门一开，或是抽屉一关，婴幼儿的手指就被夹伤；或是幼儿好奇将手指伸进转动的电风扇中，一不小心就酿成伤害！另外，纸片的边缘、被破坏严重的玩具也会割伤婴幼儿娇嫩的肌肤，家长应特别注意玩具的安全性。

此外，家中的婴儿床床板到上横杆的高度必须要有60厘米以上，婴儿床的栏杆间隙必须小于6厘米，以免婴幼儿从栏杆往外探头被夹伤。

如果小宝贝已经能够自己爬出床外了，就不能继续使用有摇摆装置的婴儿床，以免宝宝摔伤。使用电动摇床时，如果没有人在一旁照顾，最好把电动摇床的电源关掉，并固定摇摆装置，以免发生意外。

最容易被刺、割、夹、砸伤之排行

第一名 折叠桌椅

第二名 门窗抽屉

第三名 玩具

第四名 文具图钉

如何避免刺、割、夹、砸伤？

- 柜子油漆剥落要赶紧送修或远离幼儿。
- 开关门时，先注意婴幼儿有无在身旁。
- 避免购买有尖锐接缝的玩具。
- 将家具的边、角用海绵或布包起来，尤其是茶几、饭桌、矮柜。

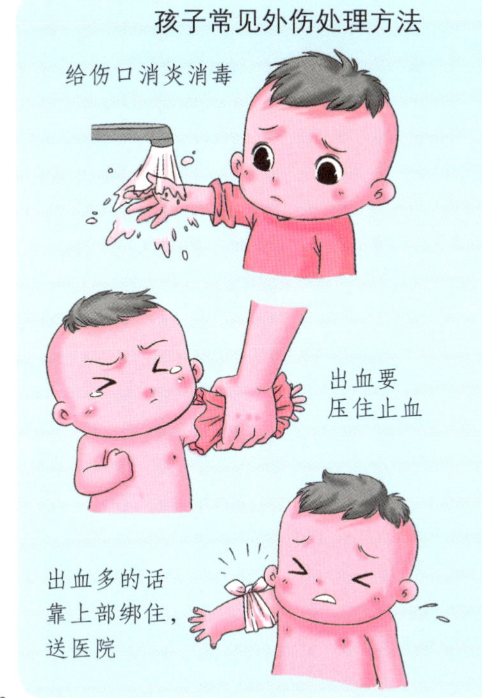

烧烫伤占事故比例约11%

根据烧烫伤流行病学数据显示，大部分的烧烫伤事故发生在厨房，其次发生在客厅，排行第三的则是浴室。

历年统计烧烫伤的原因中，遭热开水烫伤的比例最高，约占统计案例八成以上；其次，因热汤、热饮料烫伤的比例约占七成，排行第三的则是烹饪油烫伤。

正在学爬、学步、1岁上下的婴幼儿，最容易因为好奇心驱使，加上对危险的认知不足（年纪太小），在大人稍不注意的状况下，触摸到热水壶、热汤而烫伤。此外，因家庭成员不小心而造成的烫伤事故，几乎占造成婴幼儿烫伤的大部分。很多家长会觉得“自己已经告诉过宝宝，宝宝怎么还会发生烧烫伤”？

婴幼儿的记忆力、专注力不比成人，家长不应以自身的标准来衡量宝宝。

容易造成烧烫伤的原因

第一名 热开水

第二名 热汤、热饮料

第三名 烹饪油

第四名 浴缸中的热水

如何避免烧烫伤？

- 避免让幼儿进入厨房。
- 尽量不要拿刚煮沸又太重的热汤、热锅，避免不慎打翻，烫伤自己及幼儿。

腹部或背部受伤，以穿着衣服的状态冲冷水或送医

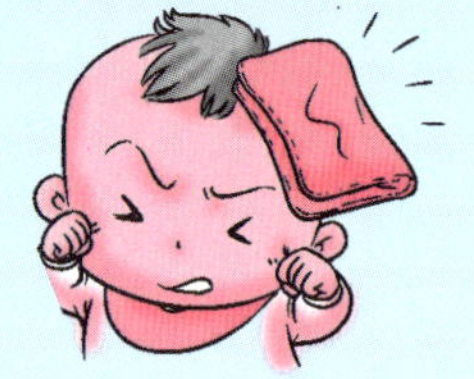
头部或脸部受伤，冷敷或送医

手部受伤，用冷水或自来水连续冲受伤部位20～30分钟

热水壶、热汤（碗）放在幼儿够不着的地方。

应尽量避免让幼儿接近释放高温蒸气的物品。

保温瓶使用完毕后，应确认锁住压水的开关。

洗澡时，先放冷水，再放热水，水温尽量保持40℃以下（以大人的手感觉，热度微温即可）。

窒息、梗塞占事故比例约7%

窒息、梗塞，占幼儿事故伤害排名前五名。根据统计显示，在喂食幼儿途中，最常发生食物梗塞。尤其以习惯边吃边玩的幼儿，或是家长边看电视边喂食幼儿者，最常发生此类意外。每年通报的梗塞窒息案例中，经常出现吞食硬币的案例。除了硬币，纽扣、小纸屑、小螺丝、玩具零件都是好奇宝宝随手一抓就往嘴里塞的常物！建议家长应避免给予幼儿直径小于3厘米的玩具，避免因误食而梗塞。

此外，意外窒息也是造成婴幼儿伤害的原因之一。譬如衣橱、柜子、冰箱、水桶、大纸箱，或是窗帘吊绳、玩具上的绳子、塑料绳等，对婴幼儿来说，都是新奇、有趣的东西，却也是造成意外发生的潜在杀手。

过长的拉绳易造成婴幼儿因好奇拉扯，使得拉绳缠住婴幼儿的颈部，导致发生呼吸困难、休克，甚至成为植物人的意外。

窒息梗塞排行

第一名 正餐食物

第二名 硬币图钉

第三名 玩具

第四名 糖果零食

如何避免窒息、梗塞?

- 硬币、纽扣等小物品，需收纳在盒子、抽屉等幼儿不易取得的地方。
- 喂食婴幼儿时，不要和婴幼儿玩耍。
- 柜子、衣橱的门要确实关紧。
- 避免在家中摆放和婴幼儿高度相似的水桶、纸箱。
- 窗帘的绳索不宜过长，或将绳索绑起、缩短长度。
- 家用塑料绳用毕，要放置在幼儿够不到的地方。
- 不要将毛巾、大浴巾堆放在小床上。

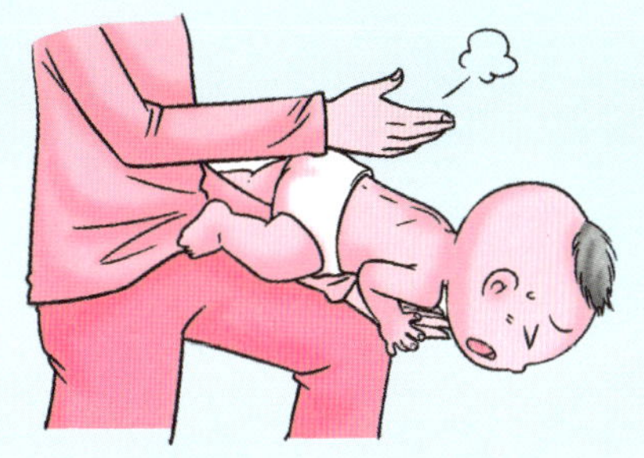

如果孩子有意识，以这种姿势用力拍打背部正中

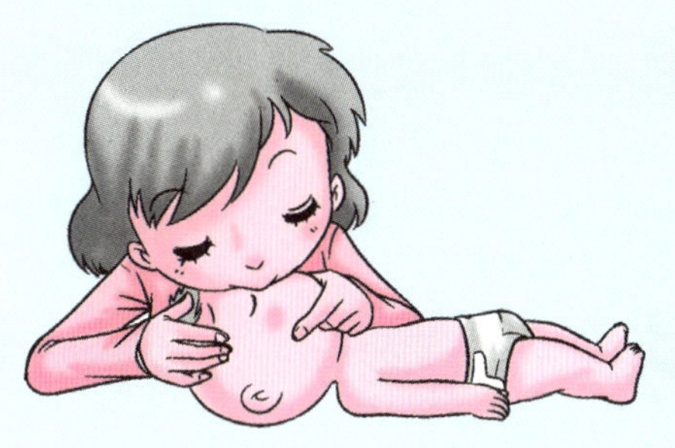

如果孩子无意识，用正确方法给宝宝做人工呼吸

如果是1岁以上的宝宝，可用手臂环抱孩子身体，握拳抵住胃部附近，用力压来催吐

误食中毒占事故比例约4%

幼儿误食中毒最容易发生在居家住所。在实际案例中，浴室、厨房使用的清洁用品，最容易被幼儿误食，第二名则是误食药物。

幼儿常误食的东西：浴室及厨房清洁剂、杀虫剂、樟脑丸、皮革（鞋）油、发胶、香水、精油、电池。

家长经常会记得将感冒药或其他药物收好，但是对于复合维生素、钙片等却时常忽略，一不小心就被好奇宝宝塞进嘴巴！许多家长不了解幼儿误食过多维生素也会造成药物中毒。

除此之外，许多家长喜欢在家中摆放景观植物，让家中绿意盎然，殊不知，如果选错植物，也会造成幼儿误食有毒植物而中毒呢！以临床案例来看，幼儿误食万年青的状况最常见。此外，诸如风信子、马樱丹、铃兰、石蒜……也都属于有毒植物，家中有幼儿者，应将植物尽量放置在幼儿够不着的地方或是摆放于阳台上。

容易误食排行

第一名 清洁剂

第二名 药物（包含误食感冒药，或是误食太多维生素）

第三名 有毒植物

第四名 化妆品

走失是男孩冒险天性所致吗

男孩特别容易在好奇心的驱使下，做出各种行动，常常趁着妈妈在收银台付账的空当，进行大冒险的计划。不管妈妈如何嘱咐“不可以离开妈妈身边”，只要有吸引他的东西，他就会将妈妈的嘱咐忘得一干二净。妈妈稍不留神，孩子就会不知去向。

在卖场或百货公司最好的方法就是让孩子乘坐店家准备的婴儿推车或购物手推车，可以先为孩子准备玩具或饼干等，他就会坐得很开心。妈妈先做好准备，要买些什么就快速地买好。

平时训练孩子，教他学会说出自己和父母的姓名与年龄、家里的电话号码，以备孩子丢失时应用。

解读男宝宝

家长不要把10岁以下的小孩子单独留在家里。天黑后，也不能让孩子骑着小车到处跑。

第25~27个月 男宝宝喂养

保证宝宝的脑营养

养脑、补脑除了要经常吃些养脑食物以外，还必须注意科学的饮食养脑方法，否则同样达不到养脑的目的。因此，要促进脑神经细胞的活动，保证大脑的能量供应，必须重视科学的饮食养脑方法。

不容忽视的类脂

脑神经组织中脂类的含量非常多，但主要是类脂，而不是脂肪。在类脂中，各种磷脂和神经中枢的传导有关。补充卵磷脂能加强神经系统兴奋和抑制功能。胆碱在体内可合成为乙酰胆碱，是突触传递的重要物质，有增强记忆的作用。鸡蛋黄和鱼类富含脂类物质。

食物要均衡

众所周知，一日之计在于晨，故上午的精力充沛就显得非常重要。保持上午精力充沛的办法之一是均衡糖类和蛋白质的比例。一位心理学家发现，吃含蛋白质和糖类均衡早餐的人，要比只吃糖类早餐的人更充满活力，下午也极少出现昏昏欲睡的现象。原因是单独吃糖类时，它很容易使色氨酸溢出血流进入脑细胞，大量的色氨酸在人们就寝时，会起到催眠作用，但决不需要它出现在人们需集中精力解决难题的时候。倘若在糖类中加入蛋白质，那么较多种类的氨基酸将与色氨酸竞相进入大脑，结果只有极少量色氨酸能进入脑细胞，从而使脑细胞保持了充沛的活力。

宝宝营养缺乏的表现

宝宝营养不良可引起发育不良、消瘦、肥胖、贫血、脚气病、消化道疾病等，宝宝出现上述病症时再判断宝宝营养不良是非常容易的。但此时营养不良已经对宝宝的身心健康产生了危害，再进行治疗不免为时过晚。所以应当抓住发病前的一些征兆，及早采取措施，防患未然。

1 如果宝宝长期情绪多变、爱激动、喜欢吵闹或性情暴躁等，则是甜食吃得过多引起的，应及时限制宝宝食物中糖分的摄入量，注意膳食平衡。否则宝宝很容易出现肥胖、近视、多动症等。

2 如果宝宝性格忧郁、反应迟钝、表情麻木等，应考虑其缺乏蛋白质、维生素等。需及时增加海产品、肉类、奶制品等富含蛋白质的食物，多吃蔬菜或水果，如番茄、橘子、苹果等。否则宝宝会出现贫血、免疫力下降等。

3 如果宝宝经常忧心忡忡、惊恐不安或健忘，应考虑缺乏B族维生素，可及时增加蛋黄、猪肝、核桃以及一些粗粮，否则长期缺乏B族维生素会引起食欲缺乏，影响生长发育、脑神经的反应能力及思维能力等。

不爱吃饭每次要少给

对那些不爱吃饭或者吃饭不香的宝宝来说，每次要少给他们食物。如果在他的盘子里堆的食物太多，不仅会提醒他去拒绝多吃，而且还会破坏他的食欲。如果第一次给他的量很少，就会促使他产生“这不够我吃”的想法，而这正是父母所希望的。父母要使他像渴望得到某件东西那样，渴望吃到某种食物。如果他的胃口确实很小，父母就应该让他少吃，给他一茶匙豆类食品、一茶匙蔬菜、一茶匙米饭或者一茶匙土豆就可以了。宝宝吃完以后，父母不要急着去问：“你还想吃吗？”而是要让他自己主动要。即使需要好几天以后他才可能提出“还想再多吃点儿”的要求，父母也应该坚持这样做。另外，用小碟子装食物是一个非常好的办法，因为它不会像用大盘子盛少量食物那样，使宝宝产生受辱的感觉。

第25~27个月 男宝宝早教

男孩子很怕羞怎么办

对一些妈妈来说，儿子再调皮都无妨，认定男孩子就应当是活活泼泼、充满朝气的。偏偏有些男孩生性扭扭捏捏，他们在玩耍时，玩具突然被抢走了，也不会上去要，只是眼眶含着泪水，甚至被女孩欺负。看到这个情景的妈妈大多会心痛，爸爸还会责骂。

到了幼儿期，孩子的性格倾向大致都已明显，生性怕羞、内向的孩子，要他积极大胆起来，是勉强不得的。家长要坦然地接受孩子的性格。

一般来说，家会让消极的孩子感到安心，所以他们在家里是比较大胆的，因此可以让孩子在家里尝试各种新的体验，减轻孩子对新事物的不安感与恐惧感。注意培养孩子的自信。随着孩子的成长，一些生性怕羞、内向的孩子，也会展现积极活泼的个性。

男孩子是天生的收藏家

男孩子好像比较爱收集。喜欢收集稀奇古怪的东西更是男孩的特色，如瓶盖、果冻的盒子……孩子收藏的这些东西如果到处都是，妈妈会想全部扔掉。不过这些不值钱的东西可是孩子心中的宝贝，因此强迫孩子全部丢掉不是明智之举，倒不如为他准备一个收藏这些宝贝的地方，母子一起将它们整理好。收拾这些凌乱的小东西，可以让孩子学习如何归类、整理、收纳。

孩子只喜欢看电视怎么办

孩子爱看电视卡通，整天守在电视机前，对书本根本不感兴趣怎么办?孩子从电视上也可以获得乐趣与知识，绝非一点益处也没有。此时，想想自己是否曾让电视陪伴孩子?是否曾因为自己太忙碌，而拒绝过给孩子读书?孩子讨厌阅读，原因通常不在孩子身上，主要是被妈妈的态度所影响。

妈妈的工作再繁忙，还是应该尽量把时间留给孩子，一天一本也好，两天一本也好，应腾出部分时间为孩子念念书。

哪一类的书比较好呢?

如果孩子喜爱电视卡通，那么可以为他念以卡通人物为主角的故事书，孩子比较能够接受。若孩子喜欢汽车、电车的话，可以选择以汽车、电车为题材的童话故事书，孩子会相当开心。

男孩胆小怎么办

宝宝对某些事物或现象感到恐惧和产生恐怖的情绪是随着年龄的增长、认识的发展而产生和变化的。一般来说，半岁以下的小宝宝对什么都不会感到害怕，即使听到巨大的响声时，也只会产生某种痛苦的表情，而不会有害怕的表现。以后随着宝宝对周围世界的认识能力和想象力的不断提高，会逐渐对一些事情表现出恐惧感，这时才知道害怕。而这时父母为了让宝宝听

妈妈经验谈

以前儿子在家几乎只看电视，进幼儿园之后，儿子也开始想看书了。我想这大概是受到环境的影响，因此便在家里为他设置了书柜。我也会每天固定时间为他读故事，渐渐地儿子便不光守在电视机前了。

——壮壮妈妈

话，经常用一些方式来吓唬宝宝，宝宝则会真的认为有什么危险的事情。在宝宝3～5岁时，不用父母提示，宝宝就会经常自己想象并感到害怕。如果父母不能进行正确引导，宝宝的胆子就会越来越小。

为了避免宝宝的胆小，父母平时不应吓唬宝宝，也尽量不要给宝宝讲一些惊险的神话故事。如果发现宝宝的胆子特别小，父母不要训斥宝宝胆小、没出息，而应该耐心地给宝宝讲道理，讲科学知识。告诉宝宝，一些惊险的事情是在什么环境下发生的，不要给宝宝看惊险、凶杀等电影、电视。如宝宝不敢自己在房间里，尤其是不敢进黑暗的房间，父母可以先和宝宝一起走进房间里待一会儿，然后讲给宝宝听，没有发生他想象中的事情。再鼓励宝宝自己待在房间里，父母在门外等着，以给他壮胆，过一会儿以后还是没有发生什么事情，这样可逐渐消除他对于独自一人在房间里的恐惧感。一定不要逼着宝宝做一些他感到害怕的事情，以免加重宝宝的恐惧心理。

培养宝宝的自理能力

为了从小培养宝宝的自理能力和责任感，在家中必须让宝宝根据其年龄的大小来学做一些家务。一般2～3岁的宝宝可以开始学做一些力所能及的家务。

1 利用宝宝求知欲强的特点，让宝宝模仿父母做家务。可让他做一些简单的事，比如自己吃饭、穿衣，把自己的垃圾丢到废纸篓里去等。

2 用具体语言指导宝宝做家务。比如告诉他“把小书摞在一起放进书柜里，把积木放进塑料盒里，摆放在柜子下面”等。

3 让宝宝做的家务活要有趣味性。如在帮助摆餐具时，可让他摆放一些色彩鲜艳，有图案的桌垫、餐巾纸等，这样宝宝对家务就会感兴趣。

4 要让宝宝知道，做家务是所有家庭成员的事。比如吃饭时，爸爸盛饭，妈妈盛菜，宝宝放筷子、餐巾纸等，然后一起吃饭。

5 父母要为宝宝学做家务做榜样。父母不要因为做家务而发牢骚，更不要当着宝宝的面发牢骚，否则宝宝也会认为做家务累。

6 让宝宝学做家务要持之以恒，锻炼其耐心。刚开始几天宝宝总是干得很有兴致，渐渐地新鲜感消失了，此时与其让他做事，倒不如说是陪他玩，在“陪他玩”的过程中，保护了宝宝的积极性和自尊心。

7 宝宝学做家务时父母最好在旁边看着，要注意安全，并时时进行帮助和监督。

8 要及时肯定宝宝的成绩。比如宝宝倒垃圾倒得很好时，父母可以用亲亲宝宝的方法表示鼓励；若把垃圾撒在桶外，父母应先肯定他的好习惯，然后指出不足，再手把手地教他如何倒垃圾。用“垃圾进桶了”的游戏来与宝宝一起玩学倒的动作，这样会增强宝宝的信心。

只要父母放手让宝宝做，你会惊奇地发现，2～3岁宝宝能做的家务是相当多的。

怎样处罚宝宝合适

心理学家认为，宝宝3岁前处于感觉运动期，即此时宝宝的思维是凭借感觉来接受的。宝宝对事物的理解都是经由感觉产生的。说教在这个时期并不能被接受。

如果宝宝打了小朋友，父母要让宝宝记住打人是错误的，因为打别人，别人会痛，最有效的方法就是让他体验痛的感觉。又如，你跟他说辣椒很辣，他不能理解，可以让他尝一下，亲身体验后他才接受你所说的。

但有些时候让宝宝去亲身体验也是不可行的。比如，宝宝学会走路了，看到新东西就想摸一摸，看见家里的电器插座，他也好奇地要摸一摸。对小宝宝的这种危险行为，你给他讲道理，说“一摸这个东西就死了”。什么叫“死”？他根本不可能懂。如果不管他，让他体验一下“自然后果”的惩罚，那行吗？唯一有效的办法，就是在他要伸手摸电器插座的时候，狠狠地打他的手，甚至要把他打哭了，重重地打他，这样，就会在宝宝的头脑中形成“摸那东西——手疼痛”的条件反射，以后他再也不会伸手去摸那东西了。像这种“狠狠地打”，不能说是“体罚”，而是一种教育。

解读男宝宝

男孩通常做事前不谨慎思考，不顾后果，所以要经常以朋友的方式和他们聊天，谈谈解决问题的方式、如何做出选择以及在他们所处的生活环境下，他们能做些什么。3～6岁的男孩容易烦躁，好斗，这种现象会一直持续到上小学。爸爸妈妈要从小培养男孩形成安全意识，学会保护自己。

PART 20

第28~30个月
男宝宝养育

男宝宝28～30个月体格发育指标

项目	年龄组	下限值	上限值
身高	28～30个月	81.1厘米	105.0厘米
体重	28～30个月	9.60千克	19.13千克
头围	30个月	约为49.1厘米	
胸围	30个月	约为50.5厘米	
牙齿	25～30个月	出牙18～20颗	

第28~30个月 男宝宝日常保健

对男孩子不要过度保护

什么叫过度保护、过度干涉尚无定论，一般认为，过度保护宝宝大部分发生在比较担心或者是有强烈不安感的父母身上，尤其在养育第一胎宝宝或者是独生子时更容易过度保护。祖辈看护的孩子更容易受到过度保护，老人不光疼爱孙子，更怕受到儿子儿媳的埋怨。

应该在父母的守护当中让男孩子一点一点地去尝试冒险，父母过度保护的话可能会让男孩养成胆小或消极的个性。此外，宝宝不管做什么事，父母都会插手、插嘴地过度干涉，这多半发生在追求完美的父母身上。“手洗干净了没有？”“要吃干净一点。”像这样深受父母干涉的宝宝渐渐就会消沉，而且会自我否定，变得没有自信，之后可能也会反抗父母。

一般来说，宝宝只要受到父母的信赖就会努力地去做；相反的，如果不受信赖的话，就会觉得反正怎么样都得不到信赖，就会随便做做。所以相信宝宝是很重要的。要改变过度保护、干涉的做法，对父母来说也不容易，但只要在对宝宝说“不行”之前，停一秒想想看，就会不断改进。

解读男宝宝

巴尔扎克说：“挫折与不幸，是天才的晋身之阶、信徒的洗礼之水、能人的无价之宝，弱者的无底深渊。”

该如何打扮男宝宝

适当地打扮会使宝宝变得更加英俊，更加活泼可爱。怎样打扮宝宝才能达到恰到好处的目的呢？

1 宝宝的服装应整洁卫生。整洁与卫生是美育的重要内容，它本身就给人以美感、快乐。如果宝宝的衣服整洁，即使质地、式样一般，也会引人喜爱；反之一个宝宝的衣服质地与式样都非常华丽，但看起来是皱巴巴的、脏兮兮的，照样让人觉得不舒服。

2 宝宝的打扮应适合宝宝的年龄和活动，利于宝宝的生长发育。宝宝天性活泼好动，给宝宝的衣着要裁剪得体，美观大方，不要讲究质地高档、式样奇异。另外，宝宝衣服的装饰品不能太多。如果让活泼好动的宝宝戴着装饰品爬、跑、跳、攀登、做游戏，宝宝的活动将会受到限制，宝宝的自然美也会减色。这个年龄的宝宝正处于生长发育迅速的时期，父母不应追求时髦给宝宝穿宽松式、紧身式的服装，这些式样的服装不利于宝宝的活动和生长发育。

3 宝宝服装的色彩要鲜明、协调，色彩对比不能过于强烈，以免宝宝有眼花缭乱的感觉。

4 宝宝的穿着打扮应符合宝宝的身份。有些父母因为喜欢男孩，就把自己的女孩打扮成男孩样子，剪短发，穿男孩的衣服；有些妈妈除了打扮自己，还喜欢打扮儿子，有些父母认为女孩好，就把男孩打扮成女孩样子，给宝宝扎辫子。这些打扮不仅有害无益，而且还会影响宝宝的身心健康。此外，宝宝不宜留长发，因为这样会给宝宝和父母都带来麻烦。

宝宝总是把自己弄脏怎么办

男孩子总是把自己弄得脏兮兮的，只要毛毛虫、蚯蚓、蚂蚁一出现，男孩们便会兴高采烈地围过去，用树枝拨弄，用水浇，甚至抓起来吓人。有个妈妈从儿子口袋里掏出十几只虫子，吓得差点晕过去。其实，对于男孩玩虫这件事妈妈还是不干涉的好，虫虫是他的好朋友，他借以观察大自然。在城市里，蝉、甲虫等愈来愈少见了，孩子往往只能玩到菜虫、蜗牛、蚯蚓等，它们是孩子们宝贵的“活教材”。读多少本关于大自然的书，也比不过观察一只活生生的动物来得真实。毛毛虫爬行的动作，被碰触后卷曲起来的反应，对孩子来说都是新鲜而有趣的。

过去的小男孩玩得脸上、身上全沾满泥巴，如今住在高楼的孩子没有这样幸运了。城市里能玩到泥巴的地方越来越少，妈妈们喜欢让孩子在干净的环境中玩耍。如果孩子玩得脏兮兮的，说明他尽情地亲近大自然了，不是好事情吗？

宝宝说话滞涩怎么办

有时宝宝想说什么，但说不出来。

大家可以想一想，在这种情况下，宝宝的心理是什么状态？——焦急。越是催他快点说，焦急的心情越严重，他越说不出话来。

宝宝有好多话想说、想聊，这个也想告诉妈妈，那个也想讲给妈妈。可是话不能流畅地说出来，第一句话就堵住了。他拼命努力，急于把话说出来，可结果恰好相反，越着急越讲不出话来。

在这种时候，你越是催他快说，说清楚，他越发紧张，也就更不能流畅地说出来了。这是由于他有意识地努力去讲的结果。催促的效果，适得其反。

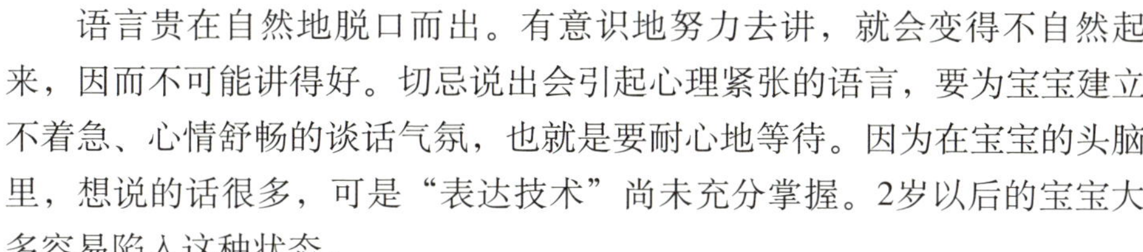

语言贵在自然地脱口而出。有意识地努力去讲，就会变得不自然起来，因而不可能讲得好。切忌说出会引起心理紧张的语言，要为宝宝建立不着急、心情舒畅的谈话气氛，也就是要耐心地等待。因为在宝宝的头脑里，想说的话很多，可是“表达技术”尚未充分掌握。2岁以后的宝宝大多容易陷入这种状态。

这种情况，极其类似于众多乘客一下子涌到狭窄的检票口，当然会出现堵塞现象。这种现象称作“语言滞涩”，与口吃有所区别。

在这种状态下，如果以催促或性急的态度对待宝宝，会加强他的心理紧张程度，最后把他逼成真正的口吃。妈妈可以在不抢先的情况下，对他讲的话加以补充，并用宽容的态度耐心地等待，高高兴兴地听他讲话的内容。

带宝宝到游乐场所要注意安全

父母在带宝宝到游乐场所游玩时要注意安全，特别要注意以下几点。

1 要先检查一下游戏的设备是否安全，如滑梯的滑板是否平滑，秋千的吊索是否牢固。

2 如果是新修过的设备，要检查油漆是否已干，安装是否结实，转椅要先空转试一试。

3 宝宝在游戏前，父母要简单地告诉他安全事项，如手要抓牢、脚要蹬稳、注意力要集中等。

4 宝宝游戏时要穿好衣服，以免快速下滑或旋转时，衣服被挂住而造成危险。

男孩运动游戏交给爸爸

男孩进入幼儿时期时，最需要爸爸的陪伴。此时，孩子的言行都变得比较活泼，妈妈一个人其实已经快招架不住了。尤其是在小家庭里，男孩会逐渐意识到妈妈与自己的不同，转而被同样身为男性的爸爸吸引。因此，在这个时期，爸爸一定得空出与孩子相处的时间，让他学习男性的表现方式。

解读男宝宝

体育运动能满足男孩好动的愿望，使其从小喜爱体育活动，还能培养男孩吃苦耐劳、不怕困难的勇气和意志。和爸爸一起运动，更是为男孩提供了一个近距离接触父亲、接触其他男性的机会。

像打仗游戏、玩球或玩角力等，需要活动身体的游戏，需要孩子使出全力来玩，如果对手是妈妈，可能不能尽兴，但如果是爸爸的话就不要紧了。而且像露营、钓鱼等户外活动也是爸爸最擅长的。此外，爸爸也应该负责告诉孩子什么是坏人和坏事，这正是爸爸应扮演的角色。

宝宝不宜参加的体育运动

运动有助于增强男孩各组织器官的生理功能，使之协调一致，进而促进生长发育，使身体强健有力，同时能提高身体的免疫抗病力。此外，运动还有助于智力的开发。但宝宝正处于生长发育期，有一些项目是不适合他们参加的。

不宜长跑

长跑是一项肌肉负荷锻炼。宝宝过早进行长跑，首先，会使心肌壁厚度增加，随之胸腔扩张，影响心肺功能发展；其次，宝宝时期体内水分占的比重相对较大，蛋白质及无机物的含量少，肌肉力量薄弱，若参加能量消耗大的长跑运动，会使营养入不敷出，妨碍正常的生长发育；最后，人的高矮主要取决于长骨细胞的生长，宝宝参加长跑运动，会使骨细胞生长速度减慢，甚至引起骨骼过早钙化，影响身体的正常发育。

不宜掰手腕

宝宝体内的软组织嫩弱，骨骼相对较软，掰手腕容易发生软组织损伤，甚至骨折。

不宜倒立

倒立运动会使眼压的视网膜的动脉压升高，严重者可引起眼睑出血。尽管宝宝的眼压调节能力较强，但若经常进行倒立或每次倒立持续时间过长，会损害眼压调节能力。

如何帮宝宝消除恐惧心理

惧怕的形成是条件反射的泛化，也要用条件反射的方法去解除。

1 对怕动物的宝宝，可先给他一些动物画册看，再给他一些喜欢的玩具——几件形态可爱的动物玩具，还可给他看有动物形象的动画片，使他逐步解除对动物的恐惧，最后领他到动物园玩。

2 对怕黑暗的宝宝不能够“恶治”（如关在黑屋子里等）。父母可以带宝宝在黑屋的门口，对他说：“妈妈和你一块儿去拿糖（玩具）

好吗？”待他不再怕黑时，父母就站在门口，让宝宝一个人去拿。只要他去了，就夸奖他勇敢。

3 对怕坐在浴盆里的宝宝，可先让他看别的宝宝坐在浴盆中又洗又玩的快乐样子，再让他用小盆给娃娃洗澡。然后换成大浴盆，让他与娃娃一块儿洗澡。刚开始时，洗澡的时间要短一些。

纠正宝宝的不雅习惯

宝宝很多习惯如掏耳、挖鼻和揉眼等都是不良的习惯，父母在平时要注意予以纠正。

1 掏耳。有时当耳道内的耵聍（俗称“耳垢”“耳屎”）刺激皮肤，耳内霉菌感染或湿疹病变等引起耳内发痒时，不少宝宝随手取来火柴棒、发夹，或用又脏又长的指甲，在耳内盲目地乱掏。有时不小心会将耳道皮肤戳破，引起皮肤破损、出血，这些工具上的细菌就乘机侵入耳道内，引起感染、发炎，耳内会发生肿胀、疼痛，形成化脓性疖肿。少数人还可将耳道深部的菲薄鼓膜刺破，造成中耳腔内感染，脓液流个不断，甚至还会影响以后的听觉功能。简单的掏耳动作会造成严重的后果。

2 挖鼻。不少小朋友在闲得没事做的时候，好将手指伸进鼻腔内挖个不停。这是一个不好的习惯。因为在鼻腔黏膜下，有着很丰富的血管，它们互相交叉成网状，成为血管丛。鼻黏膜是很薄的一层组织，一旦有剧烈的挖鼻动作，容易将鼻黏膜挖破，导致血管破损，不时地流血，少不了由父母陪着去医院就诊，增添不少麻烦。少数人还会因挖破鼻黏膜而引起感染、发炎。

3 揉眼。当灰尘、沙子飞入眼内时，顿时会引起眼内疼痛、流泪、睁不开眼。有的幼儿马上就用手来揉眼，这样做不但去除不了眼内异物，反而会使异物在角膜上越陷越深，甚至角膜破损引起细菌感染，造成眼角膜溃烂、结疤，在一定程度上还会影响宝宝的视力，更为严重的是会引起眼球感染的后果。

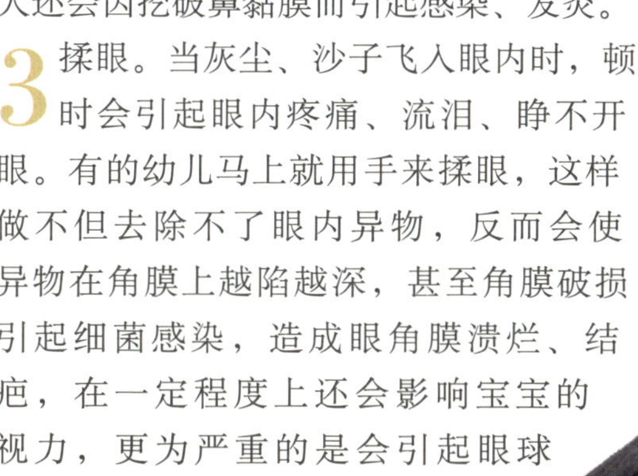

第28～30个月 男宝宝喂养

宝宝饮食七忌

强制

强制饮食对于机体和个性来说，是一种最可怕的压制，是宝宝身心健康的大敌。有时宝宝不想吃东西，那就是说他当时并不需要吃。

强求

强求是以软磨的形式出现的变相强制。有的父母强求宝宝吃，变着法说呀、劝呀、提要求呀、许愿呀……千万不要如此。

讨好

有的父母因为宝宝表现好或者宝宝原不想吃饭，后来还是吃了，就“讨好”宝宝，滥发奖，什么冰激凌呀、糖块呀、大蛋糕呀、巧克力呀、玩具呀……殊不知，这不利于宝宝养成健康的饮食习惯，只能达到娇生惯养、破坏宝宝胃口、损害宝宝身体的目的。

催促

吃东西时急急忙忙吞下去是对健康有害的，要教育宝宝细嚼慢咽。

分散注意力

宝宝吃东西时，应关上电视，收起玩具，使宝宝吃饭时不分心。

纵容

不该吃的东西就不要让宝宝吃，该少吃的东西要坚决有所限制。

发火

吃饭时需要宝宝专心，要营造一个轻松愉快的气氛，切忌在吃饭时训斥宝宝。

不要盲目给宝宝增加营养

有些父母按照自己的理解或者道听途说来给孩子补充营养，结果常常适得其反。这些误区包括以下几点。

宝宝贫血吃含铁食物

贫血是我国常见疾病之一，目前宝宝中有20%患不同程度的贫血，主要是缺铁性贫血。专家经过调查发现，并不是宝宝吃含铁食物少，实际上有些人还摄入过量。那么为什么宝宝还会贫血呢？这主要是人们不了解铁的吸收特点。

铁的消化吸收与其他营养素不同，当身体需要铁时才会吸收，不需要时就不吸收。而且铁在吸收前需将原来剩余的铁消耗掉，新的铁才能补充进来。没有消耗，吃进去的铁也吸收不了，因此身体里还是缺铁。如何将铁消耗掉呢？那就是适量地运动。

身体缺什么就补什么

有的父母认为宝宝爱吃什么就是身体缺什么，尽管让他去吃。如有的宝宝爱吃肥肉，父母以为宝宝缺油就满足他的要求。殊不知宝宝爱吃什么只是饮食习惯问题，而宝宝有无良好的饮食习惯则在于父母的影响和培养。有的父母娇惯宝宝，一味地迁就宝宝，宝宝想吃什么就给什么，“让宝宝领导父母”，久而久之使宝宝养成挑食、偏食的毛病，导致宝宝营养失调。

父母最不愿意看到自己的宝宝被医生诊断为缺锌、钙……宝宝缺什么就马上想办法大量补充。在某医院曾发生过这样一件事：有个宝宝因缺钙得了佝偻病，父母立即给宝宝频繁打钙针，可宝宝还是不好。到后来发现宝宝的两肾完全钙化，生命已无法挽救了。在医院还经常出现宝宝吃维生素过量导致中毒的病例，可见父母疼爱不当也会导致严重后果。

多花钱才能有营养

有些父母认为价格高的食品营养价值就高，以至于常给宝宝买来补品长期服用。

其实食物的营养价值并不能以价格来衡量，有的东西价格高只表明它稀有或加工程度深。某一食品营养再好，也不能包含人体所需的七大营养素，每日所吃食物还需多样化。

第28~30个月 男宝宝早教

宝宝耍赖怎么办

很多家长都曾有过这样的尴尬经验：在商店，如果没有为孩子买下他想要的玩具或者食物，孩子就会大声哭闹，甚至赖在地上不走。有的一耍起脾气来，要哭闹上好长时间，而这么执拗的孩子以男孩居多。孩子这一闹，一下子便会聚集许多人的目光，身为孩子家长会很尴尬，甚至冒出一身冷汗。但如果想要孩子有好的教养，也不能这样就向孩子屈服。

被逼急的妈妈往往会吓唬孩子，但这么一来，等于是火上浇油，孩子会放开嗓门哭得更凄惨。顽固的孩子从不选择时间与地点，此时妈妈应该冷静以对、沉着应变，最好先任他哭，别理会。花一段时间，等孩子情绪稍微平静之后，再慢慢地问他到底想干什么。如果孩子只是想买他要的东西而耍赖，妈妈要坚持以下两点原则：

1 坚决不买。孩子一旦得逞，他就会以为只要大哭大闹，就可以得到自己想要的东西。

2 说明不买的理由。孩子虽然不会马上听话，但是已经哭累的他也多半不会再有第二次吵闹。

一般来说，在外出购物前就要先提醒孩子“今天不买玩具和食物”，事先与他说好也是有效的。这样的情形重复上演几次后，孩子自己就会渐渐明白。

宝宝发脾气时怎么办

宝宝爱发脾气，有其生理、心理上的原因。宝宝的大脑神经系统功能发育还不完善，兴奋和抑制过程发展不平衡，容易兴奋而难以抑制。遇到不顺心的事情容易冲动，甚至完全不能控制自己。另外，宝宝的道德意识、是非概念还不十分明确，还停留在比较幼稚的水平。当宝宝发脾气时，父母要沉住气，静下心来，心平气和地来处理。如果父母不分青红皂白，采取简单粗暴的方法，只会火上浇油。

遇到宝宝发脾气，要分析一下宝宝发脾气的原因，但无论是什么原因引起的，这时父母最好采用转移其注意力的办法，让宝宝离开这个环境，进行适当的“冷处理”，简单讲明这样发脾气是没有道理的，但也不要过分和宝宝纠缠。当宝宝平静以后，妈妈再慢慢地讲道理，分析给宝宝听，加以引导，使宝宝明辨是非。

> **解读男宝宝**
>
> 从襁褓期开始，男孩就不像女孩那样心安理得地接受挫折，这是睾丸素的作用。通常他明明知道自己力所不能及或无法达成心愿，感情上却不能够很快地接受，他还是要坚持不断地尝试，这时，妈妈应该给他足够的时间调整心态。他接受事实后，会自己离开的。而硬把他拉走或强迫他接受帮助，才会使他产生真正的挫折感。

宝宝发脾气，赶快“救火”固然必要，但这毕竟是消极的，应该注意平时对宝宝加强教育和培养。每个宝宝的性格都不一致，对于那些较为任性暴躁、性格外向的宝宝，父母应该做到宽严结合，平时多为宝宝创造良好的生活环境与教育环境，经常利用讲故事等方式，给宝宝讲一些浅显易懂的道理，在他们心目中树立好宝宝的榜样，使宝宝情绪稳定、心情舒畅、懂得道理，尽量避免无知而任性和随便发脾气。

男孩天不怕地不怕怎么办

男孩子精力充沛，总是令人提心吊胆，特别是老爱往高处爬。妈妈在惊吓之余，总是要阻止孩子做危险的动作。其实，孩子做危险的动作是在成长和探索，往往在受过无数次小伤，尝到疼痛的经验中学到什么是危险，这样才可以避免受伤。如果没有亲身体验过这种危险的感觉和经验，孩子反而会突然受重伤的。当然，让孩子远离危险是家长的责任，但是在保护孩子的同时，家长也必须训练他自己判断事情危不危险的能力。若缺乏这种能力，孩子有可能变得胆小畏缩。

如何顾及孩子探险的热情，且又能免于危险呢?孩子探险时，不该过分干预他的行动，家长必须掌握几个重点。如在孩子常去的地方，孩子比较熟悉的地方，就可以放心地让他尽情玩。因为孩子自己知道什么东西比较危险，他就比较不容易受严重的伤，不过在此之前，还是应该先检视一下设施的安全性。孩子在从来没到过的地方、不熟悉的环境中，又常常很兴奋，容易受伤，因此必须比平时多用点心看住他。

如何度过反抗期

以前凡事都顺从妈妈的儿子，若突然开始以“不要”“不行”反抗妈妈，表示他已经进入了第一反抗期。可别小看2～3岁的孩童，他们精力充沛，有足够的力气吵闹。而且孩子小，还不太懂得道理，有时孩子也不清楚自己要什么，自己为什么会这么无理取闹。

但是，这也是人成长过程的一个阶段。这是他第一次坚持自己的意志，是“自我”开始萌芽的时期。面对孩子的强烈反抗，疲倦的妈妈也不是圣人，不可能完全没有脾气，最后可能会对孩子不耐烦，用吓唬的方式解决问题。要知道两三岁小孩的思想还相当单纯，当他失去能够倚靠的妈妈后，会马上返回到婴儿状态，这样妈妈就抹杀了他刚萌出的“自我”新芽。

因此，当孩子反抗时，妈妈应巧妙地回应，静静地倾听孩子的要求。若孩子自己也搞不清时，不妨抱抱他，让他的情绪平静下来。当你的儿子在青春期反抗你时，就不是两三岁小孩这样可爱了。

要尊重宝宝的主张

这一时期的宝宝往往善于模仿，如常常要求自己拿东西，吃饭时要用筷子，自己穿衣服。尽管宝宝各种动作还不熟练，要花费较长的时间，甚至还会损坏东西，但是父母应该让宝宝自己去做，并且给予适当的帮助和鼓励。父母不要训斥宝宝，要有耐心，否则因为对宝宝的干涉过多，保护过分，会使宝宝变得胆怯，不能独立自主，甚至伤及宝宝的自尊心。

善于诱导和转移宝宝的注意力

对一些不适于宝宝干的事情，父母应该善于诱导或让宝宝去做其他事情，以转移宝宝的注意力，不要强迫命令。如有的宝宝在商店里看到喜欢的玩具要买，不买就赖着不走，最好的办法就是带他离开商店，宝宝来到其他地方后会把商店的玩具忘得一干二净。

态度明确，是非分明

对宝宝的一些不合理的要求或不正确的行为，父母应该态度明确，向宝宝说明哪些行，哪些不行，即使宝宝再三要求也不能满足。这样宝宝会逐渐地产生出哪些事情该做，哪些事情不该做的潜意识，这对宝宝心理健康发展很有益处。

第一反抗期

心理学家把2～4岁称为“第一反抗期”。2岁以前的宝宝，其生活中的一切均需要依附于别人。2岁以后，宝宝能够独立行走，并能用语言表达自己的一些要求，能够手眼协调地进行一些较为复杂的动作，这时正是宝宝独立性和自尊心发展的大好时机。宝宝开始有了自我意识，能够把自己从周围环境中分辨出来，而作为一个主体来认识，开始说“不”。有人做过调查，在这一阶段宝宝具有反抗精神的，长大后大部分成为有个性和意志坚强的人。所以父母应该正确理解宝宝的心理活动，正确处理宝宝在第一反抗期的行为，否则将会对宝宝的成长产生不利影响。

宝宝在公众场所胡闹怎么办

当孩子在商店里拿着广告和产品介绍到处乱扔时；当孩子在公交车内哇哇地喧哗，车里的目光聚集在家长身上时；当孩子在餐厅内跑来跑去，在餐桌下乱钻，打翻了菜肴时，都会让家长顿时窘得无地自容，只好向周围的人连连道歉。大人所预测不到的事孩子都会做出来，其实孩子只是因为好玩才这样做。在公众场所自己成为大家注目的焦点，这可是最令孩子兴奋的事了。

由于孩子的这些活动量过大的举动，在有些地点是被允许做的，因此孩子分不清场合，听到妈妈说“不行”，他也多半无法理解。对于这样的孩子，总说“不行，不行”就会使孩子变得畏畏缩缩，态度也会变得消极。孩子这些难能可贵的丰富表现力，应该适时给他机会予以刺激与发挥。当然，在孩子懂事前，先尽量避免带他出入公共场所，也是一个可行的方法。

等孩子能够懂道理以后，只要情况容许，应该带孩子到公共场所走走。妈妈应告诉孩子哪些事会给别人添麻烦，但妈妈仍然要有相当的心理准备，既不能因为带着小孩就可以比较随便，也尽量不给别人造成不必要的麻烦，让孩子注意行为举止，才会受欢迎、受尊重。

孩子学脏话怎么办

孩子之所以喜欢这些话语，主要是由于说出来会受其他人注意的缘故。对孩子而言，脏话就像有趣的小笑话那样，这只是证明孩子内心的幽默感已经出现了，因此妈妈也用不着胡思乱想。孩子会说些粗话自娱，最多只会持续到小学中年级。到了高年级，孩子就会觉得这些缺乏气质的粗话“没意思”，自然就不会再说了。

男孩都不服输吗

无论是运动比赛还是比赛玩电玩，只要孩子输了，他一定都会很不甘心。不过，突然冒出一句“不玩了”来闹别扭，或者发着脾气大声嚷着“都是你太奸诈了”来极度地表现不服气的好像又以男孩子居多。

有些小孩输了，会生气并不声不响地跑回家，或大哭一场。不服输倒也不是一件坏事，因为“我不要输”的意志是激发孩子全力以赴的动力。孩子自动自发地付诸努力会比被人强迫做某些事的结果更好，有时甚至会超常发挥呢。不过，自尊心较强的孩子与不服输的孩子，无论做任何事情都会很在意输赢。不论在运动上还是学业上或游戏上的竞争，孩子都“不愿认输”。没有谁能够真正做到任何事都得心应手的，所以，在某些方面孩子就不得不接受“失败”的事实。而对这种性格的孩子而言，接受那种挫折是相当不好受的。因此，当你发觉孩子承受了某些压力时，就要适时地帮助孩子，让他的心情放轻松。告诉孩子“失败乃成功之母”，且世上没有每件事都做得很完美的人，他也不必每件事都要求自己做得很好。如此便可以减轻一点孩子的压力。

PART 21

第31~33个月 男宝宝养育

男宝宝31～33个月体格发育指标

项目	年龄组	下限值	上限值
身高	31～33个月	83.7厘米	107.2厘米
体重	31～33个月	9.99千克	19.89千克
头围	33个月	约为49.3厘米	
胸围	33个月	约为50.6厘米	

第31~33个月 男宝宝日常保健

宝宝身高的发育特点

身高增长有一定规律

刚出生的新生儿身长平均约为50厘米，出生后第一年身高增长最快，增长约为25厘米；第二年身高增长速度减慢，一年约增加10厘米；2岁以后身高增长速度趋于平稳，平均每年增长5~7厘米。

想知道宝宝未来的身高，有一个2~12岁儿童平均身高估算公式：

身高（厘米）=年龄×7+70

通过这个公式，能了解到宝宝的未来身高情况。当然数值只是总体而言，每个宝宝的身高会受到性别、营养状况、遗传等因素的影响而有所差异。

在宝宝出生后的第一年，脊柱的增长快于四肢。宝宝的动作发育应与脊柱的发育相适应，即宝宝2~3个月大时会抬头，6~7个月大时能独坐，8~9个月大时会爬，10~11个月大时能站立，12~16个月大时能走路。如果没到相应的月龄，宝宝不宜过早地学坐、学站，以免引起脊柱的过度屈曲，会影响身高。

影响宝宝身高的因素

宝宝的身高受遗传影响较大，父母的身高在一定程度上可以预测宝宝未来所能达到的身高，公式如下：

男孩未来身高（厘米）=（父亲身高+母亲身高）×1.078÷2

女孩未来身高（厘米）=（父亲身高×0.923+母亲身高）÷2

遗传因素对宝宝身高的影响不是绝对的，因为最终身高还要受到后天因素的影响。

足月新生儿的平均身长，男孩比女孩略高，差距约2厘米。这种性别差距在整个儿童时期都可能存在，直至青春早期。

营养充足的宝宝长得较快。宝宝营养不能满足骨骼生长需要时，身高增长的速度就会减慢。

睡眠充足的宝宝长得快。宝宝的生长受到脑垂体分泌的生长激素的调节，而人体生长激素的分泌在睡眠时量最高。

运动能促进宝宝的血液循环，改善骨骼的营养，使骨骼生长加速，骨质致密，促进身高的增长。

急性病影响体重，慢性病影响身高。

一般而言，我国北方的宝宝普遍比南方的宝宝要高些；经济条件好、文化水平高的地区，宝宝也长得较高。

宝宝是安静还是自闭

自闭症的成因仍无定论

自闭症是脑部功能异常而引起的一种发展障碍，约每1万幼儿中就会有5～10名幼儿出现自闭症症状，症状通常在幼儿3岁前就会出现。多年来对自闭症成因已有不同研究与推测，目前仍无确定成因。目前可公认的是，自闭症的产生与家庭背景和父母的教养态度无关，也非后天因素造成，而是由神经机能发展、生化机能发展、遗传因素或脑部受损等生理因素所致。妇女怀孕期间也可能因德国麻疹或风疹，使胎儿脑部发育受损而导致自闭症。此外，新陈代谢疾病也可能造成脑细胞功能失调，影响大脑的神经传导功能，因而造成自闭症。还有，窘迫性流产、早产、难产等造成的新生儿脑部受伤，或是在婴儿时期罹患脑炎、脑膜炎等疾病造成脑部伤害，都可能增加罹患自闭症的机会。

每位自闭症患者的症状皆有不同组合，有的人可能表现在固执行为及口语表达上；有的人则表现在社交互动与固执行为上。每种症状又会依不同程度而有轻度到重度的差别，这些因素也就说明为何每个自闭症患者之间也有差异性。

自闭症的诊断标准

许多人对“自闭症”3个字始终一知半解，一般对自闭症的印象通常是沉默寡言、孤僻，但却不了解背后原因。其实，寡言只是众多成因下的结果。自闭症的诊断须符合以下标准。

A.3岁前出现功能发展异常或障碍

B.交互社会互动方面质的障碍

C.沟通方面质的障碍

D.狭窄、反复、固定僵化行为、兴趣和活动等

警惕孩子性早熟

一般男孩开始发育的年纪为9～14岁。如果男孩在9岁前出现第二性征，就是所谓的“性早熟”。

案例1 爸爸爱吃鸡屁股，6岁的小杰也跟着吃，结果小杰的睾丸明显变大。

由于鸡屁股中含有大量雄性激素，若加上高热量的烹调方式，将会影响儿童出现性早熟征兆，平时一定避免让小孩食用这类食物。鸡屁股中的淋巴组织常食易致癌，不宜食用。

案例2 妈妈每天都帮5岁的梅琪擦用5～7种保养品，直到有一天梅琪对妈妈说一边的乳房痛，经医生确诊，才知道梅琪已经提早发育了。

2007年新英格兰期刊中发表了一篇研究报告，表示若长期使用含有薰衣草精油及茶树精油的产品，体内将产生大量雌激素，并阻绝雄性激素分泌，使男童出现女乳症，女童胸部提早发育。由于儿童的皮肤较薄，体重较轻，影响程度较成人明显，平时除了避免让孩子接触到含有这类精油的产品，建议也不要使用香味过重、来源不明或含有激素成分的美妆产品。

案例3 维维是个标准的电视儿童，白天和奶奶一起看言情剧，晚上又熬夜和爸妈看电影，才5岁就长出胡须、生殖器变大。

最近在医学研究上发现，若儿童经常观看成人电视中的性画面，容易刺激孩子在大脑神经中形成性讯息，促使脑下垂体释放性腺激素，因而出现性早熟的症状。男孩可能有生殖器变大、勃起，遗精，长胡须等现象；女孩则可能有乳房提早发育、乳头变大、月经来潮等问题。英国《新科学家》杂志也曾发表过一篇研究报告，报告指出儿童经常熬夜会使褪黑激素分泌明显减少，进而影响睡眠及发育，因而引发性早熟。

性早熟要早发现

性早熟分为真性性早熟、假性性早熟及部分性早熟三类。由于性腺、肾上腺素或是脑下垂体性腺轴发生障碍，使男性生殖器提早发育，变声，长出阴毛、腋毛及青春痘；女孩则是胸部变大，月经来潮及长出体毛。目前医学上公认营养过剩、环境污染、视觉刺激是诱发性早熟的三大主因，其中女孩的发生率比男孩高出10倍以上。

真性性早熟

又称为“中枢性早熟”，发生原因是脑下垂体的性腺系统过早活化，造成第二性征提早发育。女孩性早熟有90%为原因不明的体质性早熟，男孩性早熟则有50%为脑部病变所引起。

假性性早熟

又称为“周边性早熟”，意指睾丸或卵巢本身并未发育，但部分第二性征却提前出现，发生原因与卵巢或睾丸的肿瘤、肾上腺增生或误用含有激素的物品及食物有关。

部分性早熟

又称为“不完全性早熟”，只有乳房或阴毛提早发育而无伴随其他性征发育症状，发生原因可能是脑下垂体功能不完善，大部分是自动痊愈，只有极少数会发展成真性性早熟。

性早熟居家自我检查

近年来，全球儿童的发育有提早的趋势。性早熟除了影响身高、发育，对于儿童心理也会带来负面影响，家长在平时一定要多留意孩子的发育情况，越早发现治愈概率越高。

1 定期测量生长曲线。每半年帮孩子测量身高、体重，并做记录，如果在3岁之后每年身高发育超过6厘米，就要注意是否有出现第二性征。

2 不定期共浴。陪伴孩子洗澡是观察孩子有无提早发育的最佳时机，可不定期由同样性别的家长进行陪浴，并教导孩子正确的健康观念。

男孩性早熟比女孩危害大

男孩性早熟的情况相对女孩较少，也比较难以察觉。比如10岁以前出现第二性征，如睾丸、阴茎增大，阴毛及腋毛生长等。一半以上的男孩性早熟是由肿瘤引起的，更要引起密切关注。

小患者可能因为自己在体形、外表上与周围小伙伴不同，产生自卑、恐惧和不安。男孩性早熟会出现早恋倾向和过早性行为。由于性早熟儿童往往伴有骨骼生长的加速，虽然暂时看起来比别人长得快，却提早把以后要长的部分用掉了。性早熟超前得越多，身高生长停止得越快，长大后反而会矮人一截。

绝大多数的性早熟可以治好，如果及时治疗，患者可以获得正常的心理状态和期望达到的成人身高，而且越早治疗效果越好。除了在日常生活中多留心观察孩子是否有第二性征过早出现以外，10岁以前孩子身高增长突然加速，往往是性早熟的一个信号，此时家长不应盲目乐观。如怀疑孩子有这方面问题时，应及时带孩子去医院咨询、就诊，以免错过最佳治疗时机。如果等到男孩已出现变声、喉结、长痤疮才开始治疗，则对改善身高来说，为时已晚。

预防孩子性早熟

环境激素又称为“内分泌干扰素”，通常经由空气、水、土壤及食物等途径进入体内，在体内产生类似于激素作用，干扰原本正常的内分泌运作，进而影响生长、发育、免疫及生殖功能。

双酚A

双酚A是制造聚碳酸酯塑料产品的重要原料，减少食用加工食品或以塑料制品盛装食物是最好的预防之道，为孩子挑选玩具也请多留意是否有安全标志，并禁止孩子将玩具放入口中。

壬基酚

许多清洁剂（如洗衣精、柔软精、洗碗精、浴厕清洁剂等）当中都含有壬基酚类界面活性剂，尤其随着废水排入河川后，会对河中生物产生影响，就连进食者也一并受害。平时拒绝使用石化合成洗剂，尤其小朋友的贴身衣物一定要使用天然洗剂。

磷苯二甲酸盐

常用来制作塑料延展性的塑化剂、化妆品中的定香剂都含有磷苯二甲酸盐，当遇高温或长时间停留在肌肤表面就会进入人体。平时喝热饮请自行准备容器，孕妇及哺乳妇女请避免使用指甲油或含有香料的美妆产品。

另外，有些食物如鸡头、鸡皮、鸡尾、鸭脖、鱼头等，尽量少让孩子食用。

第31~33个月 男宝宝喂养

不要让宝宝积食

宝宝现在可以自己进食了，但是自我控制能力还很差，只要是自己喜欢吃的食物，就会不停地吃，没有节制，尤其是在节假日或家庭聚会时，热闹的气氛使宝宝更加活跃。而吃了过量的油腻、冷甜食物，把宝宝的小胃胀得鼓鼓的，这样很容易引起消化不良，食欲减退，中医学中称为“积食”。

宝宝积食后，常常有腹胀、不思饮食或恶心、呕吐症状。因为宝宝的消化系统发育仍不完善，胃酸和消化酶分泌较少，而且消化酶的活性相对较低，对于食物在质和量发生较大的变化时很难较快地适应，加上神经系统对胃肠的调节功能比较弱，很容易引发胃肠道疾病。因此，爸妈一定要避免宝宝积食。当宝宝出现积食时，在饮食方面要进行调节，首先节制进食量，较平常稍少一点点即可，食物最好软、稀易于消化，比如米汤、面汤之类，尽量少食多餐，以达到日常总进食量。同时还要带宝宝多到户外活动，有助于食物消化和吸收。

对积食的宝宝，常吃山楂有好处，可以试用以下食疗方法。

山楂汤：即山楂一味煎汤饮，尤宜于食肉不消的幼儿。

山楂饼：用山楂、白术各120克，神曲60克，均研末，蒸成梧桐子大的饼丸，每次服3丸，可治儿童积食。

山楂粉：用山楂肉不拘多少，炒研为末，用蜜和砂糖拌匀，每次服3～6克，水送服。尤宜于幼儿痢疾赤白相兼者。

茴楂丸：茴香、山楂各等份，研细末，用盐、酒调和，空腹热服，可治幼儿腹痛。

怎样挑选宝宝的餐间饼干

营养饼干可以当成是餐间点心，一次给宝宝吃1～2片即可，千万不要因为宝宝很喜欢吃饼干或是宝宝黏着你要饼干吃，就毫无上限地给予。因为吃了营养饼干，正餐就吃不下了，影响正常正餐的摄取，造成营养完整度的不足，这就是本末倒置了！

大人吃的，宝宝可以吃吗

有些爸爸妈妈贪图方便，拿了大人零食就往宝宝嘴里塞，这是错误的。大人零食添加过多调味料以及成分是碳酸氢钠的膨松剂，过量的添加物会影响宝宝尚在发育的器官，如肾脏、肝脏，造成功能损坏。宝宝过早食用大人的零食，也将养成宝宝日后喜爱重口味。

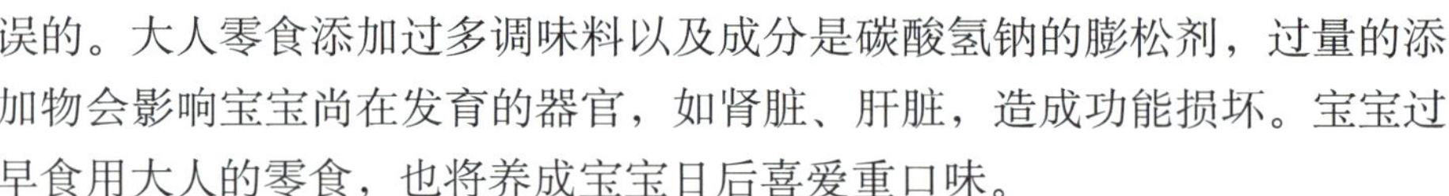

不建议使用爆米饼取代营养饼干，因为为了让米彼此黏密，爆米饼在制作过程中添加了麦芽糖或糖浆，让整体的糖分过高。

营养饼干的钠含量过高吗

宝宝的营养饼干钠含量比较高，钠对于宝宝有何影响呢？钠虽然是人体必需的成分，涉及身体离子的平衡，但宝宝的肾脏尚未发育完全，不宜摄取过量的盐分或钠含量高的食品，以避免造成肾脏负担。

天然母乳的钠含量很低，每100克只含有约15毫克的钠。各家配方奶的钠含量则是大同小异，每100克0～12个月宝宝的奶粉约含有135毫克的钠，1岁以上宝宝的奶粉则含270毫克的钠。

1岁以上的宝宝，摄取较多的副食品，母乳或配方奶的量就相对减少，一天有2～3次，摄取的钠含量为165～250毫克。

这样算来，宝宝摄取钠的范围，也就是还有空间选用营养饼干。一般来说，每100克或毫升的固体或液体含有小于120毫克的钠，也就是0.3克的盐就可以称为低钠食物了。

挑选营养饼干原则

选购营养饼干时，除了以通过政府认证及有信誉厂牌的食品公司为选购标准，查看外包装上的营养成分标示与计算钠含量之外，还需要做哪些检查呢?

1 看营养饼干包装，包括营养成分标示和包装的完整性。有完整的营养成分标示能清楚了解内含成分，才能安心让宝宝食用；若是有过敏体质的宝宝，就要特别注意是否含有易过敏食材成分。包装完整的营养饼干才能密封完全，避免营养饼干接触空气发生质变。有些营养饼干是一个大包装里面还有个别的小包装，这样的设计就不用担心放久了饼干会有变软或潮解的问题。而且小包装设计也比较干净卫生，一个大包装的饼干重复打开拿取，会增加细菌污染的机会。

2 添加营养素的饼干。现在的营养饼干除了提供三大营养素——脂肪、蛋白质、糖类之外，还会添加其他营养素，如促进肠道蠕动的益生菌、膳食纤维，帮助发育的B族维生素或使用含有DHA、EPA的鱼油等，这些营养饼干在价格上就有差异。爸爸妈妈不要以为单靠营养饼干就能补充宝宝的所有营养素，宝宝还是必须从正餐来获取足够的营养。

自己动手做营养饼干

宝宝吃腻了市售的营养饼干，爸爸妈妈利用空闲时间也可以自己动手做宝宝的营养饼干。

燕麦果饼干

适合年龄：含蛋黄，适合8个月以上宝宝。

原料：无盐奶油50克，红糖30克，蛋黄1个，低筋面粉90克，燕麦15克，葡萄干15克。

做法：

1 烤箱预热温度170℃。

2 奶油用打蛋器搅打至乳霜状态，加入红糖打至尾端呈羽毛状，加入蛋黄搅拌均匀。

3 将过筛的面粉加入适量水，分两次搅匀，揉至面团较软但不粘手，加入燕麦、奶油、蛋黄、葡萄干混合均匀。

4 用汤匙挖起一匙面团，另一手用叉子协助整形，间隔排列在烤盘上，放入烤箱烘焙15～18分钟即可。

注意：水可替换为牛奶、蔬菜汁、果汁等其他液体。

燕麦、葡萄干可酌量增减，葡萄干切碎方便宝宝咀嚼，也可替换为玉米片或其他谷物。

请于食谱建议烘焙的标准时间前后注意饼干的状态，以免烤焦。

奶油造型小饼干

适合年龄：含奶蛋，适合12个月以上宝宝。

原料：无盐奶油50克，糖粉70克，鸡蛋30克（1/2个），低筋面粉140克，奶粉20克。

做法：

1 烤箱预热170℃，奶油在室温下放软。

2 奶油和糖粉用打蛋器打至泛白呈蓬松羽毛状后，倒入蛋汁快速搅拌呈乳霜状。

3 将过筛的低筋面粉加入，并用橡皮刮刀翻拌均匀成面团。将面团用擀面棍擀平为约3厘米的面团后，再用模型压出小图案。

4 送进烤箱烘焙约18分钟。

注意：撒一些面粉在饼干模型上，方便脱模。

建议以形状大小类似的模型一起烘焙，较易控制时间。

宝宝磨牙棒

适合年龄：含蛋白，适合12个月以上对蛋无过敏反应的宝宝。

原料：无盐奶油10克，糖粉20克，鸡蛋清1个，低筋面粉130克。

做法：

1 烤箱预热温度160℃，奶油在室温下放软。

2 奶油和糖粉先拌匀，再加入鸡蛋清拌匀。

3 加入过筛的低筋面粉用手拌至均匀，揉成没有粉粒的面团。

4 将面团松弛约20分钟，用擀面杖擀成2厘米厚，再松弛10分钟。

5 切割成长条棒状，排放在烤盘上。

6 送进烤箱以160℃烤20分钟后，将饼干翻面再烤10分钟，取出放凉即可。

注意：奶油的软化程度以手指可压印即可。

可用30克奶粉取代30克低筋面粉来增加奶香味。

切成长条棒状之后的面团两端若有尖角，请以手指搓圆，以免烘焙后变得太干硬。

烤焙时间因饼干数量、厚度、宽度、长度以及烤箱大小而有差异，请以呈现金黄色为判断标准。

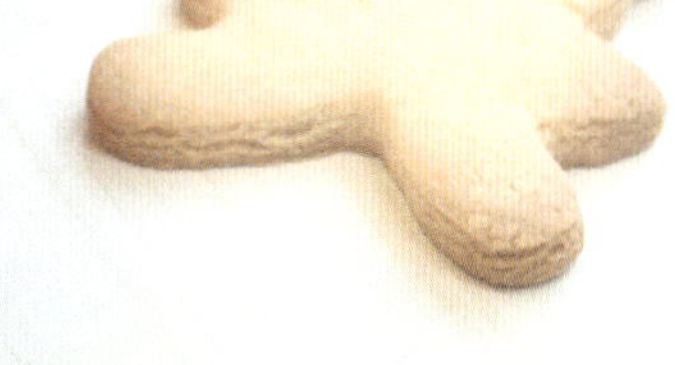

第31~33个月 男宝宝早教

男孩天生容易冲动

虽然女孩在直觉、解读方面较具优势，但还是需要后天的培养和训练才能保持并发挥所有功能。大脑结构很多部分是左右脑各有的，像视丘、下视丘、杏仁体等。在做判断和决定时，有些东西必须经过信息上的交流与审核，比如右脑的杏仁体在接收事情时会接收到一个轮廓与概要，左脑记住的则是小细节，而女孩在这部分的沟通与整合会比较快速。女孩较常给人“思而后动”的印象，比较不会冲动；男孩则比较容易起哄。当一群人玩得很high时，只要有人带头说要做冒险之事，男孩比较容易直接加入，而女孩则对冲动一事比较慢热，常常会先观望一阵子再说。也许女孩有些时候并不是真的那么理智、爱思考，只是比较不容易冲动而已。

数理能力≠考试成绩

为什么我们觉得男孩的数理能力比较强呢？因为男孩的顶叶发展比女孩快。顶叶负责空间及距离，而男孩平常会用顶叶和前额叶思考，女孩通常只用前额叶思考，所以在数学、科学与逻辑能力上，男比女强的原因就在这里。而有一点需要注意的就是男孩的脑体积比较大，所以成熟速度会比女孩慢，因此造成以下情况。

1 管注意力的视丘会比女孩慢1～2年成熟，所以小男孩的专注力就没有办法像女孩那么持久。

2 男孩虽然多是动觉型的学习者，但他们的精细动作发展（如写字）比女孩慢，所以写功课对于小男孩来说是比较困难的。小女孩可能已经可以好好地坐下来写字了，小男孩却很可能还停留在如同鬼画符的阶段。

3 男孩的语言能力发展也比女孩落后，所以在这方面来说，男孩在学习时一开始就会比较吃亏。女孩脑子里的海马体比男孩大了10%～15%，所以短期记忆能力较强。所以，在学科表现上，女孩对于不太懂的东西，也还是可以用死记硬背的方式记到脑子里，偏重记忆的考试也因此可以获得高分；相对的，如果是考理解力，对小男孩来说才会比较占优势。可是学校里的考试常常是考记忆，所以在低年级时，小男孩的成绩通常不比女孩的理想，爸妈也不用为此太过担心。

怎样处理孩子总说“不”

每个家长都有这样的经历，不管跟2岁宝宝说什么，宝宝都回应“不要”！很多爸妈纵然已听说这很常见，但也许不清楚到底原因是什么。这其实是因为2～3岁的幼儿处于反抗期，是大脑经历“删除期”的一个过程。人的大脑在一生中有两次删除期，一次在2岁，另一次就是在青春期。当孩子进入第一次的删除期时，情绪上会不太稳定，同时也在寻求自己的极限。所以这时的孩子不但会去探索自己能力的极限，同时也会不断试探父母的底线；小孩想要知道自己到底能为所欲为到什么程度，就要先知道成人的规范在哪里，然后才慢慢知道自己能遵循的是什么。当小孩偏要不听话，执意去做一些事情时，只要不危及生命安全，其实不妨让孩子去试。所以，下次当宝宝叛逆时，相信爸爸妈妈们可以更平心静气地看待，也可以用不同角度去处理。

PART 22

第34~36个月
男宝宝养育

男宝宝34～36个月体格发育指标

项目	年龄组	下限值	上限值
身高	34～36个月	85.0厘米	109.4厘米
体重	34～36个月	10.36千克	20.64千克
头围	36个月	约为49.6厘米	
胸围	36个月	约为50.8厘米	

第34～36个月 男宝宝日常保健

怎样使宝宝个子长得高

父母都希望宝宝长高个，其实这并非难事。宝宝之所以未能长高，除了无法抗拒的遗传因素外，往往与宝宝时期父母未能给予很好的照顾有关，这就是不可低估的后天因素影响。

对身高起决定作用的因素主要是体内生长素的分泌量。生长素是脑垂体的生长素细胞所分泌的一种激素，如少年时期因病理性分泌生长素过少，即可患侏儒症；如因外界因素影响使分泌生长素在生理范围内较少，那么就会造成个子矮一些。

人体内生长素的分泌受多种因素影响，其中人为可以控制的影响因素为睡眠。生长素分泌特点是：从宝宝时期到青春期前，在睡眠时分泌旺盛，晚9时至翌日早9时所分泌的生长素是白天12小时的3倍，特别是在入睡后70分钟可出现一个分泌高峰。进入青春期后虽然白天也可出现分泌高峰，但仍不如夜间高。

大量调查研究已确认，低身高的宝宝所分泌的生长素量远较正常宝宝少，特别是相当一部分是由于夜间睡眠不充分所致。自古以来就有“睡中育儿”之说，其道理已为科学家所证实。基于生长素的分泌与睡眠关系较大，因此发育中的宝宝千万不要熬夜，每晚9时一定要入睡，否则对身高发育会产生明显不利影响。

宝宝还不会排便怎么办

2～3岁的宝宝生长速度比较快，新陈代谢也比较旺盛，自我控制能力却很低，很容易出现憋不住尿尿湿裤子、把大便解在裤子里的情形。这不仅容易使宝宝生病，还容易使宝宝产生自卑、胆怯、害羞等不良心理，有害宝宝的身心健康。

培养宝宝良好的排便习惯

很多宝宝都受过便秘的折磨。但是，只要能养成定时大便的习惯，宝宝就很少发生便秘。可见，定时大便对宝宝的健康有很大的好处，妈妈一定要引起重视。

培养宝宝定时大便的习惯，就要先让宝宝习惯定时坐便盆。一般来说，清晨起床后让宝宝到厕所坐一会儿盆是最好的。但是，如果宝宝的身体不适合在这个时候排便，妈妈也不要强迫宝宝，而是要继续观察宝宝，摸准宝宝的排便规律，在宝宝有便意的时候再让宝宝坐盆。

宝宝坐盆的时候最好专心，不要让宝宝边坐盆边玩，更不能在坐盆的时候让宝宝看书。坐盆的时间也不要太长，一般以5～10分钟为宜。如果宝宝坐盆的时间过长，容易使宝宝脱肛。如果宝宝在坐盆的时候没有大

专家解读

当宝宝成功地解完一次大小便后，妈妈应当及时表扬宝宝。如果宝宝在没有便意的情况下也会主动到便盆上坐一会儿的话，妈妈更应当表扬宝宝的这种防备意识，使宝宝受到鼓励，更加积极地培养自己主动排便的好习惯。

有些男宝宝喜欢在洗澡时小便。妈妈遇到这种情况应坚决制止，以防养成随地大小便的坏习惯。

在培养宝宝排便习惯期间，妈妈应事先和家里人商量好，所有的大人都对宝宝进行同样的教育，不能“众说纷纭”，使宝宝无所适从。

便，妈妈也不要对宝宝说“今天又没大便”“细菌、脏东西都留在你肚子里了”之类的话，以免使宝宝对坐盆产生畏惧感，影响宝宝的身心健康。

鼓励主动排便

很多宝宝在2～3岁的时候都有不愿意主动小便的情况。这一方面是因为宝宝的年龄比较小，自理能力差，对自己排尿感到很困难的缘故；一方面则和大人的态度有关。如果妈妈因为宝宝在不适当的时候排便而责骂宝宝，就会使宝宝因为害怕责备而形成不主动小便的习惯，危害宝宝的身心健康。所以，在宝宝学会自己上厕所后，妈妈还应当及时给宝宝讲清楚主动小便的好处和不主动小便的害处，鼓励宝宝主动小便。如果宝宝因为家里的台阶过高或不会使用厕所设施而不愿意主动小便，妈妈就要对家中的厕所进行一下改进，或干脆给宝宝准备一个专用的小尿盆（或小马桶），为宝宝主动小便提供方便。

按时提醒宝宝排便

即使宝宝愿意主动小便，也会经常因为玩得高兴而忘记上厕所，结果造成把尿尿在裤子里的状况。有的宝宝因为觉得上厕所很麻烦，干脆就尽量憋着，更是对自己的健康不利。

遇到这种情况，除了给宝宝讲清憋屎憋尿对身体的危害，妈妈还要经常提醒宝宝上厕所，使宝宝逐渐形成自主排泄的好习惯。

头发黄是缺微量元素吗

对于宝宝来说，一般头发黄的原因是缺乏某些微量元素。比如缺铁性贫血会导致头发营养不良；缺铜会使酪氨酸酶的功能减低而影响黑色素的代谢；缺锌时会影响细胞的发育和生长，头发自然会发黄。发现宝宝头发黄可以做血微量元素的检测，一般来说，锌和铁与宝宝头发生长关系比较密切，如果有缺乏可以做作适当补充。

头发枯黄的主要病因还有：甲状腺功能低下；免疫系统疾病；重度营养不良；重度缺铁性贫血或大病初愈等，导致机体内黑色素减少，使乌黑头发的基本物质缺乏，黑发逐渐变为黄褐色或淡黄色。另外，经常烫发、用碱水或洗衣粉洗发，也会使头发受损发黄。从头发的生理特性来讲，每根头发的根部都有一个毛囊，在它的周围有毛母角化细胞和毛母色素细胞，一旦这些细胞功能受到干扰或损害，黑发就会变黄。

宝宝经常挤眉弄眼是怎么回事

可能是抽动秽语综合征，家长最好能带宝宝到儿科做详细检查。一旦确诊此病，应避免宝宝看紧张、惊险、刺激的影视节目，不宜长时间看电视、玩电脑和玩游戏机。

抽动秽语综合征是以多发性肌肉抽动和秽亵语言为主要表现的一种原发性中枢神经锥体外系疾病。其临床特征为慢性、波动性、多发性运动肌快速抽搐，并伴有不自主发声和言语障碍。起病在2～12岁之间，病程持续时间长，可自行缓解或加重。本病发病无季节性，男孩发病率较女孩约高3倍。

宝宝口吃怎么纠正

和宝宝多聊天，让他说话慢下来，一定要讲清楚，不要重复。多鼓励宝宝，不要责备他，不要给他过多的心理压力，让他在轻松的环境下进行交流。平时让他背背唐诗、唱唱歌，多和同龄宝宝接触，多鼓励宝宝讲话，坚持3～5个月就好了。在外面如果宝宝发生口吃情况，不要特意去纠正他。和朋友在一起时，不要让宝宝认为口吃是件好玩的事，一定让他慢慢讲话，把话说清楚，不要着急。家长对宝宝要有耐心，千万不要因为口吃责备宝宝，要多鼓励他。

宝宝越小，矫正越容易。如果宝宝出现口吃，不要大惊小怪，让他继续说，让他感到不会因为自己的口吃遭到指责，从而减轻其紧张焦虑感。切忌纠正、打断、让他重说一遍，也不要提醒宝宝慢慢讲、想好了再说，这只会加重宝宝的心理负担导致他更加口吃。与宝宝说话要慢，要有感情，边说边问，引导宝宝答话，如宝宝一时不愿回答，不必勉强，要让他在不注意自己有口吃缺点时，自然而然地回答问题。要经常鼓励和表扬他，帮助其树立自信。

从小减少患肿瘤风险

目前，肿瘤的发病年龄越来越早，如何减少宝宝患肿瘤的风险呢？

从小养成良好的饮食习惯。少吃油炸、肥肉等高脂肪、高热量食物，不吃腌渍、烟熏食物，减少糖类、冰激凌、碳酸饮料、膨化食品、方便面等零食。

坚持锻炼身体，提高免疫力，同时避免肥胖。

房屋装修尽量简单。选用环保材料；装修后的新房不要马上入住，最好开窗通风两三个月。

避免不必要的射线检查和滥用药物。

男孩与妈妈亲密的身体接触好不好

当孩子吵着“妈妈抱抱”时，妈妈心里会想：“都已经3岁了，还要抱!”其实这时的孩子确实还需要妈妈抱抱他、背背他。当孩子希望你抱他时，多半不是因为他懒了，可能是因为他和小朋友在玩游戏时，感到某种莫名的压力，希望你抱抱他来缓解压力。这个时候，你只要抱他数分钟就会使孩子回复原来的精神状态。

儿子要妈妈“抱抱”及“背背”、摸摸妈妈乳房、要妈妈陪他睡，都是这两三年的事而已，没多久孩子就会长大而疏远你。在那之前，就满足他的要求吧。

这个时期是孩子自我开始成长的阶段，这时孩子的心理是“待在妈妈身边安全”—“想离开妈妈独自冒险”—“还是待在妈妈身边比较好”这样复杂。妈妈是安抚孩子心灵的圣地，因为有了妈妈这个靠山，孩子才有勇气独自去尝试。

妈妈的存在是孩子自立的过程中的最重要的支撑。母子间的亲子游戏，是孩子学习与他人沟通，培养社会性的第一步。妈妈是孩子身旁最亲近的人，孩子这时的撒娇并不是恋母情结的开始，而是孩子学习自立的开始。

解读男宝宝

男宝宝一般都和妈妈很亲热，生活上比较依赖妈妈。许多男宝宝在妈妈下班时间抢着去开门，中途摔倒了也不在乎，对于帮妈妈拿拖鞋、为妈妈端饭菜、拎重物等事情热情也很高。

第34~36个月 男宝宝喂养

能够用水果代替蔬菜吗

蔬菜和水果是日常生活中主要的食品，特别是蔬菜在膳食中占有更重要的位置。

人体所需的各种维生素和纤维素及无机盐，主要来源于蔬菜。

维生素是维持人体组织细胞正常功能的重要物质，无机盐对维持人体内酸碱平衡起着重要作用。许多蔬菜中都含有丰富的钙，幼儿多吃蔬菜有利于牙齿生长，起到保护牙齿的作用。

蔬菜中的纤维素虽然不被人体吸收，但它能增强消化液和食物的接触，促进胃肠蠕动和食物残渣的排泄，而且在幼儿咀嚼蔬菜时，蔬菜中的纤维素就能对牙齿起清洁作用，从而保护牙齿。

蔬菜含有90%的水分，在咀嚼蔬菜的时候，蔬菜里的水分就能稀释口腔里的物质，使寄生在牙齿里的细菌不易生长繁殖。

另外，幼儿常吃蔬菜，还能使牙齿中的钼元素含量增加，使牙齿的硬度和牢固性增加。水果不可代替蔬菜，但水果也是幼儿不可缺少的食品。水果中含有人体必需的一些营养素，还具有生食方便、幼儿爱吃的特点。于是有些父母就误认为吃水果可以代替吃蔬菜，特别是对挑食不爱吃蔬菜的幼儿，更容易用水果代替蔬菜。

一方面，只有新鲜的水果才富含维生素，而我们平常吃的水果多是经过较长时间贮存的，这种水果维生素损失得很厉害，特别是维生素C损失

得最多。另一方面，任何一种食物都不能满足人体多方面的需要，只有同时吃多种食物才能摄取到各种营养素，因此要让幼儿既吃水果，又吃蔬菜。

有助于孩子长高的食物

一些父母对孩子的身高不满意，他们希望通过饮食来改善这种现状。那么，哪些食品有助于长个子呢?

营养专家推荐的助长最佳食品有100多种，常见的有以下食品：

小麦、荞麦、脱脂奶粉、鹌鹑蛋、毛豆、扁豆、蚕豆、南瓜子、核桃、芝麻、花生仁、油菜、青椒、韭菜、芹菜、番茄、草莓、葡萄、小虾、牡蛎、鳝鱼、肝脏、鸡肉、羊肉、海带、紫菜等。

别当孩子的喂饭跟屁虫

如果正为了孩子无法专心吃饭、一顿饭要吃一个小时以上而感到苦闷，建议妈妈们重新建立起家中吃饭的规矩。

愉快的用餐气氛对孩子练习吃饭很有帮助，不要在孩子受训斥哭泣后立刻让其就餐；宝贝在吃饭时，家人们应一同坐在餐桌旁享用餐点，用餐时间、地点应予规律的安排；用餐时间一定避免引开孩子注意力的玩具或物品出现在餐桌附近，用餐前不给予零食或其他点心，以免影响正餐的食用。若孩子坐不住跑下餐桌，家长也要坚持离开后除非回到原本的位置坐好，否则将不可以吃任何食物，并于饭后把所有的餐点收拾干净，在家长不厌其烦的多次训练之下孩子自然会知道要定时定点把肚子填饱。

第34~36个月 男宝宝早教

家庭品格教育包括什么

清洁

孩子从小开始就必须养成良好的卫生习惯，从收好自己的玩具开始鼓励，进而到家务事的帮忙。不要以为小孩就不会帮忙做家事哦！只要有一条小抹布，从自己的房间、自己的玩具开始清理起，小孩一样可以学习到整齐清洁的重要性。

安全

从小给孩子一个独立的安全范围，从随手开关门、开关灯开始培养起。除此之外，要叮嘱孩子随时注意自身的安全，有危险的东西不随便摆放，也让他们懂得保护自我的重要性。

礼节

时常将“请、谢谢、对不起”挂在嘴边，但凡家长请孩子做什么事或拿什么东西，都需要随时说“请”及“谢谢”，而学会说“对不起”更是一个大学问，这是一种勇于认错与负责任的表现。

和颜悦色

常用笑脸面对他人，在家说话不大声、不随意吵闹，另外每天早上起床与晚上睡觉前都要跟父母说“早安”与“晚安”，家庭成员间互相尊重，营造充满笑声与音乐声的生活空间。

随时告知行程

等孩子长大一点，无论去哪都得先告知父母，家长也一样要让孩子知道你的去处。良好的互动与了解是培养亲子关系最佳的方法，随时关心及了解彼此的近况，才能将大家的心都紧紧拉在一起。

学会沟通

应鼓励孩子多说、多沟通，凡事都有解决的方法，只要愿意说出来，父母都会想办法解决。

什么是男孩穷养

“男孩穷着养，女孩富着养”是中国民间的一种说法。男孩为什么要“穷”养呢？怎么“穷”养男孩？“穷”养男孩可从以下几方面来理解和把握：

让男孩多点乐观和爱心。乐观的心态和善良的爱心，是一个成熟优秀的男人必备的品质。

让男孩学会承担责任。因敢于担当，不推卸责任，才让男人更具有魅力。

让男孩学会独立生活。父母要让他独立承担力所能及的事，如生活自理、会做家务、做饭、独立办事。

让男孩适当受点委屈。领略过多种情感体验后，逆反心理少、心理承受力强、心理健康，易成大事。

让男孩体验挫折感。挫折会激发男孩勇敢无畏的精神，积极面对遇到的困难，不要事事为孩子摆平。

让男孩过点“苦日子”。为了儿子的积极奋进，为了儿子能养成勤俭节约的美德，让他的消费水准向下比为好。

解读男宝宝

“穷养男孩”就是提倡一种粗糙的养育方式，但粗糙不是粗野、粗俗、粗鄙、粗暴。要让男孩成为大气而有魄力的，不为小节所累，不为琐事烦忧，被人们真正欣赏的、可以信赖的男子汉。我们要想让男孩担当大任，就要以“穷养”的方式去培养男孩。

抢小朋友玩具怎么办

周岁过后，孩子与小朋友一起游玩时，便会发生互相抢夺东西的纠纷。此时，孩子的心理是“他的东西是我的，我的东西也是我的”。他们抢别人东西，是因为“我想玩那个玩具，所以我要抢”的想法。因此，抢与被抢的争夺，是发生在孩子间常见的情形。

事实上，“抢与被抢”其实就是孩子之间的彼此沟通。孩子由此逐渐意识到对方的存在，而且也能培养出物的“归属”概念。妈妈不要干预、不用制止孩子“抢与被抢”的行为，等到孩子到了三四岁，就慢慢会用语言对话来进行沟通了。

话虽这么说，但若孩子老是处于被抢的一方，妈妈的心里一定也很不好受。相反的，若孩子老爱抢夺别人的东西，妈妈一定也会担心孩子太过霸道，面对对方家长觉得不好意思。其实，当你的孩子抢其他孩子的东西时，你立即对对方家长说对不起，两对母子之间一般不会有什么麻烦。不要在众人面前大声斥责自己的孩子，年幼的孩子还无法判断自己做的事是错的，不明白要道歉。此时不妨对孩子说：“那玩具很好玩吧？可是那位小朋友也很喜欢它呀。”让孩子体谅对方的心情，渐渐地孩子便会从中明白强行抢夺别人的东西会令对方难过的道理。

词汇解读

资优儿

一般而言，资优包括六种类型，一是智商高、学科表现优异、领悟力及学习能力高。二是在某些特定的学科，如数学、语文、自然等，有持续优异的表现。三是能创新、富想象力、具流畅的概念。四是在美劳、音乐、戏剧等方面有优异的表现。五是在团体中有能力、社交关系良好，能激励或推动多数人成功地完成某项工作。六是技能竞赛优胜，如美术、机械创造、体育、舞蹈等。

男孩懒散要不得

懒散是男孩成长中的障碍。遇事犹豫，回避要做的事情，为自己的拖延寻找借口，可能会让人生一事无成。懒散有天生气质的因素，也常常是父母造成的。当孩子想要做一件事时，当孩子努力尝试独自完成一件事时，父母嫌孩子做得不够好或是动作太慢，干脆代替孩子把事情做完，这使孩子做事的积极性受到打击，剥夺了孩子体验成功的机会。父母对男孩干涉过多还会让他们逐渐产生依赖性，久而久之形成懒散的性格。

家长可以采取以下几种方法帮助懒散的孩子：

- 不要过分给予，让孩子有追求和渴望，父母要做的是鼓励和支持。
- 让男孩具有持久力和忍耐力。当他遇到困难想要放弃时，再给予适当的帮助和鼓励。
- 培养孩子的兴趣爱好，让孩子获得情绪上的愉悦体验。
- 孩子认真做了，父母就要及时给予肯定和鼓励，并与孩子一起分享他成功的喜悦，让孩子为自己感到骄傲。

给宝宝选择幼儿园

选择称心如意的幼儿园，对于父母来说是一件很重要的事。给宝宝选择幼儿园时，不要光看招生广告做得怎么样、幼儿园介绍做得如何，最好要亲自到幼儿园去看一看，需要了解的内容有：

- 幼儿园的教职工是否都受过专业训练。
- 幼儿园内的气氛如何，是很活跃，还是管理过严、死气沉沉，把宝宝管得像小学生一样。
- 教职员工们能否和宝宝们亲切相处。
- 幼儿园所有的角落是否都充满温暖、爱护的气氛。
- 幼儿园的教学是否组织得很好，各种活动是否具备教学目的。
- 幼儿园的硬件设施，包括环境、设备、教具是否很好。
- 幼儿园的营养师是否具有专业水平。